SOLAKLI ÇAYI HAVZASI'NIN (TRABZON) UYGULAMALI JEOMORFOLOJİSİ

SOLAKLI ÇAYI HAVZASI'NIN (TRABZON) UYGULAMALI JEOMORFOLOJİSİ
Yazarlar:
Turgay ÖZ & Halil GÜNEK
ISBN: 978-625-6606-28-9

1. Baskı: Kriter Yayınevi 2023 / İstanbul
Yayınevi Sertifika No: 45353
Anahtar Kelimeler: Coğrafya, Fiziki coğrafya, Jeomorfolojisi
Birinci Baskı, 238 s. 16 cm x 23,5 cm
Kaynaklar var, Dizin yok.
Kapak Tasarımı: Ahmet Baran
Mizanpaj: Kriter Yayınevi
Baskı: Çözüm Baskı Merkezi Ticaret Limited Şirketi
Emniyetevleri Mahallesi Güvercin Sokak No:7/1
Kâğıthane / İstanbul
Matbaa Sertifika No: 49099

İletişim:
Kriter Yayınevi
Hobyar Mah. Cağaloğlu Yokuşu Sok. Fevzi Bey Han No: 21 Kat: 2 No: 5
Fatih / İstanbul

Tel: 0 212 527 31 89
info@kriteryayinevi.com
www.kriteryayinevi.com

SOLAKLI ÇAYI HAVZASI'NIN (TRABZON) UYGULAMALI JEOMORFOLOJİSİ

Turgay ÖZ **Halil GÜNEK**

Birinci Baskı

2023 – İstanbul

KRİTER

ÖNSÖZ

Değerli Okuyucular,

Bu eserin sayfalarında, Türkiye'nin kuzeydoğusunda, Karadeniz Bölgesi'nin eşsiz doğal güzelliklerinden biri olan Trabzon'daki Solaklı Çayı Havzası'nın uygulamalı jeomorfolojisine dair bir yolculuğa çıkacaksınız. "Solaklı Çayı Havzası'nın (Trabzon) Uygulamalı Jeomorfolojisi" adını taşıyan bu çalışma, bölgenin coğrafi ve jeomorfolojik yapısını, insan-doğa mücadelesini ve havzada meydana gelen afetleri çağdaş perspektiflerle ele alıyor.

Bu kitabı kaleme alırken temel amacım, Solaklı Çayı Havzası'nın doğal yapısını ve bu yapının zaman içindeki evrimini incelerken aynı zamanda insanın bu zorlu topoğrafyada nasıl mücadele ettiğini ve havzada meydana gelen doğal kaynaklı afetlerin nedenlerini ve sonuçlarını bilimsel veriler ışığında, anlaşılır ve uygulamalı bir dille aktarmaktı. Kitap, havzanın jeomorfolojik özelliklerini, bu özelliklerin oluşum süreçlerini ve bu süreçlerin heyelan, sel-taşkın, çığ gibi afetlerle olan etkileşimlerini kapsamlı bir şekilde incelemektedir.

Solaklı Çayı Havzası, hem jeomorfolojik yapısı hem de bu yapının içinde barındırdığı biyolojik çeşitlilik ve kültürel zenginlik açısından dikkate değer bir bölgedir. Bu çalışma, havzanın doğal tarihini, jeolojik yapısını ve bu yapının insan yaşamı üzerindeki etkilerini detaylı bir şekilde ele almakta, aynı zamanda bölgenin korunması ve sürdürülebilir yönetimi için gerekli bilimsel temelleri sunmaktadır.

Kitabın hazırlanış sürecinde, alanında uzman birçok bilim insanı, araştırmacı ve yerel halkla yapılan görüşmeler ve saha çalışmaları büyük önem taşımıştır. Bu etkileşimler, kitabın içeriğine derinlik kazandırmış ve Solaklı Çayı Havzası'nın çok boyutlu yapısını daha iyi anlamamızı sağlamıştır.

Bu eserin, jeomorfoloji, çevre bilimi, ekoloji ve coğrafya alanlarına ilgi duyan öğrenciler, akademisyenler ve araştırmacılar için değerli bir kaynak olmasını umuyorum. Aynı zamanda, doğal güzelliklerimizin korunması ve sürdürülebilirliği konusunda farkındalık yaratmayı amaçlayan herkes için de ilham verici bir rehber olmasını diliyorum.

Bu eserin sayfaları arasında gezinirken, her bir kelimenin, her bir cümlenin ardında yatan emeği ve destekleri hissetmenizi dilerim. Bu çalışma, birçok değerli insanın katkılarıyla şekillendi ve onların desteği olmasaydı, bugün elinizde tuttuğunuz bu eser mevcut olamazdı.

Öncelikle, bu çalışmanın her aşamasında bana rehberlik eden, bilgi ve tecrübeleriyle yol gösteren danışman hocam Doç. Dr. Halil GÜNEK'e en derin şükranlarımı sunuyorum. Onun bilimsel bakış açısı ve değerli önerileri, bu eserin temel taşlarını oluşturdu.

Coğrafya alanında bilgi ve tecrübesiyle her zaman bana yol gösteren Prof.Dr. Saadettin TONBUL başta olmak üzere Fırat Üniversitesi coğrafya bölümü hocalarıma teşekkürü borç bilirim.

Bu süreçte, bilgileri ve deneyimleriyle bana destek olan Prof. Dr. Murat SUNKAR ve Prof. Dr. Zülfü GÜROCAK'a özel bir teşekkürü borç bilirim.

Çalışmanın her aşamasında değerli fikirleriyle yanımda olan, arazi çalışmalarında bana eşlik ederek büyük katkı sağlayan Prof.Dr. İlhan Oğuz AKDEMİR, Dr. Öğr. Üyesi Ömer Faruk İNCİLİ, Arş. Gör. Dr. Dündar DAĞLI ve hem meslektaşım hem de yakın dostum Emrah TÜRKOĞLU'na içtenlikle teşekkür ederim.

Trabzon'daki kamu kurum ve kuruluşlarından elde ettiğimiz değerli sayısal veriler, bu tezin zenginliğine önemli ölçüde katkı sağlamıştır. Bu bağlamda, başta Trabzon Belediyesi, DSİ 22. Bölge Müdürlüğü ve Trabzon İl Afet Müdürlüğü'nde görev yapan tüm kamu personeline şükranlarımı sunarım.

Bu çalışmanın hayata geçmesindeki en büyük manevi destekçim, değerli eşim Büşra ÖZ olmuştur. Her zorluğa karşı bana güç veren, yorulduğum anlarda ise en büyük motivasyon kaynağım oğlum Yunus Emre'ye sonsuz sevgi ve teşekkürlerimi sunuyorum.

Son olarak, bu yolculukta manevi desteğini hiçbir zaman esirgemeyen anneme, babama ve kardeşlerime en içten teşekkürlerimi sunarım. Onların varlığı, bu çalışmanın her sayfasında hissedilen bir güç ve ilham kaynağı olmuştur. Bu eser, bilimsel bir araştırmanın ötesinde, bir takım çalışmasının, dayanışmanın ve aile bağlarının gücünün bir yansımasıdır. Umarım bu çalışma, siz değerli okuyuculara ilham verir ve bilgi yolculuğunuzda size rehberlik eder.

Saygılarımla,

Turgay ÖZ

İÇİNDEKİLER

TABLOLAR LİSTESİ

ŞEKİLLER LİSTESİ

HARİTALAR LİSTESİ

GRAFİKLER LİSTESİ

FOTOĞRAFLAR LİSTESİ

1. GİRİŞ

1.1. Araştırma Alanının Yeri ve Sınırları.

Araştırmamıza konu olan Solaklı Çayı Havzası, Trabzon ili sınırları içinde yer alan Doğu Karadeniz Bölümü'nde bulunmaktadır. Bu araştırma alanı hidrografik bir havza özelliği taşımaktadır ve toplam 758 km^2'lik bir yüzölçümü kapsamaktadır. Ancak, havzanın İzdüşüm alanı 758 km^2 iken gerçek alanı 873 km^2'ye ulaşmaktadır. Bu 115 km^2'lik fark, sahanın engebeli topoğrafyasının bir sonucudur.

Solaklı Çayı, Karaçam Deresi ve Uzungöl Deresi'nin birleşmesiyle oluşmuş bir hidrografik havza özelliği sergiler. Demirkapı Deresi ve Karaçam Deresi, Soğanlı Dağları'ndan kaynağını alır ve Çaykara ilçe merkezinin yaklaşık 8 km güneyinde birleşerek Solaklı Çayı adını alır. Bu akarsu, yaklaşık 33 km sonra Trabzon'un Of ilçe merkezinde Karadeniz'e dökülmektedir (Harita 12).

Havzanın Kuzey Sınırı: Solaklı Havzası kuzeyde Karadeniz ile sınırlanmıştır. Kaynağını güneyde Soğanlı Dağları'ndan alan Uzungöl ve Karaçam Deresi, Çambaşı civarında birleşerek Solaklı Deresi'ni oluşturur ve Trabzon'un Of İlçe merkezinde Karadeniz'e dökülür (Harita 1). Solaklı Havzası kabaca bir üçgen şeklini andırır. Havzanın güney kesiminde, Soğanlı Dağları'nın olduğu bölgede doğu-batı uzunluğu yaklaşık 32 km iken, kuzeye doğru gidildikçe daralmaya başlar ve havzanın Karadeniz'e döküldüğü noktada doğu-batı uzunluğu yaklaşık 1 km'ye kadar azalır (Harita 1, Şekil 1).

Havzanın Güney Sınırı: Solaklı Çayı Havzası'nın güney kesiminde, doğu-batı doğrultusunda Haldizen ve Soğanlı dağları bulunmaktadır. Bu doğal sınırı oluşturan dağlar, yer yer 3000 metreyi aşan yüksekliklere sahiptir. Havzanın en yüksek noktasını oluşturan Demirkapı Tepesi, güneydoğudaki Haldizen Dağı'nda 3376 metre yüksekliğe sahiptir. Bu dağlar, Doğu Karadeniz sıra dağlarının bir parçasını oluşturur ve Solaklı Çayı ile yan kolları tarafından kuzey-güney doğrultusunda yarılmıştır (Harita 1).

Havzanın Batı Sınırı: Havzanın batı sınırı güneyde 2874 m yükseltiye sahip Ziyaret Tepe ile başlar ve kuzeye doğru sırasıyla Ketenkaya Tepe (2664 m), Ziyaret Tepe (2629 m), Tekmezar Tepe, Harami Tepe (2517 m), Yurt Tepe (2468 m), Lanet Tepe, Mavriyas Tepe (2359 m), Siperler Tepe, Kamanoraş Tepe (1399 m), Kıran Tepe, Asanada Tepe (662 m) ve oradan da Çamlı tepe kuzeyinde sona ermektedir (Harita 1).

Havzanın Doğu Sınırı: Havzanın doğu sınırı Demirkapı Tepe'nin doğusundan başlar ve kuzeye doğru devam eder. Güneyden kuzeye doğru sırasıyla Hatalı Tepe, Akdağ Tepe (3172), Vezirkapı Tepe civarında batıya doğru bir kavis çizer ve Tabyalar Tepenin zirveleri takip ederek Manaha Tepe oradan da Cos Dağı (750 m) ve en son Kafkas Tepenin kuzeyinde sona erer. (Harita 1)

Solaklı Havzası, üç farklı ilçenin topraklarından oluşur. Bu ilçeler kuzeyden başlayarak Of, Dernekpazarı ve Çaykara'dır. Bu ilçeler arasında en genişi güneyde yer alan Çaykara'dır. Of ilçesi Karadeniz kıyısında kurulmuş olup nispeten daha yoğun bir yerleşim özelliği sergilerken, Dernekpazarı ve Çaykara ilçeleri engebeli topoğrafyanın etkisiyle daha dağınık bir yerleşim özelliği gösterir.

Şekil 1. Solaklı Çayı Havzası'nın blok diyagramı

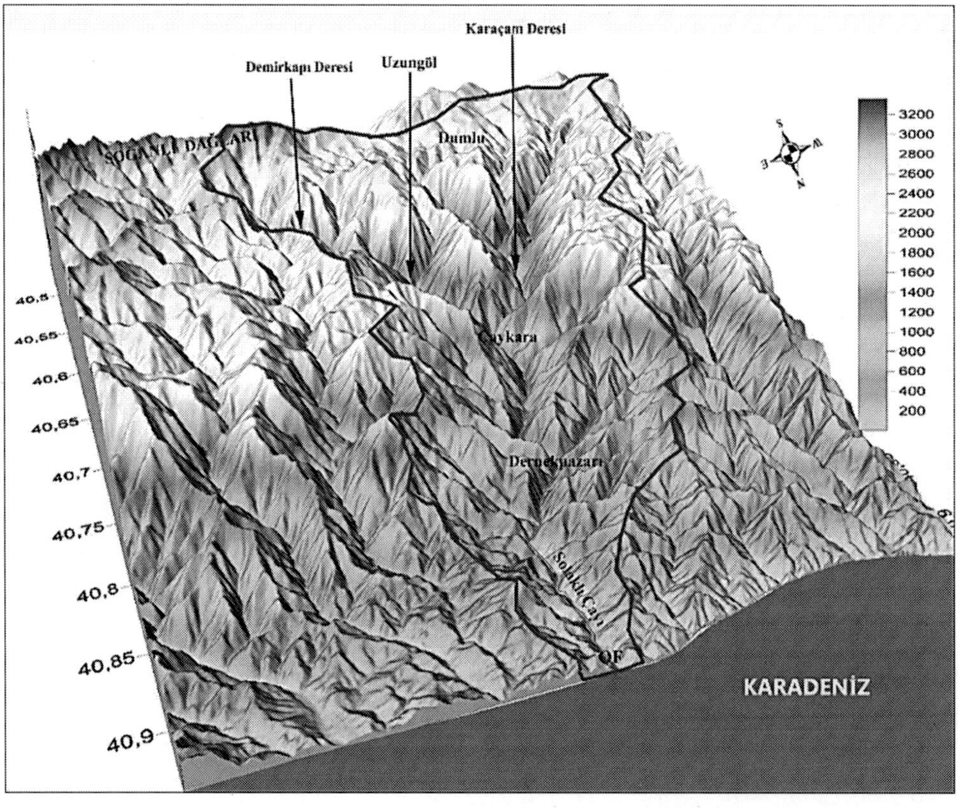

Harita 1: Araştırma sahasının lokasyon haritası

1.2. Araştırmanın Amacı

Solaklı Çayı Havzası'nda (Trabzon) insan-ortam etkileşimi ve bu etkileşim sonucu ortaya çıkan ortam sorunları ve afetlerin incelendiği bu çalışmada ***şunlar amaçlanmıştır;***

1. Tektonizmayla yükselti kazanmış Flüviyal ve glasyal süreçlerin etkisiyle bugünkü jeomorfolojik görünümünü kazanmış Solaklı Çayı Havzası'nın kapsamlı jeomorfolojik araştırmasını yapmak, yorumlamak ve Coğrafi Bilgi Sistemleri ve Uzaktan Algılama yöntemlerinin analiz yeteneklerini kullanarak jeomorfolojik birimlerin arazi kullanımı üzerinde etkilerini belirlemek ve jeomorfolojik birimlerin havzada meydana gelen afetler üzerinde etkilerini ortaya koymak ve analizlere dâhil etmek.
2. Havzanın kapsamlı bir doğal ortam etüdü yapılarak topoğrafya ile nüfus, yerleşme ve ulaşım ağı ilişkini belirlemek ve yorumlamak.
3. Havzada meydana gelen heyelan, sel taşkın, kaya düşmesi, çığ gibi afetlere neden olan parametreleri belirlemek ve bu parametreleri etki derecelerine göre analizlere dâhil ederek havzanın afet risk durumu ve afete duyarlı alanların haritasını çıkarmak.
4. Oluşturulan sonuç haritaları yardımıyla havzadaki konutların etkilenme derecelerini ortaya çıkarmak ve bu sonuçları kamu kurum ve kuruluşlarıyla paylaşmak ve bu çalışmaları akademik yayınlarla literatüre kazandırmak.
5. Havzada meydana gelebilecek olası afetlere karşı çözüm önerileri ortaya koymak.

1.3. Sorular ve Hipotezler

Araştırma sahasında havza temelli bütüncül yaklaşım modeli benimsenmiş ve çalışma aşağıdaki bilimsel gerekçelere dayandırılmıştır.

- Solaklı Çayı Havzası'nda arazi kullanımında hızlı bir değişim ve dönüşüm yaşanmaktadır. Bu değişikliklerin afetlere etkisi ne ölçüdedir?
- Değişime neden olan coğrafi dinamiklerin anlaşılması gerekliliği
- Nüfus-konut ve afet risk ilişkisinin ortaya konulmamış olması
- Araştırma sahası ile ilgili akademik çalışmaların bir araya getirilip havza genelinde yeniden yorumlanması gerekliliği.

Böylece araştırma boyunca üzerinde durulması planlanan konular, aynı zamanda çalışmanın soruları ve hipotezini de oluşturmaktadır. Bu sorular ve hipotezler şunlardır:

- Havzanın doğal ortam özellikleri nelerdir ve bu özelliklerin beşeri ortama etkileri nelerdir?
- Geçmiş geleceğin aynasıdır ilkesinden yola çıkarak daha önce yaşanmış afetler ve ortam sorunları nelerdir?
- Geçmişte meydana gelmiş afetlere neden olan parametreler nedir bu parametrelerin Havzada arazi kullanımı nasıldır ve bu arazi kullanımının afetlere etkisi nasıldır?
- Havzada yaşanan doğal ortam problemleri yöre halkını ne derece etkilemektedir. Yöre halkının söz konusu bu problemlere bakış açıları ve problemlere karşı aldıkları çözümler nelerdir?

1.4. Yöntem ve Teknikler

"Solaklı Çayı Havzası'nın (Trabzon) Uygulamalı Jeomorfolojisi" adlı bu çalışma fiziki coğrafya araştırma yöntemleri kullanılarak 4 aşamada gerçekleştirilmiştir.

1. Hazırlık aşaması: Çalışmanın ilk aşamasında öncelikle araştırma sahasının yeri ve sınırları belirlenmiş ve daha sonra çalışma sahası ve çalışma evreni ile ilgili literatür taraması yapılmıştır.

Çalışmada kullanılacak veriler, ***analog ve sayısal veriler***, ***yazılım ve teçhizat***, ***metinsel veriler*** olmak üzere üç başlık altında toplanmıştır.

a) Analog ve sayısal veriler: Araştırma sahasının başlıca analog ve sayısal verileri, 1/25000 ölçekli G44 a1-a2-a3-a4, G44 b1-b2-b3-b4, G44 c1-c2-c3-c4, G44 d1-d2-d3-d4, H44 a1-a2, H44 b1-b2 pafta numaralı raster ve vektör topoğrafya haritaları, 1/100000 ölçekli jeoloji haritası, 5 metre çözünürlüklü Sayısal Arazi Modeli (SYM), GPS verileri aracılığıyla elde edilen arazi çalışmaları ve Trabzon arazi il varlığından alınan toprak haritasıdır (Şekil 2).

b) Yazılım ve teçhizat: Bu çalışmada, Coğrafi Bilgi Sistemleri (CBS) ve Uzaktan Algılama (UA) yöntemleri, yeryüzüne ait bilgilerin belirli bir amaca yönelik olarak toplanması, bilgisayar ortamında depolanması, güncellenmesi, kontrol edilmesi ve analiz edilmesi amacıyla kullanılmıştır. Bu yetenekleri gerçekleştirmek için ArcGIS 10.1, SagaGIS, Global Mapper ve Google Earth gibi programlar kullanılmıştır. Ayrıca, bu çalışma kapsamında Photoshop CS6 yazılımı, Küresel Konumlandırma Sistemi (GPS) ve fotoğraf makinesi kullanılmıştır (Şekil 2).

Şekil 2. Araştırma kapsamında kullanılan başlıca veriler

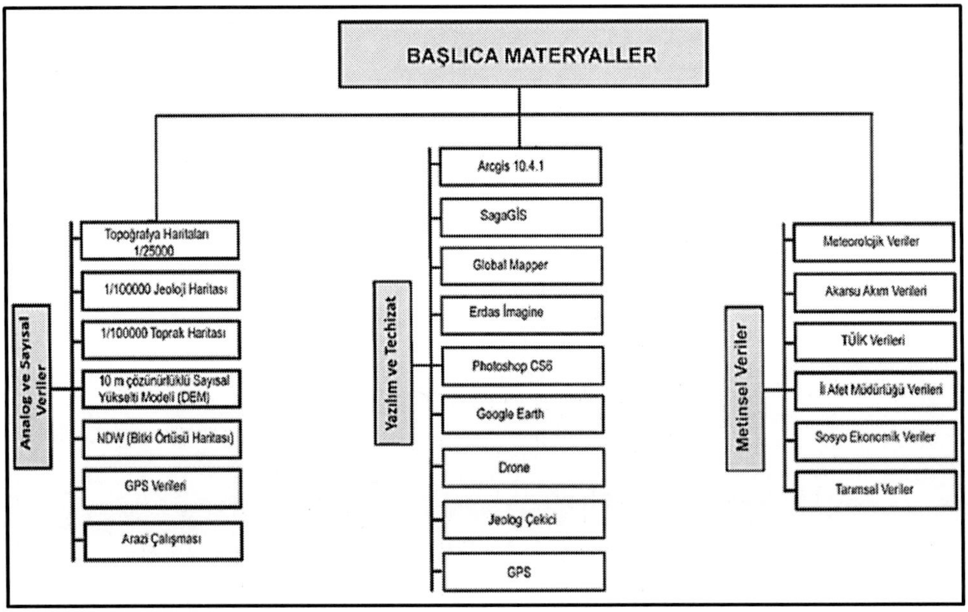

c) Metinsel veriler: Meteorolojik veriler, akarsu akım verileri, Türkiye İstatistik Kurumu (TÜİK) verileri, Trabzon İl Afet Müdürlüğü tarafından hazırlanan afet verileri, sosyo-ekonomik veriler ve tarımsal veriler, başlıca metinsel verileri oluşturmaktadır.

2. Arazi çalışması: Çalışmanın en önemli aşamalarından biri, belirli problemlere çözüm bulmak amacıyla yapılan arazi çalışmalarını içerir. Bu kapsamda, ne, nerede ve nasıl sorularına cevaplar aranır. Arazi çalışmaları, yukarıda bahsedilen sorular ve hipotezler bölümünde belirtilen sorulara ve problemlere cevap bulmak amacıyla gerçekleştirilmiştir.

Meteorolojiden alınan meteorolojik veriler ve hava tahmin verileri kullanılarak araziye çıkılmıştır. Arazi çalışması, havzanın merkezi kısmında bulunan Çaykara ilçe merkezinden başlatılmıştır. Bu seçimin temel nedeni, Çaykara ilçe merkezinin havzanın neredeyse tamamına yakın bir konumda olması ve ulaşım kolaylığı sağlamasıdır.

Arazi çalışmasında yapılan başlıca faaliyetler şunlardır;

- Arazinin gözlenmesi ve fotoğraflanması
- Araziden toprak, kaya ve bitki numunesinin alınması
- Taslak olarak çizilen jeomorfoloji haritası, heyelan, erozyon, sel ve taşkın, kaya düşmesi risk haritalarının kontrolü.

- Geçmiş geleceğin aynasıdır ilkesinden yola çıkarak daha önce meydana gelmiş heyelan, kaya düşmesi, çığ gibi afetlerin olay yeri incelemesi (gözlenmesi, fotoğraflanması, ölçümlerin yapılması)
- Araştırma dönemi boyunca meydana gelen heyelan, kaya düşmesi, sel, çığ gibi afetlerde olay yerine gidilerek gerekli çalışmaların yapılması
- Resmi kurumlara gidilerek gerekli verilerin temin edilmesi.

3. Sayısal Analiz ve Değerlendirme: Çalışmanın üçüncü aşaması, masa başı çalışmaları olarak adlandırılan sayısal analiz ve değerlendirmeleri içermektedir. Önceden hazırlanan taslak haritaların orijinalleri, ArcGIS 10.1, Global Mapper, SagaGIS, Erdas Imagine gibi yazılımlar kullanılarak Morfometrik yüzey analizleri, hidrolojik analizler ve iklim analizleri gibi işlemler gerçekleştirilmiştir. Bu yazılımlar kullanılarak jeomorfoloji, iklim, bitki örtüsü, arazi kullanımı, heyelan, çığ, sel ve taşkın risk haritaları oluşturulmuş ve bunların birleşiminden oluşan çoklu risk haritaları üretilmiştir.

4. Kitap metninin hazırlanması ve sonuç: : Bütün analizlerin ve arazi çalışmalarının sonuçlandırılması, afet risk sonuç haritalarının oluşturulması, yorumlanması ve elde edilen sonuçların metin haline getirilmesi aşamalarını içerir. Elde edilen sonuçların kamu kurum ve kuruluşlarının planlama yapmaları ve kararlar almaları açısından son derece önemli olduğu unutulmamalıdır.

2. JEOMORFOLOJİK VE UYGULAMALI JEOMORFOLOJİYE ETKİ EDEN BAŞLICA FAKTÖRLER

2.1. Doğal Ortam Özellikleri

Doğal ortamın jeomorfolojiye etkileri, iklim ve hava koşulları, toprak özellikleri, bitki örtüsü, jeolojik koşullar, topografya, zaman ve insan etkisi gibi çeşitli faktörlerden kaynaklanır. Bu faktörler, jeomorfolojik süreçlerin hızını, yoğunluğunu ve karakterini etkiler. Jeomorfoloji çalışmaları yapılırken, bu faktörlerin doğal ortamın özellikleriyle nasıl etkileşimde bulunduğu dikkate alınmalıdır. Jeomorfoloji, doğal ortamın yüzey şekillerinin oluşumu ve evrimi üzerindeki bu karmaşık etkileşimleri anlamak ve çevresel yönetim ve afet riski değerlendirmelerine katkı sağlamak için önemlidir.

2.1.1. Jeolojik Özellikler

Araştırma sahasının jeomorfolojik ve uygulamalı jeomorfolojik karakterini ortaya koymada jeoloji çalışmalarının büyük etkisi vardır. Solaklı Çayı Havzası'nın litolojik özellikleri, kütle hareketlerinin (heyelan, kaya düşmesi) oluşmasında volkanik kayaçların varlığı ve bunların tamamen ayrışması sonucu yer yer 5-10 metre kalınlığında killi toprak yapısının heyelanların meydana gelmesinde önemli faktörlerden birini oluşturur. Jeolojik özellikler incelenirken bu çalışmaya katkı sağlayan önemi belirgin bir şekilde ele alınmıştır.

Araştırma sahası, Doğu Pontid tektonik ünitesinin kuzeydoğusunda yer almaktadır. Bu tektonik ünite, batıda Kızılırmak vadisinden doğuda Gürcistan sınırına kadar yaklaşık 500 km uzunluğunda ve kuzeyde Karadeniz kıyısından güneyde Kafkasya sıradağlarına kadar yaklaşık 50-75 km genişliğinde bir kuşak oluşturur.

Araştırma sahası, Liyas döneminden başlayıp Eosen döneminin sonlarına kadar aktif bir mağmatik süreç geçirmiş ve bu mağmatik aktivite sırasında volkanik, volkano-tortul ve intrüzif kayaçlar egemen kayaç türlerini oluşturmuştur. Volkanik faaliyetlerin durakladığı dönemlerde ise tortul malzemeler birikmiştir (Güven 1993). Bu nedenle araştırma sahasındaki volkanik malzemeler volkano-tortul ara tabakalıdır.

Paleosen sonlarına doğru orojenik faaliyetlerle birlikte büyük ölçüde granitoyid yerleşimi gelişmiştir (Kaçkar Granitoyidi I).

Eosen döneminde ise volkanizma etkin bir şekilde devam etmiştir. Deniz altı ortamında yayılma nedeniyle volkano-tortul bir istif yapısı gelişmiştir. Granitoyid yerleşimi Eosen döneminde de devam etmiştir (Kaçkar Granitoyidi II) (Güven 1993).

Pliyosen'de görülen genç volkanizma aglomeraik breşler volkanik çakıl taşları, Hornblend- Ojit, Andezit-Bazaltlardan oluşan dördüncü volkanik seriyi vermiştir.

Paleozoik-Kuvaterner zaman aralığında gelişmiş kaya birimlerinin yüzeylendiği araştırma alanında, Liyas'tan başlayarak Eosen sonlarına kadar periyotlar halinde gelişimini sürdüren magmatizmanın ürünlerini içeren volkana-tortul, volkanik ve intrüzif kayaçlar yaygındır. Magmatik faaliyetlerin durakladığı dönemlerde ise tortul istifler birikmiştir.

2.1.1.1. Stratikrafik ve Litolojik Özellikler

Çalışma alanında farklı jeolojik devirlerde oluşmuş formasyonlar, yaşlı birimlerden genç birimlere doğru ele alınarak kısaca açıklanacaktır. Çalışma sahası, Doğu Pontit Orojenik Kuşağı'nın kuzey zonunda yer almaktadır. Ağan ve diğerleri (2007) tarafından yapılan 1/100.000 ölçekli çalışma, bölgenin stratigrafik sıralamasını açıklamış ve formasyon düzeyindeki stratigrafik yapıyı ortaya koymuştur (Şekil 3).

2.1.1.1.1. Hamurkesen Formasyonu

Birim araştırma alanında bazalt, andezit, kumtaşı, marn ile temsil edilmektedir. Formasyona ait litolojik ürünler mor ve yeşilimsi gri renkli bazalt lav ve piroklastlarından meydana gelir ve yer yer bu volkanitler içerisinde silttaşı ve kumtaşı ara katları bulunur (Güven 1998). Birimin yaşı Güven tarafından jeolojik yorumlama ve stratikrafik dayandırılarak Liyas olarak saptanmıştır. Birimin görünür kalınlığı 300-500 m arasında değişir (Işık, 2017).

Formasyona ait birimler Çaykara ilçe merkezinin güneyinde Çamlıbel ve Taşlıgedik mahallelerinde, Uzungöl ve yakın civarında, Kavlatan Mahallesi güney ve güneybatısında, Yaylaönü, doğusu ve batısında kümeler şeklinde yer alır. Formasyon bütün litolojik birimler içinde havzasının % 9'unu meydana getirir (Şekil 3, Harita 2).

2.1.1.1.2. Berdiga Formasyonu

İlk defa PELİN (1977) tarafından Berdiga dağlarında (Alucra güneyi) tanımlanan formasyon genellikle gri renkli ve tabakalı killi kireçtaşı, çörtlü kireçtaşı ve kumlu kireçtaşlarından oluşur. İnceleme alanında % 1'lik çok küçük bir alanı kaplayan formasyon Aşağı Kumlu Mahallesi'nin kuzey ve kuzeydoğunda yer alır (Harita 2).

2.1.1.1.3. Çatak Formasyonu

Berdiga formasyonu (Neritik kireçtaşı), üzerine bazaltik lavlar ve volkano-tortul birikimlerin istiflendiği bir formasyondur. Bu birim, Çatak köyü bölgesinde en iyi geliştiği için Güven (1993) tarafından Çatak formasyonu olarak adlandırılmıştır.

Bu formasyon, bazalt ve andezit karakterli lavlar ile piroklastların, kumtaşı, kiltaşı, silttaşı ve marn tabakaları ile ardalanmasıyla oluşur. Bazaltlarda iyi gelişmiş yastık lav yapıları gözlenir ve genellikle gri-yeşil renkler hâkimdir (Güven 1993).

İnceleme sahasında bu birim, Soğanlı Dağları boyunca doğu-batı doğrultusunda, Manaha Tepe, Cos Dağı ve Kafkas Tepe'nin batısında yer almaktadır. Ayrıca, Günbuldu yerleşmesinin güney-güneydoğusu ile kuzey ve kuzeydoğusunda yayılmıştır. Bu birim, araştırma alanının yaklaşık %15'lik bir bölümünü kaplar (Harita 2).

2.1.1.1.4. Kızılkaya Formasyonu

Kızılkaya formasyonu asidik karakterli lav ve proklastlardan oluşur ve Espiye (Giresun) güneyinde kızılkaya mevkinde başlayıp Artvin'e kadar kesintisiz devam eden birim (Güven 1993) tarafından kızılkaya formasyonu olarak adlandırılmıştır.

Kızılkaya formasyonu, çoğunlukla riyodasitik, dasitik lav ve piroklastlardan oluşur. Çatak formasyonu üzerine uyumlu olarak gelen lavlar, genellikle sarımsı ayrışmalı gri, beyaz, morumsu renkleri ve prizmatik kolonlu yapıları ile dikkati çekerler (Güven 1993).

Birim araştırma sahasında Dernekpazarı ilçe merkezinin kuzey ve güneyi boyunca Taşhan, Erenköy, Cumapazarı, Serindere, Gülen, Akköse, Tüfekçi, Ulucami, Soğanlı, Kabataş, Taşören yerleşim yerlerinde rastlanır (Harita 2). Birim araştırma alanında % 10'luk bir alan kaplamaktadır (Harita 2).

2.1.1.1.5. Çağlayan Formasyonu

Çağlayan formasyonu bazik karakterli volkanit, volkanolastik ve çökellerden oluşan bir ardalanmaya sahip olduğundan volkano-tortul bir özelliğe sahiptir. Birim (Güven 1993) tarafından Çağlayan formasyonu olarak adlandırılmıştır.

Volkano-tortul bir istif özelliğine sahip formasyonun egemen kaya türlerini bazalt, andezit, kumtaşı, marn ve kırmızı-bordo renkli kireçtaşlarından oluşur (Güven 1993). Mikroskop altında porfirik dokulu olan lavlarla zonlu yapı gösteren plajiyoklas fenokristalleri ile plajiyoklas mikrolitleri, çok bol klorit ve opak minerallerin oluşturduğu bir hamur dikkati çeker (Güven 1993, Işık 2017).

Çağlayan formasyonu araştırma sahasında Of ve yakın çevresinde Çaykara ilçe merkezi ve Yenicenin batısında, Bölümlü'de yer alır (Harita 2). Formasyon havza toplam alanının (758 km^2) % 9'unu oluşturur (Harita 2).

Araştırma sahasında formasyonun genel yapısına bakıldığında volkanitlerin geniş alan kapladığı ve bu volkanitlerle ara katlı olarak tortul malzemelerin ardalandığı görülür. Volkano-tortulların ayrışmasıyla yer yer 5-10 m arasında killi yapılar ortaya çıkar (Trabzon Jeolojik etüd raporu). Killi yapılar yer yer 1600 mm yi geçen araştırma sahasında yüksek eğimli topoğrafyada plastite ve likitide sınırını aşarak heyelanlar oluşmasına neden olur. Killi yapıların permabilite (geçirgenlik) özelliği oldukça düşük olduğundan yağışlar çok daha hızlı yüzeysel akışa geçerek sel ve taşkına dolaylı olarak neden olurlar.

Şekil 3. Doğu Pontid Kuzey zonu stratigrafik kolon kesiti: (Güven, A. 1990'na atfen 2017 Ağan, A ve diğ.)

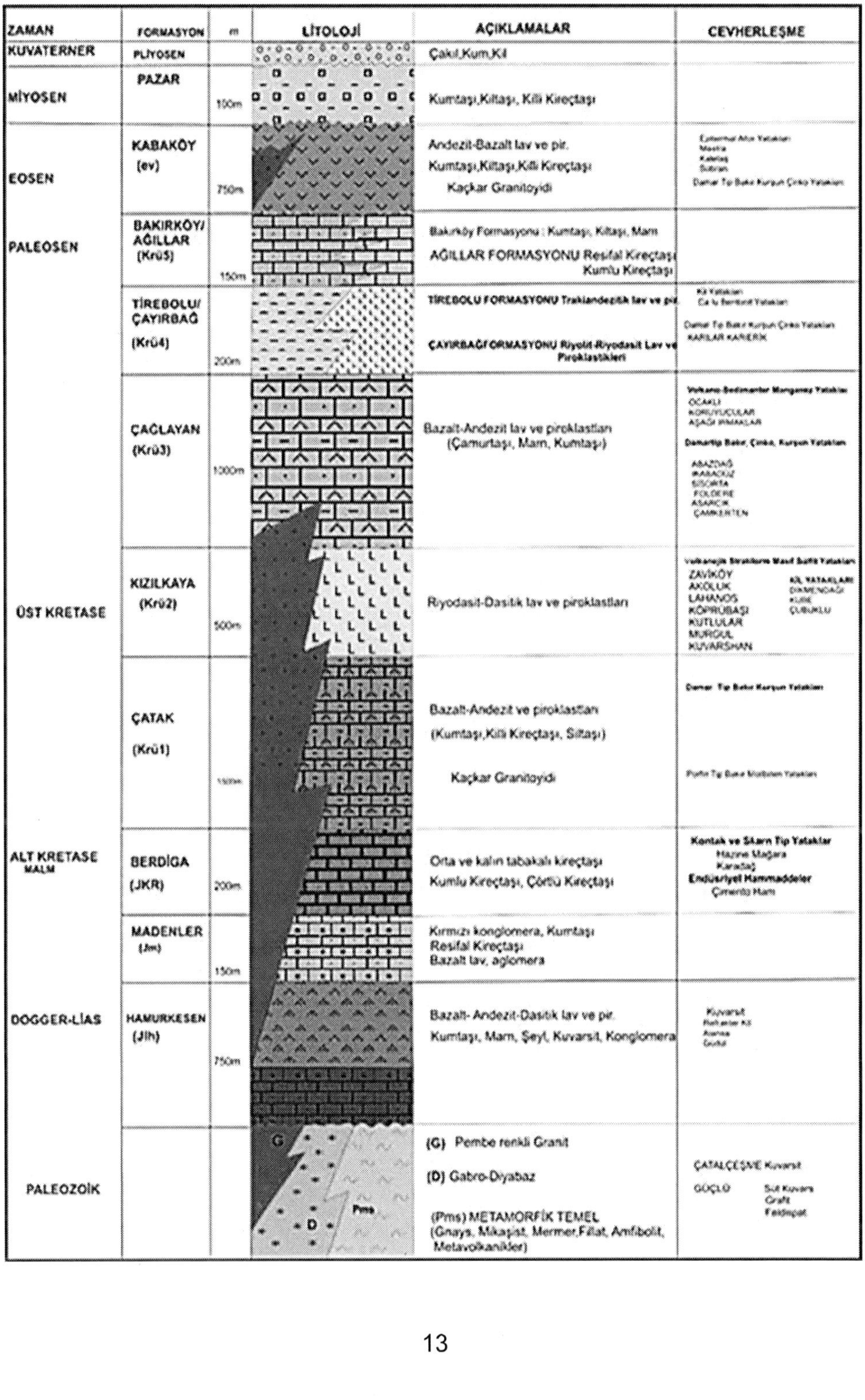

Harita 2. Araştırma sahasının jeoloji haritası

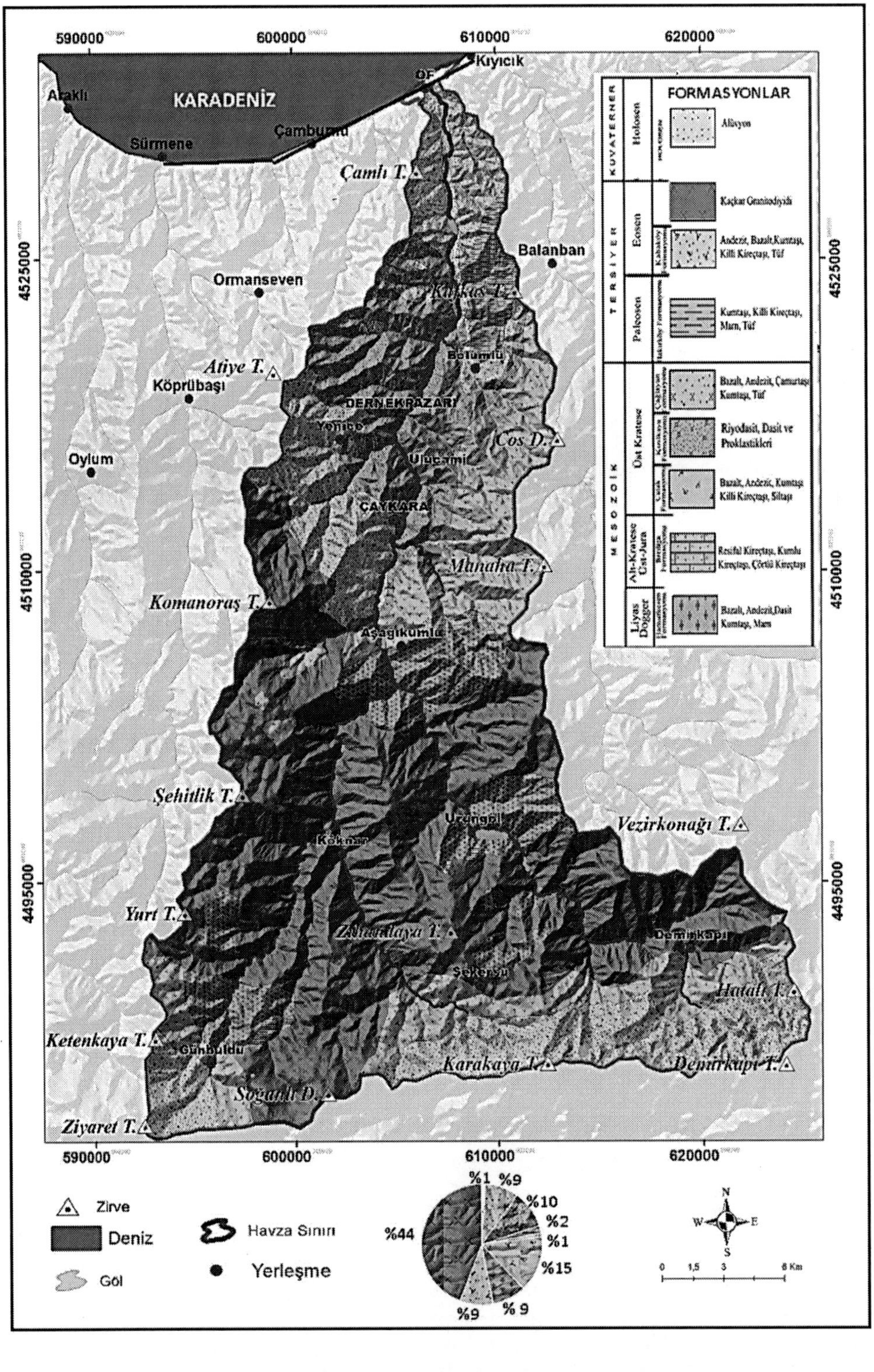

Volkano-tortul bir istifi kapsayan formasyonun egemen kaya türünü oluşturan bazalt, andezit, lav ve piroklastlarının arasında kumtaşı, marn ve kırmızı-bordo renkli killi kireçtaşı ara seviyeleri bulunur.

Birim araştırma alanında Of ilçesine bağlı Keban, Çamlı, Serince, Ağaçbaşı, Yemişalan, Kirazköy, Ballıca, Fındıkoba dolaylarında, Çaykara ve Dernekpazarı ilçe merkezinin batısında Şahinkaya, Maraşlı, Çayırbaşı, Akdoğan, Günebakan, Akdoğan mahalleleri ve civarında gözlenmektedir (Harita 2). Birim araştırma alanında % 9'luk bir alan kaplamaktadır.

2.1.1.1.6. Kaçkar Granitoyidleri

Ülkemizde, Doğu Karadeniz Dağları'nda Kaçkar Dağları'ndan başlayıp Canik Dağları'na kadar yaklaşık 500 kilometrelik bir kuş uçuşu mesafesi boyunca uzanan birim, Kaçkar Granitoyitleri olarak adlandırılmıştır, çünkü bu bölgede granitoyid kütleleri en yoğun olarak Kaçkar Dağları'nda bulunur (Güven 1993). Üst Kratese ve Eosen birimlerinin içine kesintisiz bir şekilde yayılan granitten gabroya kadar uzanan bir dizi intrüzif kompleksi içerir ve tüm bu oluşumlar, yaşlarına bakılmaksızın Kaçkar Granitoyitleri olarak adlandırılır (Güven 1993).

İnceleme sahasında, bu birimin toplam alanın %44'ünü kapladığı görülür. Bu birim neredeyse havzanın yarısını oluşturur ve Çaykara ilçesi ile Soğanlı Dağları arasında yer alır. Bu birim içinde Köseli, Demirli, Oğlaklı, Köknar, Uzuntarla, Karaçam, Dumlu, Yaylaönü, Arpaözü, Demirkapı ve Şekersu köyleri bulunur (Harita 2).

2.1.1.1.7. Kabaköy Formasyonu

İnceleme alanının en güneyinde kabaca doğu-batı doğrultusunda uzanan birim Güven 1993)tarafından kabaköy formasyonu olarak adlandırılmıştır. Kabaköy formasyonunun tabanında kırmızı-bordo renkli konglomera ve kumtaşları, bunların üzerinde marn, sarımsı renkli kumtaşı ve kumlu kireçtaşı tabakaları bulunur. Birim araştırma alanında havzanın güneyinde yaylalar kuşağında bulunur (Harita 2).

2.1.1.1.8. Holosen-Alüvyon

Kuvaternere ait alüvyon malzeme Solaklı'nın aşağı çığırında eğimin azaldığı ve akarsuyun taşıma gücünün azaldığı yaklaşık olarak Taşhan yerleşim merkezi ile Solaklı Çayı'nın denize döküldüğü kesim arasında kalan kısımda yer alır (Harita 2. Foto 1).

Foto 1. Solaklı Çayı vadi tabanında alüvyon malzemeler. Kuzeyde Of ilçe merkezine doğru Solaklı Vadisi geniş tabanlı vadi özelliği gösterir. Eğimin düşmesi yukarı havzalardan gelen alüvyon malzemelerin vadi tabanında birikmesine neden olmuştur.

2.1.2. Jeomorfolojik Özellikler

Bu başlık altında kuzey-güney doğrultusunda uzanan Solaklı Çayı Havzası'nın jeomorfolojik özellikleri incelenmiş ve ana jeomorfolojik birimler ile bu birimlerin oluşturduğu yer şekilleri ele alınmıştır.

Havzanın jeomorfolojik özellikleri, yerleşme, ekonomik yapı (tarım, hayvancılık, turizm), ulaşım, kültürel yapı, kütle hareketleri gibi faktörleri hem doğrudan hem de dolaylı olarak etkiler ve jeomorfolojik özelliklere bağlı olarak şekillenir.

Solaklı Çayı Havzası, Doğu Karadeniz Dağları içinde bulunur ve yüzey şekilleri açısından oldukça arızalı bir topoğrafik yapıya sahiptir. Deniz kıyısından güneye doğru 50 kilometre gidildiğinde aniden 3000 metreyi aşan bir yükselti artışı gözlemlenmektedir.

Solaklı Havzası'nın morfolojik yapısı, kıyıda genellikle erozyon tepelik arazilerin bulunduğu bölgelerle karakterizedir. Orta bölgede, yaklaşık 15 kilometre genişlikteki alanda kratese volkanik fasiyesli dağlar ve Üst Kratese volkanik kayaçlardan oluşan kıvrım dağları bulunur (Sakal 1991).

Araştırma sahasının jeomorfolojik görünümüne baktığımızda, kıyıdan iç kesimlere doğru gidildikçe daralan ve derinleşen "V" biçimli vadilerin varlığı dikkat çekmektedir. Tektonik etkiler sonucunda bu bölge, dış etkenlerin sürekli faaliyetleri ile günümüzdeki şeklini almıştır. Düşük rakımlı alanlar, flüviyal süreçler tarafından hızla aşındırılırken, yüksek kesimler ise son buzul çağının morfolojik izlerini taşır.

Yüksek kesimlerde buzul topoğrafyasına ait izler, 2000-3400 metre arasında gözlemlenebilir. Bu yüksekliklerde buzul vadileri, sirkler, morenler ve moren depoları gibi buzul şekilleri oldukça yaygındır (Harita 3). 2000 metre altındaki bölgelere inildiğinde, Solaklı Çayı, yatağını derin vadiler açarak bazı bölgelerde 1500 metreye kadar varan dik yamaçlar oluşturur (Harita 9).

Bu dağlarla çevrili havza, dantritik drenaj ağı tarafından şekillendirilmiştir ve "V" biçimli vadiler genellikle birbirlerinden keskin sırtlarla ayrılır (Harita 3). Yamaçların yüksek eğimli olması, özellikle Solaklı ve yan kollarının yamaçlarının oldukça keskin olması, birikinti konileri ve yelpazelerin gelişimini engellemiştir. Daha düşük eğim koşullarının bulunduğu Uzungöl ve çevresinde ise birikinti konileri gözlemlenebilir (Harita 3).

Uzungöl Gölü'nün çanağının oluşmasında ilk etkenlerden biri, kuzey yamacından gelen heyelan kütlesinin etkisi olmuş olsa da, bu çanak bugünkü durumunu almasında bu heyelan kütlesini örten birikinti konilerinin etkisi büyüktür (Akkan ve diğerleri, 1993). Bu birikinti konilerinin oluşumunda Karadeniz bölgesinin nemli iklimi, kayaçların özellikleri ve eğim koşulları bir araya gelmiştir. Fiziksel ve kimyasal ayrışma sonucu oluşan kayaçlar, yüksek eğimli yamaçlardan aşağı doğru ilerleyerek birikinti konilerinin oluşumuna katkıda bulunmuştur (Cin, 1995). Heyelan kütlesinin önünü ve üstünü örten birikinti konisi büyüdükçe göl, bugünkü şeklini almıştır.

Solaklı Çayı vadi tabanlarında çok az yer kaplayan akarsu taraçalarına sahiptir. Solaklı Havzası, genellikle akarsu taraçalarının oluşumu için uygun bir ortam sunmaz. Bunun nedeni, kütle hareketleri ve yüksek eğim nedeniyle akarsu taraçalarının deforme olması veya tamamen tahrip olmasıdır. Bununla birlikte, havzada küçük akarsu taraçalarına rastlanabilir. Karaçam Vadisi'nde gözlenen akarsu taraçası (Fotoğraf 23), bunun bir örneğidir. Bu akarsu taraçası üzerinde tarım yapılır.

Havzanın mevcut morfolojik özelliklerini kazanmasında özellikle dikkate değer bir faktör, havzanın heyelanlarla şekillenmiş olma gerçeğidir. Bu heyelanlar, havzanın yerel düzeydeki yer şekillerini büyük ölçüde etkileyerek önemli değişimlere neden olmuştur. Heyelanların oluşması, aynı zamanda arazi kullanımını da derinden etkilemiştir.

Paleo (eski) heyelan bölgeleri, günümüzde tarım ve yerleşim alanları olarak kullanılmaktadır. Bu bölgeler, geçmişte gerçekleşen heyelan olaylarının ardından insanlar tarafından yerleşim amaçlarına hizmet eden topraklara dönüştürülmüştür. Heyelanların meydana geldiği alanlar, verimli topraklar ve yerleşim alanları oluştururken, aynı zamanda bu bölgelerin jeolojik risklere açık olduğunu göstermektedir.

Havzanın yüksek eğim değerlerine sahip olması, orman örtüsünün yoğunluğu ve neredeyse düz arazinin bulunmaması, heyelan bölgelerinin yerleşim ve tarım alanı olarak kullanılmasında ana etkenlerdir. Yüksek eğimler, yerleşim bölgelerini şekillendirirken, orman örtüsü de toprak erozyonunu önlemekte ve heyelan riskini azaltmaktadır. Ancak bu bölgelerde düzlüklerin eksikliği, arazi kullanımını sınırlayarak yerleşim alanlarının genellikle dar vadilerde yoğunlaşmasına neden olmuştur. Heyelan bölgelerinin etkin bir şekilde yönetilmesi, bu alanların sürdürülebilir şekilde kullanılabilmesi için önemlidir.

Harita 3. Araştırma sahasının jeomorfoloji haritası

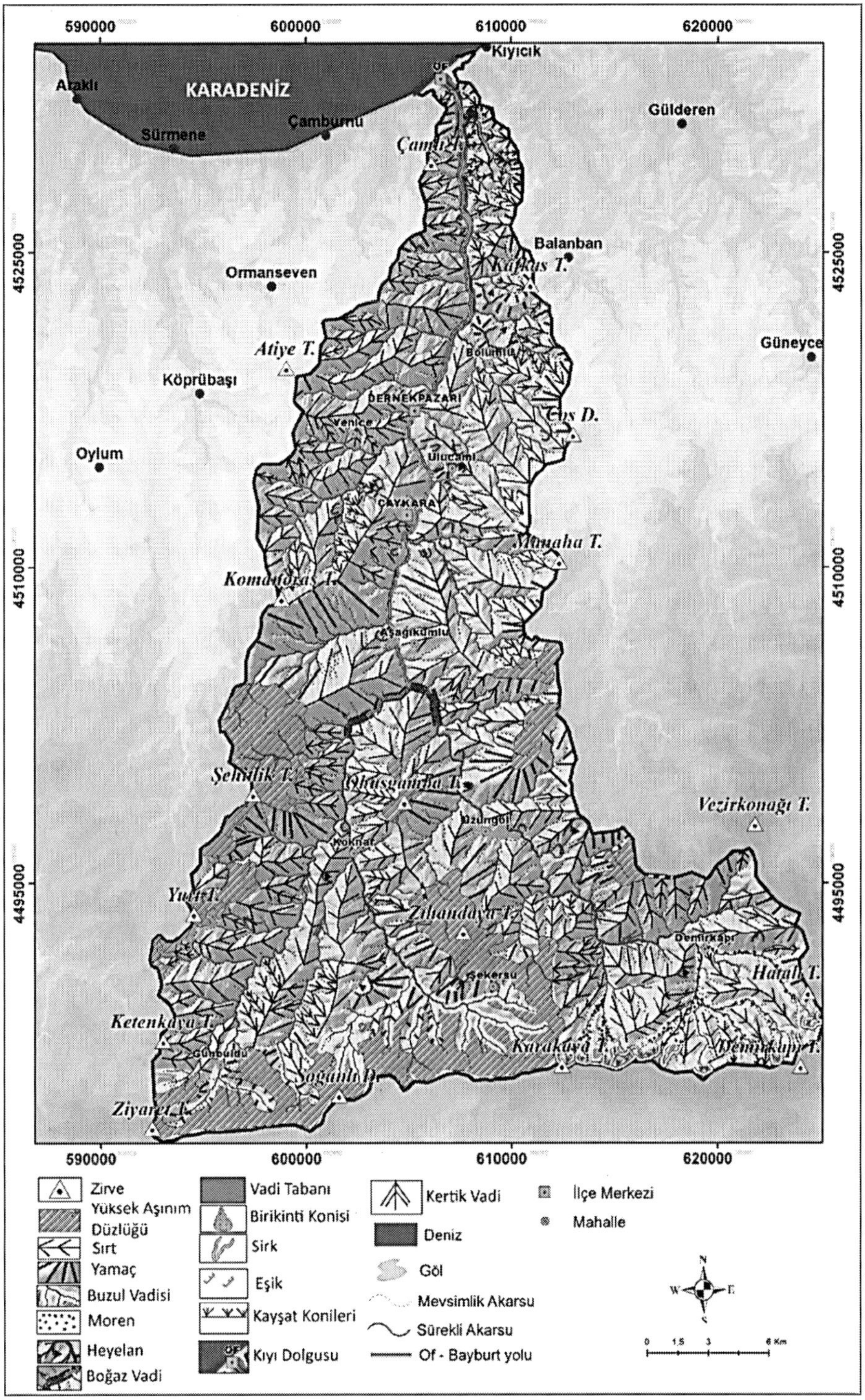

2.1.2.1. Solaklı Havzası'nın Jeomorfometrik Özellikleri.

Akarsu havzalarında jeomorfometrik özellikler, havzanın boyutu, şekli, eğimi, drenaj ağı, akarsu uzunluğu, akarsu ağız noktası ve akarsu şiddeti gibi çeşitli faktörlerden oluşur. Bu özellikler, akarsu havzasının yapısını ve karakterini anlamamıza yardımcı olur ve su kaynakları yönetimi, sel tahminleri, erozyon kontrolü ve çevresel planlama gibi birçok uygulama alanında önem taşır. Jeomorfometri, bu tür havzalarda coğrafi verilerin analizi ve yorumlanmasına odaklanan bir araştırma alanıdır.

2.1.2.1.1. Hipsometrik Eğri ve İntegral

Solaklı Havzası'nın hipsometrik eğrisine baktığımızda, dışbükey bir şekil gözlemlenmektedir (Şekil 4). Bu eğri, deniz seviyesinden başlayarak 3000 metre yüksekliğe kadar olan farklılıkları yansıtmaktadır. Bu farklılıklar, dağlık bölgelerin belirgin bir relief özelliği taşıdığını ve Solaklı Havzası'nın dışbükey bir yapıya sahip olduğunu göstermektedir. Aynı zamanda bu özellik, Solaklı Havzası'nın alt havzaları için de geçerlidir. Örneğin, Meyvalı ve Kurdanya gibi kıyıya yakın havzalar iç bükey bir yapıya sahipken, yukarıda yer alan havzalar genellikle dışbükey bir yapıya sahiptir (Şekil 5).

Havzanın hipsometrik integral değeri 0.46 olarak hesaplanmıştır. Bu değer, Solaklı Havzası'nın gençlik safhasında olduğunu gösterir. Hipsometrik integral, bir havzanın yüzey şeklinin incelenmesinde önemli bir parametredir. 0.46 değeri, bu havzanın genç ve aktif bir evrede olduğunu ve jeomorfolojik olarak hala şekillenmekte olduğunu göstermektedir.

Havzanın bu integral değerine sahip olması, çeşitli etmenlerin bir araya gelmesi sonucu sel oluşumuna neden olabilir. Yüksek yükselti farkları, eğim değerleri ve kıyıdan başlayarak dağların kısa mesafelerde (70 km) yükselmesi, yağışların hızla toplanmasına ve suyun hızla akmasına neden olabilir. Bu koşullar, yağışların ani olarak havzada birikmesine ve nehirlerin taşmasına yol açabilir. Özellikle genç havzalarda, erozyon süreçleri hala aktif olduğu için sel oluşma riski daha yüksektir.

Şekil 4. Solaklı Çayı Havzası hipsometrik eğrisi

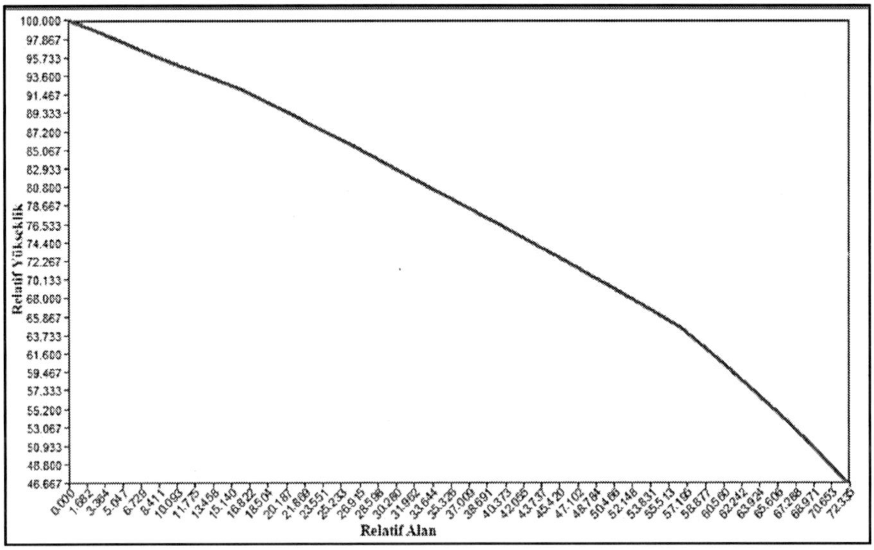

Şekil 5. Solaklı Çayı Havzası'nın alt havzalarının hipsometrik eğrisi

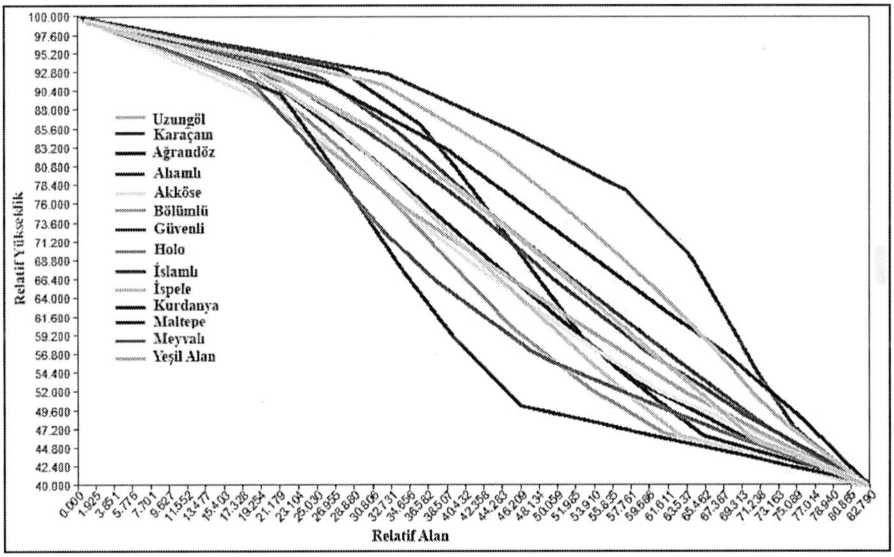

2.1.2.1.2. Eğim Özellikleri

Bir sahanın eğim özellikleri, o yerin jeomorfolojik özelliklerini, topoğrafik karakterini ve jeomorfolojik birimlerini belirleme açısından önemli bir parametredir (Özşahin ve Eroğlu, 2018). Bir yerin eğim değerleri, o yerin jeomorfolojik gelişim özelliklerini yansıtabilir (Polat, 2017). Ayrıca, eğim özellikleri, kütle hareketleri, sel-taşkınlar ve çığ gibi afetlerin meydana gelme olasılığını etkileyen önemli faktörlerden biridir. AFAD'ın 2015 raporuna göre, çığ duyarlılığını etkileyen faktörler arasında eğim, %30'luk bir değerle en yüksek puana sahiptir. Çığ olaylarının en fazla yaşandığı eğim aralığı ise 28-45 derece arasında bulunmaktadır.

Araştırma sahasının eğim sınıflarına bakıldığında, havzanın oldukça eğimli yüzeylere sahip olduğu görülmektedir (Harita 4). %61'lik bir oranla çok eğimli yüzeylerin hâkim olduğu bu alanda, 0-10 derece arasındaki yüzeyler ise toplam havza alanının (%13.2) daha küçük bir bölümünü oluşturmaktadır, bu da eğim özelliklerinin havzanın jeomorfolojik yapısını yansıttığını göstermektedir (Tablo 1, Grafik 1).

Solaklı Havzası'nda eğim değerleri, akarsuların yamaçları derinleştirmesi nedeniyle vadi yamaçlarında yüksektir. Flüviyal süreçlerin etkisinin azaldığı yüksek platolarda ise eğimler daha düşüktür, bu alanlar daha çok orta eğimli yüzeylere karşılık gelir. Solaklı Havzası'ndaki yüksek eğim değerlerinin fazla olması, havzanın genç bir yapıya sahip olmasının yanı sıra flüviyal süreçlerin hala etkin olduğunun bir göstergesidir.

Tablo 1. Araştırma sahasının eğim sınıfları ve kapladığı alanlar

Eğim Sınıfları (%)	Tanımlama	Alan (Km²)	Yüzde (%)
0-1	Düz Yüzeyler	6,42	0,847507
1-2	Hafif Eğimli Düz Yüzeyler	0,90	0,118773
2-5	Hafif Eğimli Yüzeyler	2,14	0,282784
5-10	Eğimli Yüzeyler	3,74	0,493892
10-20	Orta Eğimli Yüzeyler	15,90	2,098087
20-50	Çok Eğimli Yüzeyler	219,99	29,02343
50-70	Çok Çok eğimli yüzeyler	469,70	61,9669
>70	Çok eğimli ve dike yakın yüzeyler	40,13	5,294749

Grafik 1. Araştırma sahası eğim gruplarının dağılışı

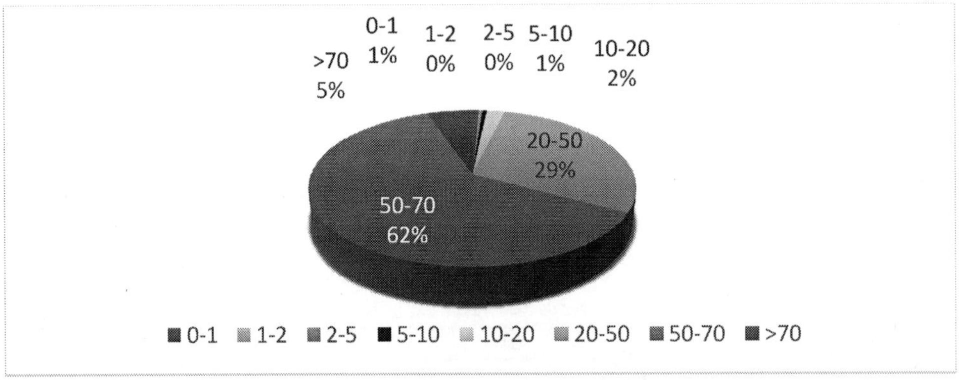

Harita 4. Araştırma sahasının eğim haritası

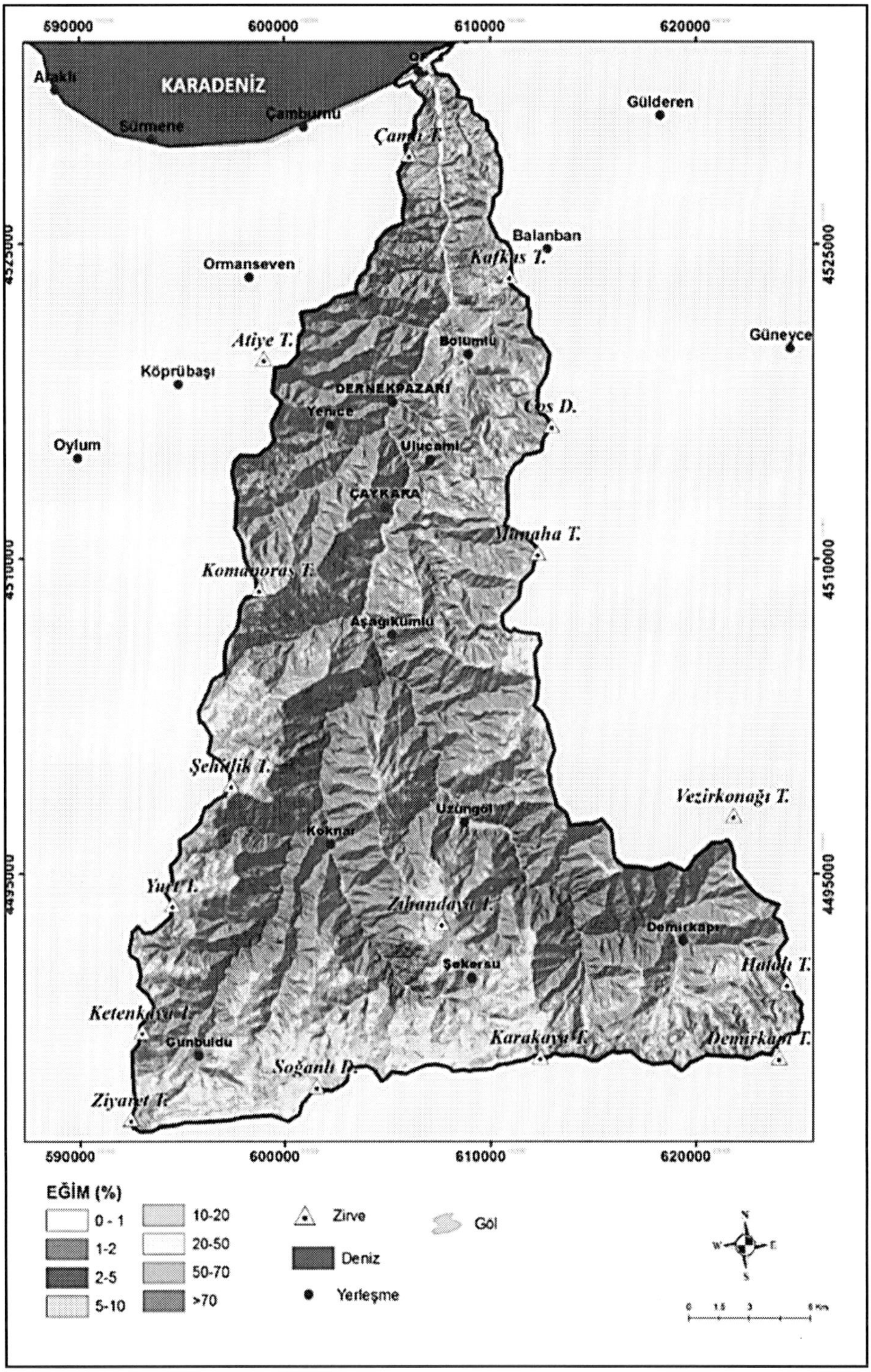

2.1.2.1.3. Bakı Özellikleri

Uygulamalı jeomorfoloji çalışmalarında bakı faktörü, önemli bir parametre olarak kabul edilir. Bu faktör, yamaçların güneş ışınlarını alıp almadığı durumunu belirler. Kuzey yarımkürede, güneye bakan yamaçlar daha fazla güneş ışınına maruz kalırken, kuzey yamaçlar güney yamaçlara göre daha az güneş ışınına maruz kalır. Türkiye'de dağlar, güneye bakan yüzeyler hem yıllık hem de günlük olarak daha fazla güneş etkisine maruz kalır, bu da güneşlenme süresinin daha uzun olduğu anlamına gelir. Bu nedenle tarım için yer seçiminde, ülkemizde daha çok güneye bakan yamaçlar tercih edilir.

Bakı faktörü aynı zamanda yamaçların nemli hava kütlelerine karşı açık veya kapalı olmasını da etkiler. Araştırma sahası, Doğu Karadeniz Bölgesi'nde yer almaktadır ve bu bölgeye yağış getiren hava kütleleri kuzeyden ve kuzeybatıdan gelerek Karadeniz Dağları'nın kuzey ve kuzeybatı yamaçlarına yoğun yağış bırakır. Bu nedenle kuzey bakılı yamaçlarda yüksek yağış miktarı, düşük sıcaklık ve buharlaşma miktarının azlığı, nemli bitki türlerinin daha fazla geliştiği bir ortamı oluşturur.

Araştırma sahası oldukça engebeli bir topoğrafyaya sahiptir ve birçok akarsu (Solaklı Çayı ve yan kolları) tarafından şekillendirilmiştir. Bu akarsuların etkisiyle dağlık ve tepelik alanların şekillenmesi, yamaçların hâkim bir yamaç yönünü tanımlamayı zorlaştırır. Bu nedenle Solaklı Havzası'nda yamaç yönleri kısa mesafeler içinde değişkenlik gösterir. Relief, yükseklik, yağış ve bakının birleşimi, Solaklı Havzası'nda kısa aralıklarla farklı coğrafi ortamların oluşmasına yol açmıştır.

Araştırma sahasında yamaç yönlerinin dağılımına baktığımızda, kuzey bakılı yamaçların (327.26 km^2) daha yaygın olduğunu gözlemliyoruz (Harita 5, Tablo 2, Grafik 2). Güney bakılı yamaçlar ise 232.29 km^2'lik bir alanı kaplar (Harita 5, Tablo 2, Grafik 2). Düz alanların havza toplam alanının (%0.61) sadece küçük bir kısmını oluşturması, Solaklı Havzası'nın oldukça engebeli ve eğimli bir topoğrafik yapıya sahip olduğunu gösterir.

Tablo 2. Araştırma sahasının yamaç yönlerinin dağılış miktarları

Yamaç Yönleri	Alan (Km²)	Yüzde (%)
Düz (-1)	4,67	0,61
Kuzey (0-22.5)	57,31	7,58
Kuzeydoğu (22.5-67.5)	98,72	13,05
Doğu (67.5-112.5)	92,56	12,24
Güneydoğu (112.5-157.5)	78,29	10,35
Güney (157.5-202.5)	76,02	10,05
Güneybatı (202.5-247.5)	78,28	10,35
Batı (247.5-292.5)	101,83	13,46
Kuzeybatı (292.5-337.5)	110,71	14,64
Kuzey (337.5-360)	60,52	8,06

Grafik 2. Araştırma sahasında bakı yönlerinin yüzdelik dağılımı

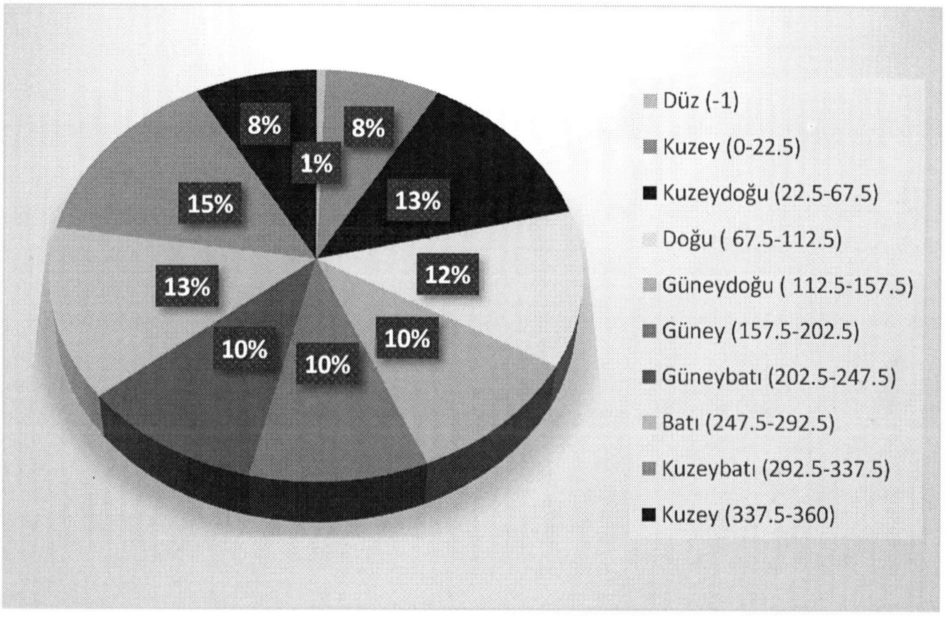

Harita 5. Araştırma sahasının bakı haritaları (a: güney bakılı yamaçlar b: kuzey bakılı yamaçlar c: bakı haritası)

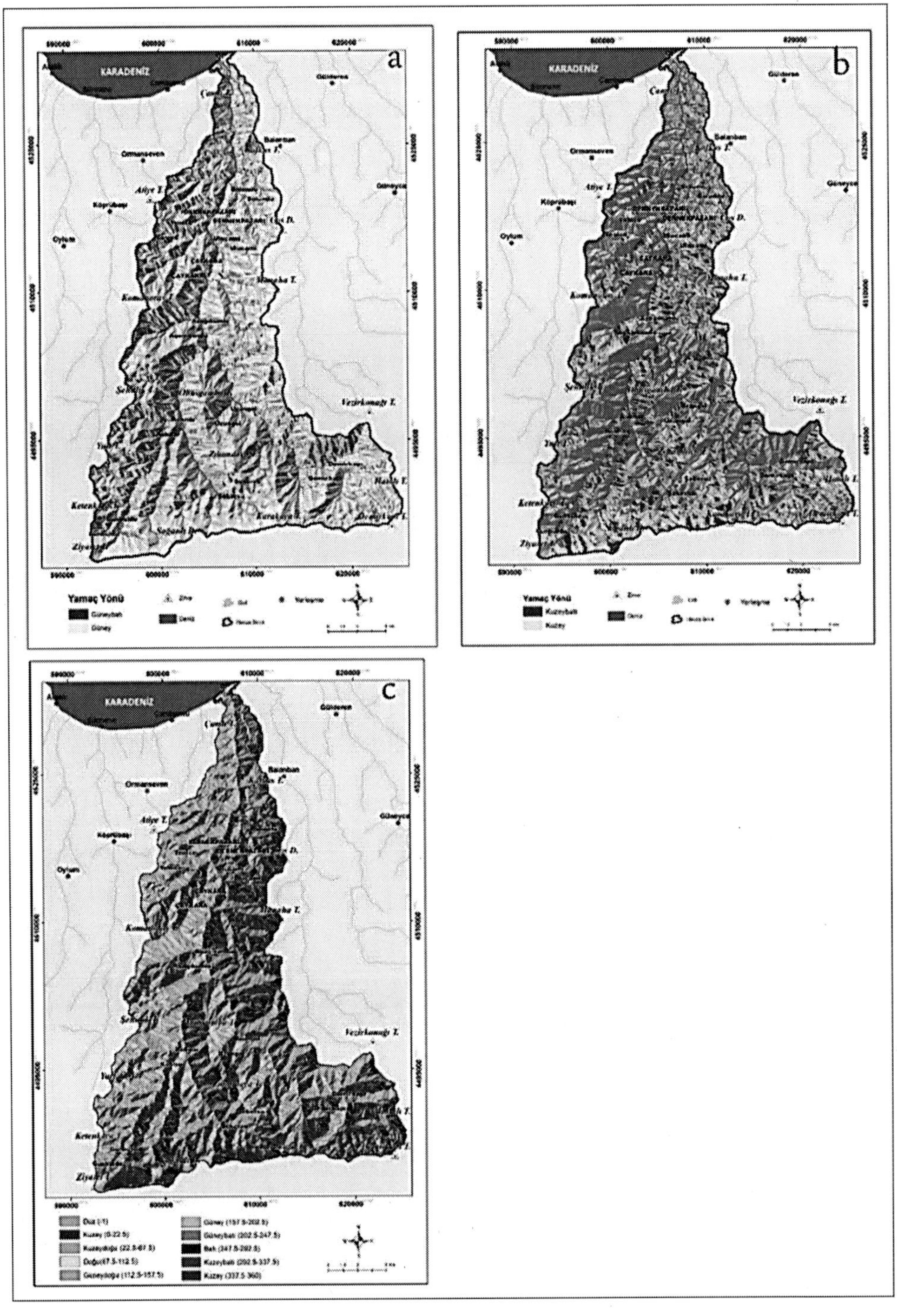

2.1.2.1.4. Topoğrafik Pozisyon İndeksi (TPİ):

Topoğrafik Pozisyon İndeksi, jeomorfometrik indekslerden biri olarak yeryüzü şekillerini sınıflandırmak için kullanılan bir araçtır. Bu indeks (TPI), yükselti basamaklarına ait hücre değerlerini kullanır ve yüzeylerin sınıflandırılmasını en yakın komşuluk ilişkisine göre gerçekleştirir. Bu sınıflandırmada, hücrelerin yükselti ve eğim değerleri temel bir altlık oluşturur. Hücrelerin ve çevresindeki piksellerin ortalama yükseklik değerleri göz önüne alınarak, pozitif, negatif ve sıfır değerleri sınıflandırmada kullanılır (Çilek ve diğerleri, 2019).

Topoğrafik Pozisyon İndeksi'ne göre elde edilen değerler, arazi sınıflandırmasını belirler. Buna göre, sıfıra (0) yakın değerler genellikle düz ve sabit eğimli bölgeleri temsil ederken, pozitif (+) değerler yüksek alanları, dağları, tepeleri vb. gösterir. Negatif (-) değerler ise vadileri, kanyonları gibi yer şekillerini ifade eder (Şekil 6) (Jenness, 2006). Bu sınıflandırmaya dayalı olarak jeomorfolojik terimler, Topoğrafik Pozisyon İndeksi (TPI) kullanılarak oluşturulmuştur. Bu sınıflandırmaya göre, morfolojik birimler şunlardır: üst yamaçlar, yamaçlar, yüksek sırtlar, orta yamaç sırtları, düzlükler ve vadiler.

Şekil 6. Farklı komşuluk hesaplamalarında TPI ve arazi formu sınıflandırması

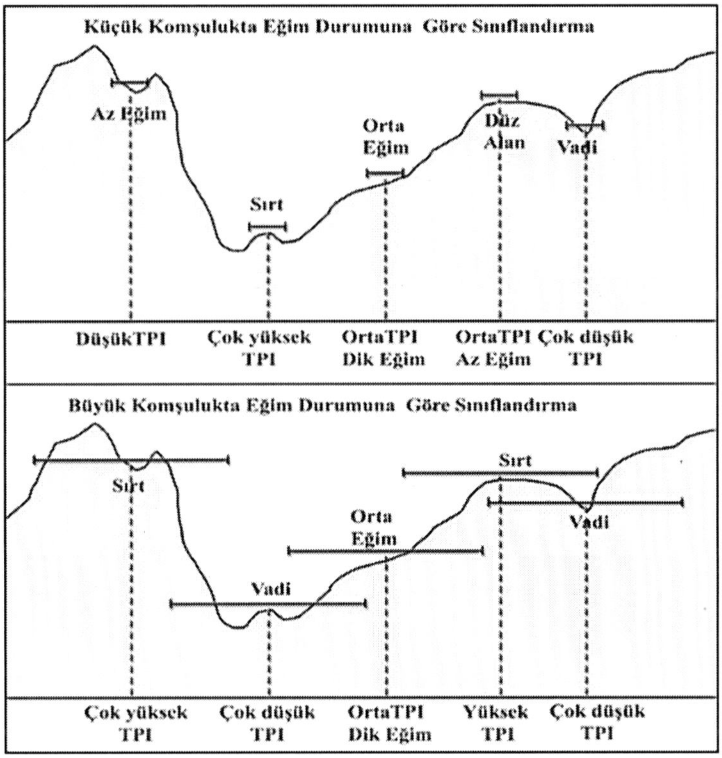

Kaynak: Çilek ve dig. 2019 atfen Jenness 2006

Solaklı Havzası'nın Topoğrafik Pozisyon İndeksi (TPI) kullanılarak oluşturulan yüzey şekillerinin dağılımına baktığımızda, genel olarak yamaçların (%64) ve vadilerin (%9,25) oranının yüksek olduğu görülüyor (Harita 6, Tablo 3, Grafik 3). Bu durum, havzanın yüksek bir relief (yer şekilleri) özelliğine sahip olduğunu ve flüviyal (nehirsel) faaliyetlerin havzada etkin olduğunu göstermektedir. Havzada 2500 m'nin üzerinde yer alan vadilerin şekillenmesinde pleistosende meydana gelen buzullaşmanın etkili olduğunu göstermektedir. Akarsu vadilerine yerleşen buzullar yatakları aşındırarak "U" biçimli vadilerin oluşumuna neden olmuştur.

Düzlük alanlar sadece %1,13'lük bir alanı kaplar (8,57 km^2) ve bu düzlükler havzanın yüksek aşınım düzlüklerinde ve Solaklı Vadisi'nin nispeten geniş tabanının bulunduğu aşağı çığırda görülür (Harita 6). Düzlüklerin havzada sınırlı olması, havzanın oldukça genç bir yapıya sahip olduğunu ve hemen hemen her yerin oldukça eğimli olduğunu gösterir.

Havzada en önemli morfolojik birimlerden biri sırtlardır. Jeomorfoloji ve Topoğrafik Pozisyon İndeksi haritaları incelendiğinde, Solaklı Havzası'nın akarsular ve bu akarsular arasına konumlanmış sırtlardan oluştuğu görülür. Bu sırtların büyük bir kısmı oldukça keskin sırtlardan oluşur (Harita 3, Harita 6).

Tablo 3. Topoğrafik Pozisyon İndeksine göre yeryüzü şekillerinin dağılışı

Birim Adı	Alan (Km^2)	Yüzde (%)
Üst Yamaç	84,67	11,17
Yamaç	401,62	52,98
Yüksek Sırtlar	34,48	4,54
Orta Yamaç Sırtları	58,76	7,82
Düzlükler	8,57	1,13
Vadiler	70,13	9,25

Grafik 3. Araştırma sahasında Topoğrafik Pozisyon İndeksi yeryüzü şekli sınıflandırması

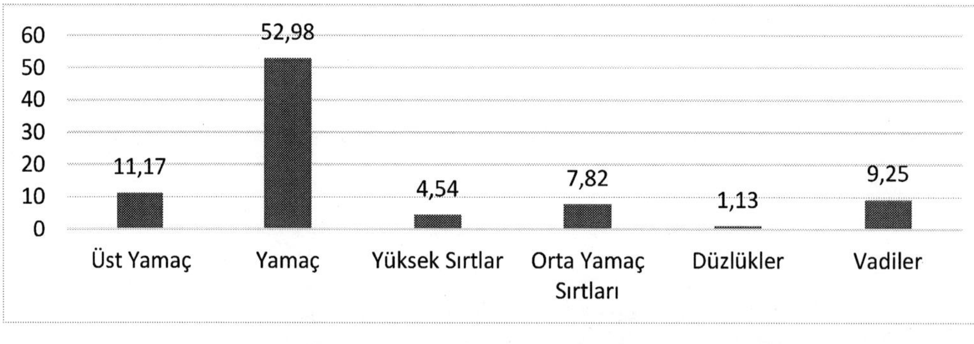

Harita 6. Topoğrafik Pozisyon İndeksi (TPİ) temelli yeryüzü şekli haritası

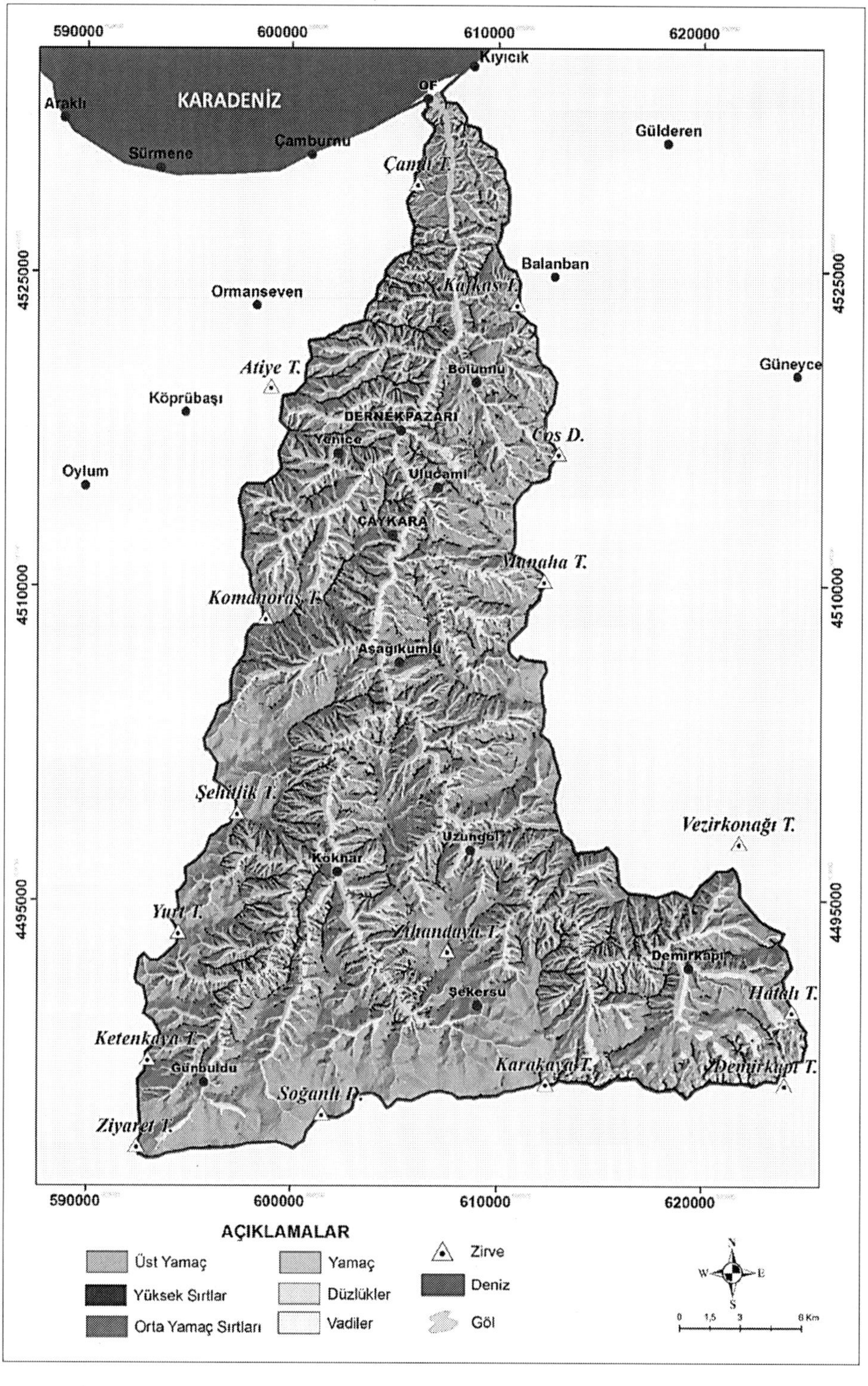

2.1.2.2. Dağlar

Tunçdilek'e göre (1985), bazı coğrafyacılar, 15 km^2'lik bir alan üzerindeki kütlenin nispi yükseltisinin 600 m'yi aştığı veya bu yükseklik birimlerini dağ olarak tanımlar. Diğerleri ise yüksekliği ek olarak eğim değerini de hesaba katarak, eğim değerlerinin %0.4'ünü aşan relief parçasını dağ olarak sınıflandırır (Tunçdilek, 1985).

Solaklı Çayı Havzası'ndaki yükseklik basamaklarını gösteren haritaya (Harita 1) baktığınızda, haritanın renk bileşiminin ilk göze çarpan özellik olduğunu görürsünüz. Renk skalasına göre, koyu renklerin egemen olduğu bu harita, yüksek reliefi ve bu relief üzerinde yer alan dağları ve dağ sıralarını gösterir. Dağlık alanların varlığı ve belirgin relief özelliği, iklim, toprak, bitki örtüsü, arazi kullanımı, ekonomik faaliyetler, kütle hareketleri vb. birçok özelliği etkilediği için üzerinde durulması gereken bir konudur. Araştırma sahasındaki yerleşimlerin dokusu, şekli ve ekonomik faaliyetleri, dağlar ve derin vadilerin oluşturduğu relief bileşiminden büyük ölçüde etkilenir ve buna göre şekillenir.

Dağlık bölgelerdeki yolların bakımı, diğer bölgelerdeki yollara göre hem daha maliyetli hem de daha zorlu koşullar altında gerçekleştirilir. Yoğun yağışlar ve seller, eğimlerin fazlalığı nedeniyle dağ yollarını sık sık tahrip edebilir, bu nedenle sürekli bakım gerektirir (Tunçdilek, 1985). Ayrıca dağlık bölgelerde kış aylarında kar ve çığlar, yolların kapanmasına ve ulaşımın kesilmesine neden olur.

Araştırma sahası, denizden hemen ardından başlayan dağlarla karakterizedir ve yükseklik basamaklarının, güneyde 3000 m'yi (Demirkapı T. 3378 m) aşarak basamaklı bir şekilde yükseldiği görülür. Bu dağlar, Doğu Karadeniz Dağları'nın bir parçasını oluşturur. Türkiye'nin kuzeydoğusunda yer alan Doğu Karadeniz Dağları, Karadeniz kıyılarına neredeyse paralel bir şekilde uzanır (Kronberg, 1970) ve Karadeniz'den güneye doğru yükselerek zirveleri 3000 m'yi aşar. Karadeniz sıra dağları üzerinde bulunan Kaçkar Zirvesi, 3932 m yüksekliği ile Türkiye'nin dördüncü en yüksek zirvesini oluşturur (Bayraktar ve Özdemir, 2010).

Araştırma sahasının en önemli dağlık kuşağı, havzanın güneyinde doğu-batı doğrultusunda uzanan Soğanlı Dağlarıdır. Doğu Karadeniz Dağları'nın doğu ucundan birini oluşturan Soğanlı Dağları (Sarı ve diğerleri, 2015), Solaklı Havzası'nın en güney ucundaki dağlık kuşağı oluşturur. Bu dağlık kuşak içinde Soğanlı Dağı (2554 m), Karakaya Tepe (3193 m), Haldizendağı Tepe, Kayışkıran Tepe (3156 m), Demirkapı Tepe (3378 m) gibi yüksek zirveler yer alır (Harita 3). Yükselti değerlerinin 3000 m'nin üzerinde olduğu bu sıra dağlar, pleistosende buzullaşmıştır. Havzada 2500 m'nin üzerinde buzul gölleri, sirkler, buzul vadileri ve moren depoları gibi belirtiler, bunun kanıtıdır. Bu dağların varlığı, bölgede doğa, kış ve yayla turizminin giderek daha belirgin hale gelmesine katkıda bulunur. Yörede, Uzungöl'den başlayıp Demirkapı köyü ve Yedigöller'e ulaşan bir turistik rota bulunmaktadır. Ayrıca, Trabzon ve Bayburt illerini birbirine bağlayan ve dünyanın en tehlikeli yollarından biri olarak kabul edilen derebaşı virajları (fotoğraf 25), günümüzde daha çok doğa tutkunlarının yürüyüş rotası olarak kullanılmaktadır.

Havzanın batı sınırı, birçok tepe tarafından oluşturulur ve basamaklar halinde güneye doğru yükselir. Çamlı T, Atiye T (526 m), Asanada T (826 m), Komanoraş T (1399 m), Sokakbaşı T (1598 m), Şehitlik T (2313 m) ve Yurt T gibi tepeler bu sınırı oluşturur. Doğu sınırı da benzer şekilde kademeli olarak yükselen dağlar ve tepelerden oluşur. Güneyden kuzeye doğru sırasıyla Hatalı Tepe, Akdağ Tepe (3172 m), Vezirkapı Tepe ve çevresinde batıya doğru bir eğri çizer ve Tabyalar Tepesi'nin zirvelerini takip ederek Manaha Tepe'ye ulaşır; oradan da Cos Dağı (750 m) ve en son olarak Kafkas Tepesi'nin kuzeyinde sona erer (Harita 3). Dağların kuzeyden güneye doğru artan bir yüksekliğe sahip olması, havzanın kuzeye doğru eğimlendiğini göstermektedir.

Foto 2. Demirkapı Tepe'den bir görünüm (güneye bakış).

Kaynak: Işık, 2015

Foto 3. Cos Dağı (750 m) Solaklı Havzası'nın doğu sınırından birini oluşturur. Havzanın su bölümü çizgisi bu dağın zirvesinden geçer. Dağın batı yamaçları Solaklı Havzası içinde yer alırken doğu yamaçları Baltacı Deresi havzasına dâhildir.

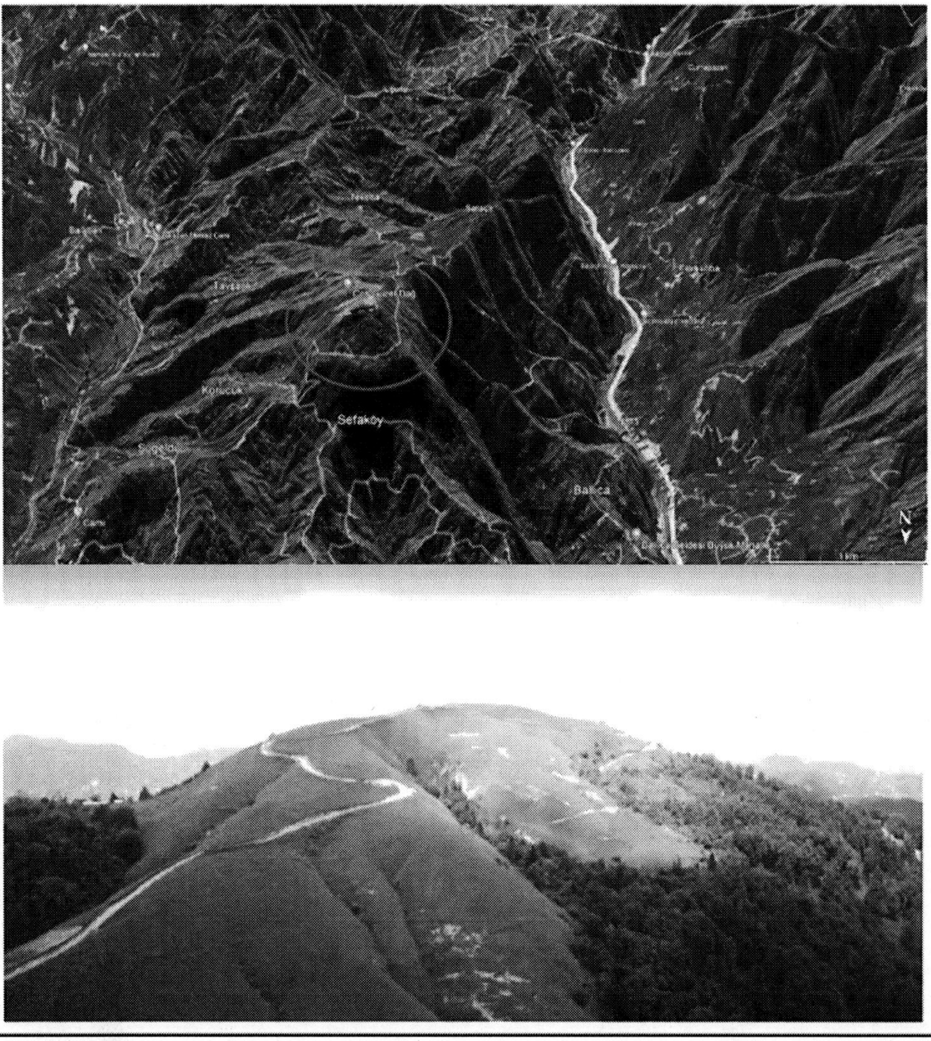

2.1.2.3. Keskin ve Yayvan Sırtlar

Havzada önemli jeomorfolojik birimlerden biri de sırtlardır. Havzanın belirgin bir relief özelliği, birçok sırtın varlığına işaret eder (Harita 3, Harita 6). Karayolu ulaşım ağı, bu sırtları izleyen bir bölümde yer almaktadır. Havzanın oldukça engebeli yapısı, dağları aşarken vadileri ve sırtları takip etmeyi gerektirir. Solaklı Havzası'nda, yerleşim yerlerinin sırtlarda kurulması da yaygın bir uygulamadır. Keskin olmayan sırtların zirveleri, yerleşim alanları olarak tercih edilmektedir. Solaklı Havzası'ndaki yerleşimler, genellikle yamaçlar ve sırtlar üzerinde yoğunlaşmıştır. Son derece karmaşık ve engebeli arazi koşulları, kısa mesafelerde ani eğim değişiklikleri, dar ve derin vadiler, sınırlı tarım arazileri, yerleşim bölgelerinin çeşitlenmesine ve farklı sit alanlarının ortaya çıkmasına olanak sağlamıştır.

Sırtlarda yerleşim kurmanın çeşitli nedenleri bulunmaktadır. Bu nedenler arasında, çevrenin daha iyi görülebilmesi, aynı anda iki yamacın tarım arazilerini denetleme imkânı (Fotoğraf 4), olası tehlikeleri önceden belirleme düşüncesi yaygındır (Acar, 1996). Ayrıca, havzada düz veya hafif eğimli arazilerin sınırlı olması, yerleşim yerlerinin sırtlarda inşa edilmesini gerektirmiştir.

Sırtlar üzerinde kurulan yerleşimler arasında Yemişalan (Fotoğraf 4, Şekil 7), Uğurlu, Ağaçbaşı, Ballıca (Şekil 7), ve Bölümlü gibi yerleşmeler bulunmaktadır. Sırtların belirgin keskinlikte olmaması ve eğimlerin nispeten düşük olması, bu alanların yerleşim için uygun olmasını sağlamıştır. Keskin sırtlar, yerleşim bölgelerini sınırlayan faktörlerden biridir (Işık, 2015). Keskin sırtların olduğu bölgelerde hem yayla yerleşimleri (Işık, 2015) hem de köy yerleşimleri kurulamamaktadır.

Foto 4. Sırt Üzerinde Kurulmuş Yemişalan yerleşmesinden bir gürüntü. Sırtın üzerinde mesken inşa etmek her iki yamaçtaki tarım arazilerini kontrol etmeye imkân verir.

Şekil 7. Sırt üzerinde yerleşmiş Yemişalan ve Ballıca mahallelerinin google earth görüntüsü

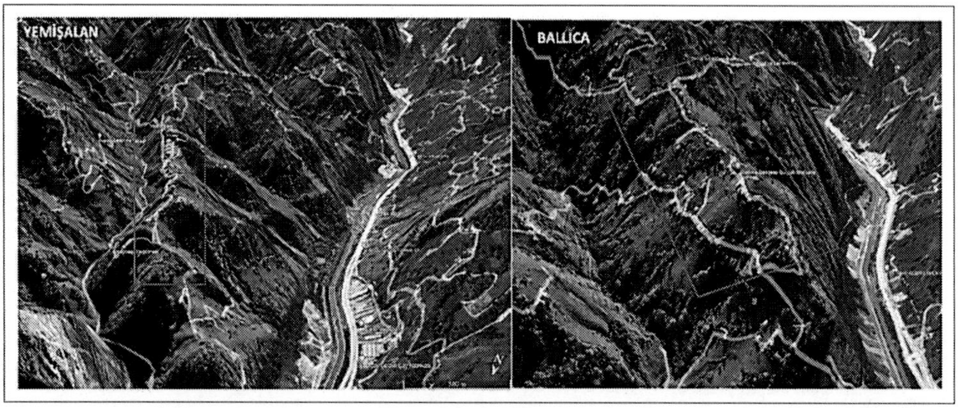

2.1.2.4. Düz veya Hafif Eğimli Alanlar.

Araştırma sahasında deniz seviyesinden yaklaşık olarak 2000 m yüksekliğe kadar olan düzlük bölgeler oldukça nadirdir ve hâkim jeomorfolojik özellikler vadi sistemleri ve bu vadileri ayıran sırtlardır. Ancak, Orman üst sınırı ile havzanın güney kısmında yayla adını verdiğimiz alanlar bulunmaktadır. Bu bölgeler, yaz aylarında hem yerli ve yabancı turistlerin ziyaret ettiği eğlen-dinlen alanları hem de insanların hayvancılık yaptığı göçebe mera bölgeleri olarak kullanılmaktadır (Işık, 2015).

Alpin Kuşak olarak adlandırılan bu bölgede, flüviyal süreçlerin yerine glasyal süreçler hâkimdir ve bu nedenle bir dizi buzul şekli oluşmuştur (Harita 3). Bu şekiller arasında sirkler, sirk gölleri, buzul vadileri ve morenler bulunmaktadır.

2.1.2.5. Sirk ve Buzul Vadisi

Jeolojik tarih boyunca yeryüzünde birçok buzul ve buzullaşma dönemi yaşanmıştır. Bu dönemlerde buzullar, kuzey yarımküreden güneye doğru dağların zirvelerinden aşağı doğru hareket ederek geniş alanlara yayılmıştır. Kuvaterner döneminde meydana gelen bu buzullaşmalar, farklı nedenlere dayanmaktadır. Dünya'nın yörüngesindeki değişiklikler (Milankovitch döngüleri), Dünya ikliminin değişimi, volkanik patlamalar, levha tektoniği, güneş konislerindeki dalgalanmalar ve kıtasal deformasyonlar (Ocak, 2017; Sarıkaya, 2012; Turoğlu, 2011) Kuvaterner buzullaşmasının nedenlerini oluşturmuştur.

Kuvaterner boyunca meydana gelen iklim değişiklikleri, dünya genelinde büyük ölçekli buzul oluşumlarına yol açarken bazı bölgelerde daha soğuk iklim koşullarının oluşmasına sebep olmuştur (Ocak, 2017). Buzullaşmaya uygun sıcaklık ve yağış koşulları özellikle Türkiye'de dağlık bölgelere (Doğu Karadeniz

Dağları, Orta Toroslar, Batı Toroslar, Güneydoğu Toroslar ve volkanik dağlar gibi; Ağrı, Erciyes, Süphan, Uludağ) denk gelmiş ve bu bölgeler buzullaşmıştır.

Kuzey Anadolu Dağları'nın buzullaşmaya yatkın hale gelmesinde, kuzeyden gelen nemli hava kütlelerine açık olması ve deniz etkisinin etkili olması büyük rol oynamıştır (Ocak, 2017). Ayrıca Kuzey yarımkürede güneş ışınlarının açısı nedeniyle, dağların kuzey yamaçları güney yamaçlara göre daha soğuk ve buzullaşmaya daha uygun hale gelmiştir (Geçen vd. 2018). Doğu Karadeniz Dağları'nın kuzey ve güney yamaçlarının buzullaşma potansiyelini incelediğimizde, kuzey yamaçların buzullaşma için daha elverişli olduğu görülmektedir (Tablo 4).

Araştırma sahasının güneyinde bulunan Soğanlı Dağları, Pleistosen döneminde zirvelerinden vadilere doğru inen buzulların etkisi altında kalarak aşındırma ve birikim şekilleri oluşturmuştur. Bu buzul şekilleri arasında morenler, sirkler, sirk gölleri ve buzul vadileri yer almaktadır (Harita 3). Sirkler, Soğanlı Dağları'nın kuzey yamaçlarında yer alan ve "buzulların aşındırması sonucunda yerel kaya içinde oluşmuş, üç tarafı sarp duvar gibi dik yüzlerle çevrili çanak veya çukurlar" olarak tanımlanmaktadır (Hoşgören, 2011).

Tüm bu faktörler, Türkiye'nin bazı dağlık bölgelerinde buzul oluşumlarına ve buzul şekillerine neden olmuştur.

Tablo 4. Doğu Karadeniz Dağları'nın kuzey ve güney yamaçları buzullarının temel özellikleri.

	Kuzey Yamaç	Güney Yamaç
VADILER		
Ana Vadilerin Sayısı	19	11
Vadilerin Kolları Sayısı	49	14
Vadilerin Uzunluğu (km)	8.2	5.6
Ortalama Başlangıç Yükseklikleri (m)	2744.8	2788
Ortalama Bitiş Yükseklikleri (m)	1805.5	2154.8
Vadilerin Ortalama Yükseklikleri (m)	939.3	633.3
SIRKLER		
Sirklerin Sayısı	820	402
Sirklerin Ortalama Yükseklikleri (m)	2950	3100
Sirklerin Ortalama Alanları (m2)	472700	509681
GÖLLER		
Göllerin Sayısı	431	254
Göllerin Ortalama Yüksekliği (m)	2838	3001
Göllerin Ortalama Alanı (m2)	9986	10314

Kaynak: Geçen ve dig.2018

Buzul Vadileri. Soğanlı Dağları'nın kuzey yamaçlarında buzulların ilerlemesi ve aşındırması sonucu, bir dizi buzul vadisi, buzul gölleri ve moren depoları oluşmuştur. Araştırma sahasında birçok buzul vadisi bulunmaktadır. Bu vadiler arasında küçük yayla buzul vadisi, Büyük yayla buzul vadisi, Demirkapı buzul vadisi, Multat buzul vadisi, Karakaya buzul vadisi, ve Şekersu buzul vadisi (Harita 3) bulunmaktadır.

Küçük Yayla Buzul Vadisi: Solaklı Havzası'nın güney batısında yer alan vadi 3150 m'lik sirklerle başlar ve kuzey-güney doğrultusunda 4 km boyunca uzanır. "Sirkler bölgesinden başlayan vadinin ilk 500 m'lik kısmını ardı ardına sıralanmış eşikler oluşturur. Eşikler sistemli bir biçimde sıralanmış ve alanın basamaklı bir yapı kazanmasına neden olmuştur. Bu durumun sebebi ise buzullaşmanın şiddeti ve hareketidir. Küçükyayla buzul vadisi boyunca kuzeydeki sirkler bölgesinden güneye doğru inerken ard arda gelişen eşiklerin sonunda vadinin başlangıcındaki Çifte Göllere nispeten daha büyük bir sirk gölü yer almaktadır. Bu sirk gölü hemen üzerindeki 30m'lik eşikle beraber değerlendirildiğinde bir çağlayanı ve çağlayan altında gelişen dev kazanını andırır" (Ocak, 2017).

Büyük Yayla Buzul Vadisi: Büyük yayla buzul vadisi (foto 5) Sirkler bölgesinden güney-kuzey yönlü uzanan vadi 3. Km den sonra batıya doğru kıvrılır ve demirkapı buzul vadisiyle birleşir. Ortalama % 17 eğime sahip buzul vadisi orta kesimlerde % 7'lik eğim değerlerine ulaşır (Ocak,2017). Buzul vadisi içinde morenler ve moren depoları yer alır (Harita 7). Büyük yayla buzul vadisinde buzlu göl ve pirömer buzul gölü yer alır (Harita 3, harita 7, şekil 8). Bu buzul gölleri birbirinden eşiklerle ayrılır.

Şekil 8. Büyükyayla buzul vadisi boyuna profili

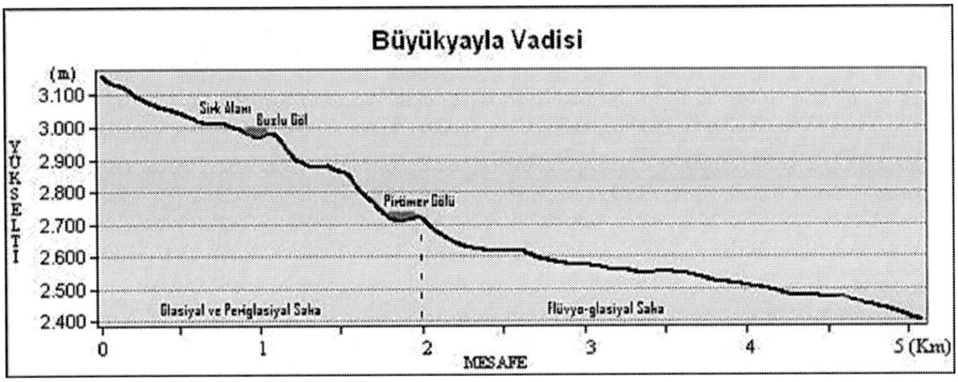

Harita 7. Demirkapı Dağı'nın jeomorfoloji haritası

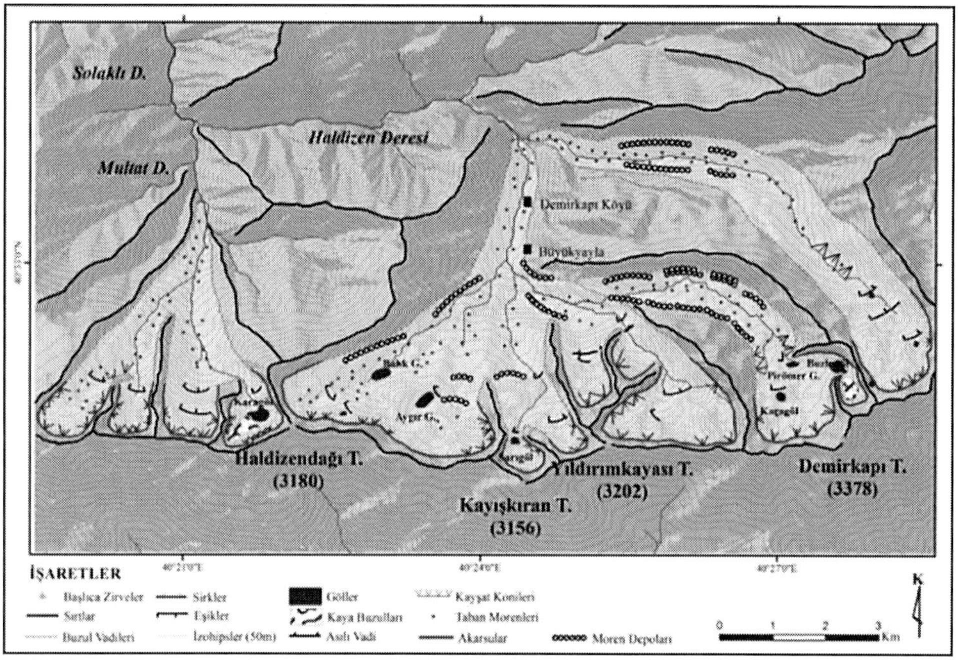

Kaynak: Ocak, 2017

Demirkapı Buzul Vadisi: Demirkapı buzul vadisi ortalama 3030 metrelerden başlayarak 1930 metrelere kadar 6,9 km güneybatı-kuzeydoğu doğrultusunda uzanır. Vadi ortalam % 8 eğime sahiptir. Eğim değerleri sirkler ve eşiklerin olduğu kısımlarda artar (Ocak,2017). Vadi birbirinden bağımsız sirkler alanından oluşur ve içinde sirk gölleri bulunur. Bu göller Balık gölü (2590 m) Aygır Gölü (2724m), Sarıgöl (2900m). Bu göllerin haricinde de irili ufaklı göller var olup eşiklerle Balık Gölünden ayrılmışlardır (Harita 7).

Foto 5. Büyükyayla buzul vadisine güneyden bakış

Kaynak: Ocak, 2017

Multat Buzul Vadisi: Multat buzul vadisi, 3160 m yüksekliğindeki Haldizendağı Tepe'den başlayan %85'lik bir eğime sahip sirk alanıyla 2885 m yükseklikte başlar. İki farklı sirk alanından beslenen Multat buzul vadisi, yaklaşık 2.7 km uzunluğunda olup kuzeyden güneye doğru uzanır. Ortalama eğimi %26'dır. Diğer vadilerde bulunan basamaklı yapı, bu vadiye de yansır ve eşikler sirk alanından başlayarak 2580 metreye kadar olan bölgede tipik bir "U" şeklinde profil oluşturur (Şekil 10). Bu kesimde eğim %10 ile %20 arasında değişir ve vadi, 2150 m yükseklikte Multat Yaylası mevkisinde bir eğim değişimi ile sona erer (Ocak, 2017). Buzul vadisinin üst kısımlarında glasyal süreçler etkili olurken, yükseklik azaldıkça flüvyo-glasiyal ve flüviyal süreçler etkili hale gelir (Şekil 9).

Şekil 9. Multat buzul vadisi boyuna profili

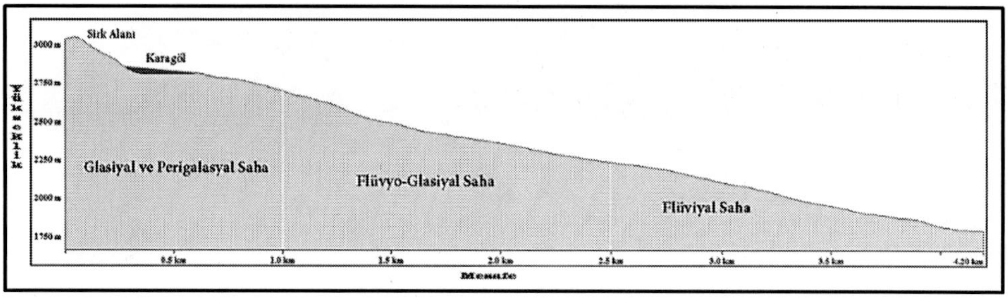

Şekil 10. Multal buzul vadisi enine profili

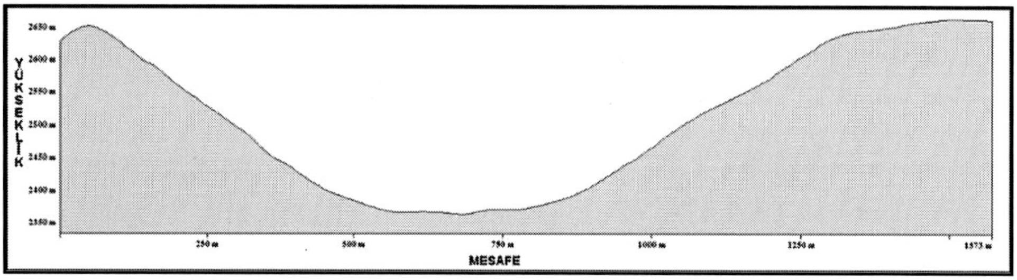

2.1.2.6. Sirkler ve Sirk Gölleri

Araştırma sahasında en sık görülen buzul erozyon şekillerinden biri sirklerdir. Glasyal bölgelerde buzul vadilerinin başlangıç kısımlarında genellikle bir veya birkaç sirk bulunur (Harita 7). Bu sirklerin içinde göller bulunabilir ve göllerin boyutları farklılık gösterir, bazen tek bir göl olabilirler, bazen ise eşiklerle ayrılmış bir dizi halinde bulunurlar (Harita 7). Bölgedeki yüksek yağış miktarı ve düşük buharlaşma oranı, çeşitli büyüklüklerde birçok sirk gölünün oluşmasına katkı sağlamıştır (Harita 3, Harita 12).

2.1.2.7. Moren ve Moren Depoları

Araştırma sahasında morenler glasyal sahanın önemli elemanlarındandır. Bazı büyük buzul vadilerinde moren depolarına ve moren setleri vadi boyunca görülebilmektedir (Harita 3, Harita 7, Foto 6). Bu morenlerin vadi boyunca kademelenme göstermesi duraklama ve gerileme safhalarını gösterir.

Sahadaki morenler, granit, granodiyorit, bazalt çakıl ve bloklarının aşınma, çizilme ve cilalanması ile meydana gelmiştir. Çizik morenlerin çoğu bazaltik sahalarda görülür. Granit ve granadiyoritler üzerinde oluşan aşırı günlenmeden dolayı ayrışan malzemeye morenler içinde çokça rastlanılır.

Foto 6. Araştırma sahasında moren depolarından görünüm

2.1.2.8. Boğaz ve Çentik (Kertik) Vadiler

Solaklı Havzası, vadi oluşumlarıyla dikkat çeken önemli bir morfolojik birimi barındırır. Solaklı Çayı ve onun yan kolları, hidrografik özellikleri nedeniyle derin ve "V" biçimli vadiler ile boğazlar meydana getirmiştir (Harita 8). Türkiye'nin yüksek topografik yapısı, özellikle Anadolu'nun coğrafyasında, akarsuların vadiler oluşturmasına ve bu vadilerin bazen dar ve derin "boğazlar" oluşturmasına yol açmıştır (Uzun, 1993).

Araştırma sahasında akarsuların vadileri derinleştirerek oluşturduğu bu "V" biçimli vadilere "çentik vadi" veya "kertik vadi" adı verilir. Bu tür vadiler, akarsuların dengeli bir profil oluşturmadığını ve aşındırma sürecinin devam ettiğini gösterir. Solaklı Havzası'nda, özellikle Solaklı Çayı'nın orta ve üst kısımlarındaki vadilerin büyük bir kısmı çentik vadisi özellikleri taşır. Dernekpazarı ilçe merkezinden kuzeye doğru giderken, "V" biçimli vadiler, daha sonra geniş tabanlı vadilere dönüşür. Bu geniş vadilerde park ve bahçeler gibi yerleşim alanları bulunur.

Vadilerin kullanımı, doğal ulaşım ağlarında önemlidir. Akarsu vadileri, topoğrafyanın daha sıkıntılı olduğu bölgelerde doğal yol ağlarını kolaylaştırır (İncili ve Akdemir, 2020). Solaklı Vadisi, kıyı bölgeleri ile iç kesimleri birbirine bağlayan en uygun güzergâhı sunar. Karadeniz dağları kıyıya paralel uzandığı için Solaklı Vadisi, doğal bir ulaşım yolu haline gelmiştir. Trabzon-Bayburt yolu (D950), Kuzey-Güney yönlü Solaklı Vadisi'ni takip eder ve daha sonra sırtları ve yamaçları aşarak Bayburt'a ulaşır (Şekil 11). Bu vadideki yaylacılık faaliyetleri ve yayla turizmi, vadideki ulaşımı daha da önemli hale getirmiştir. Yaylalara ulaşım için Demirkapı Vadisi ve Karaçam Vadisi doğal ulaşım yollarını oluşturur. Solaklı Vadisi, çayın iç kesimlere doğru derinleştiği bir noktada, Çaykara ilçe merkezinin kuzeyinde yan kollara ayrılır. Demirkapı ve Karaçam Deresi, Solaklı Çayı'nın en büyük kollarını oluşturur. Bu doğal suyolları takip edilerek yayla bölgelerine ulaşılabilir. Dünyanın en tehlikeli yollarından biri olarak kabul edilen Derebaşı virajları, Karaçam Vadisi'nin sonunda yer alır ve buradan Bayburt iline ulaşır. Ancak günümüzde bu yol aktif olarak kullanılmamaktadır.

Harita 8. Araştırma sahasının yükselti basamakları haritası ve vadi enine kesitleri

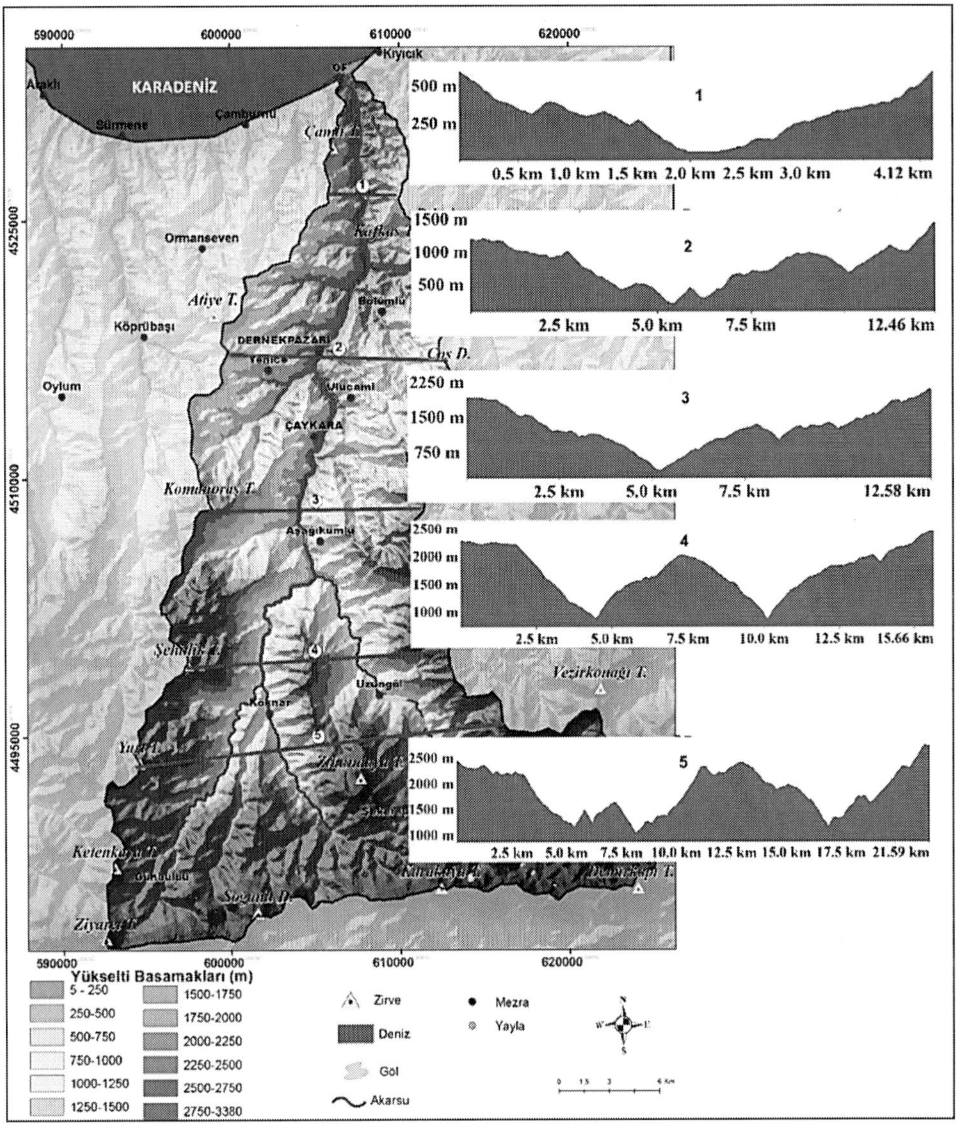

Harita 9. Araştırma sahası vadi derinliği haritası

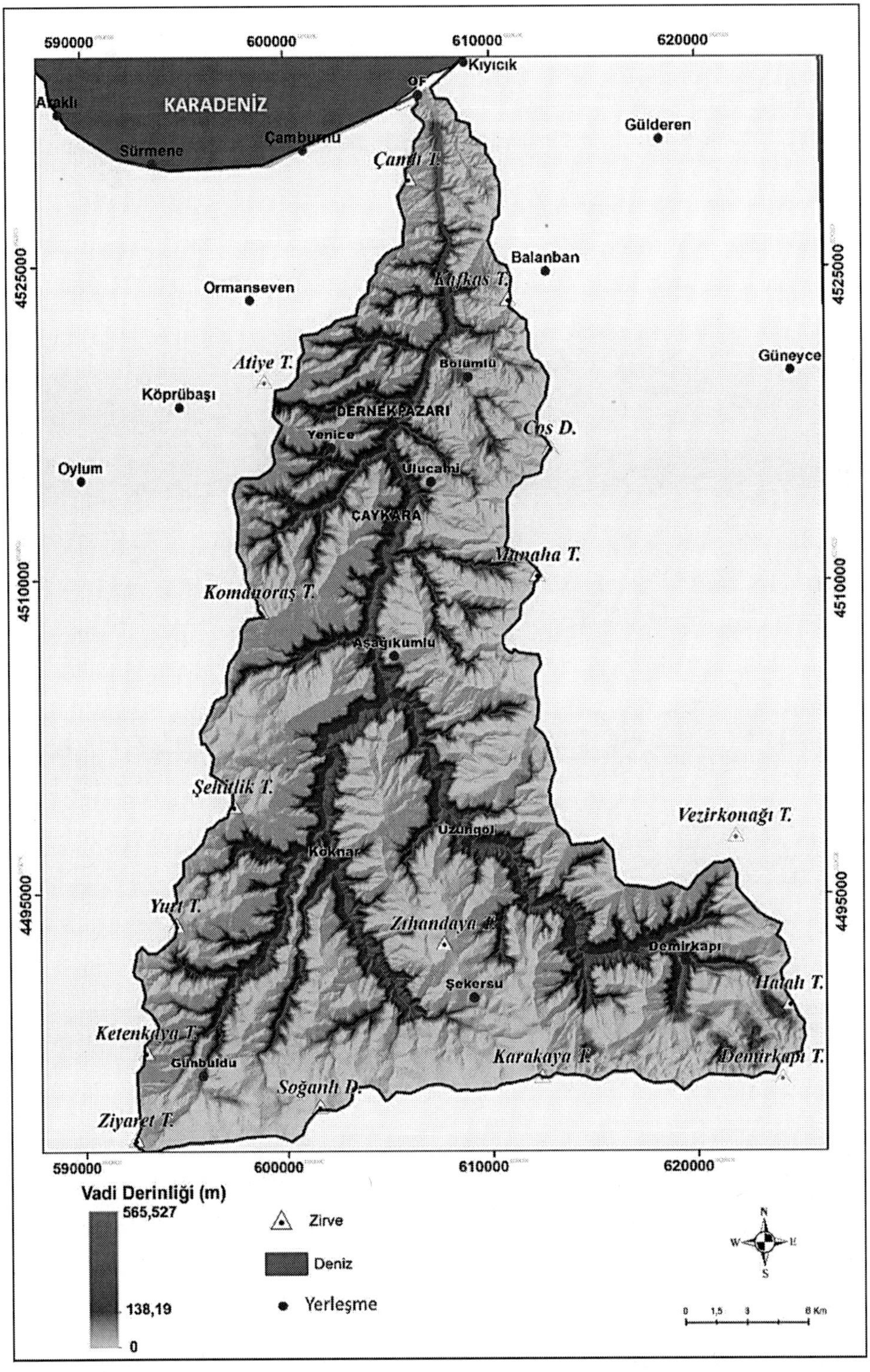

Şekil 11. Solaklı vadisi kıyı ile iç kesimler, Trabzon ile Bayburtu birbirine bağlayan doğal ulaşım koridorudur.

2.1.2.9. Antropojenik Jeomorfoloji

Antropojenik jeomorfoloji, insanların doğal yeryüzü şekillerini ve dinamiklerini değiştirdiği, doğal çevreyi antropojenik bir manzaraya dönüştürdüğü bir fiziksel değişim süreci olarak tanımlanır (Coates, 1976; Thornbush, 2015). İnsanlar, Dünya yüzeyinde yaşar, çalışır ve neredeyse tüm faaliyetleri yüzeyi bir şekilde değiştirir ve dönüştürür. Bu değişiklikler ve dönüşümler özellikle kentsel alanlarda daha belirgin ve hızlıdır. İnsanlar sık sık doğal manzarayı kasıtlı olarak değiştirir ve bu eylemler sonucunda insan eliyle şekillendirilen yeni morfolojiler meydana gelebilir. İnsanlar, yeryüzü şekillerini sürekli olarak değiştirir, kazılar yapar, taş ocakları oluşturur, atıklarla alanları doldurur, oyun alanlarını düzleştirir, otoyolların yanındaki bariyer yükseltilerini inşa eder ve sel savunması, limanlar ve rıhtımlar gibi altyapıları inşa ederler (Douglas, 2010).

İnsanlar, yaşadıkları çevre ile uyumlu bir yaşam tarzı benimseyebilirler (Adaptasyon) ya da doğa üzerinde etkili bir varlık olarak kendi çevrelerini değiştirebilirler (Modifikasyon) veya günümüzde olduğu gibi, var olan doğal çevreden bağımsız olarak, planlama ve projelendirme yoluyla doğadan bağımsız ve doğayla uyumsuz yapay (kurgusal) çevreler oluşturabilirler (Akdemir, O ve Akengin, 2013).

Araştırma sahasındaki yeryüzü şekillerindeki antropojenik değişim, kazılarla oluşturulan yer şekilleri ve birikme sonucu oluşan yer şekilleri olmak üzere iki ana kategoride değerlendirilmiştir.

Kazılarla oluşturulan Yerşekilleri: Şehirlerde, inşaat malzemesi talebinin artması ve yeni konut alanlarının oluşturulması amacıyla, doğrudan antropojenik süreçlerden biri olan kazılarla ortaya çıkan yeryüzü şekillerine sık sık rastlanmaktadır. Bu tamamen insan kaynaklı oluşturulan şekiller, yeryüzünün yeni bir görünüme kavuşmasına yol açar. Bu insan müdahaleleri sonucunda, morfoloji, eğim, bakı, yeraltı ve yerüstü drenaj gibi doğal unsurlar kısmen veya tamamen değişir.

Araştırma sahasında, inşaat malzemesi sağlamak için özellikle Karadeniz sahil yoluna malzeme temini amacıyla açılan taş ocakları oldukça yaygındır. Bu ocaklar, doğal manzaranın değişmesine neden olur ve yer yer toprak ve hava kirliliğine yol açar. Ayrıca, çay bahçelerinin de olumsuz etkilenmesine neden olabilirler (Şekil 12). Genellikle, taş ocakları bir süre işletildikten sonra terk edilirler. Of şehir merkezine yaklaşık 2,5 km uzaklıktaki D915 karayolu üzerinde yer alan bir taş ocağı, havzada adeta bir leke gibi kalmış durumdadır (Şekil 12).

Şekil 12. Araştırma sahasında taş ocağı google earth görüntüsü

Birikmeyle oluşturulan Yerşekilleri: Kentsel alanlara inşaat malzemesi talebini karşılamak ve dolgu malzemesi olarak kullanılmak üzere büyük miktarlarda malzemenin taşınması oldukça yaygındır. Bu taşınan malzemelerle denizler ve vadiler doldurulmakta, hatta kentsel peyzajda yeni şekiller ortaya çıkmaktadır. "Nederland" anlamına gelen Hollanda, denizden toprak kazanarak ülkesini genişletmektedir. Denizden kazanılan bu topraklara "polder" denir. Hollanda, bu yöntemle toplam 2500 km^2'lik toprak kazanmıştır. Hollanda'da denizden kazanılan bu topraklar üzerinde yeni yerleşim yerleri, tarım arazileri, limanlar, otoyollar ve havaalanları inşa edilmiştir.

Araştırma sahasında, biriktirme yoluyla oluşturulan yer şekillerinin en güzel örneği, kıyılarda meydana gelen değişimlerdir. Bu değişimler, Karadeniz sahil yolunun inşası sırasında kıyıların doldurularak rekreasyon, parklar, dinlenme alanları, balıkçı barınakları ve iskelelerin oluşturulmasını içerir (Uzun ve Özcan, 2016). Bu yeniden inşa sürecinin bir parçası olarak biriken alanlar, doğal çevreden bağımsız tamamen insan yapımı şekillerdir (Foto 7).

Foto 7.Solaklı Dere (Of) kıyılarında meydana gelen değişim (Soldaki fotoğraf 2014, sağdaki fotoğraf 2006 yılında çekilmiştir)

Kaynak: Of Belediyesi, Uzun ve Özcan, 2016

2.1.3. İklim Özellikleri

Bir sahadaki atmosfer olaylarından, yeraltı ve yerüstü sularına, taşlardan topraklara, bitki türlerinden topluluklarına ve çevrenin vazgeçilmez elemanları olan hayvanlara kadar doğal olan tüm unsurlar üzerinde belirleyici olan doğal etken, iklimdir. Ayrıca insan eliyle oluşturulan yerleşmeler, ekonomik faaliyetler, ulaştırma, turizm, enerji ve ticaret gibi beşeri nitelikli unsurlar da doğrudan iklimlerin etkisi altındadır (Çoban 2015).

Araştırma sahasının iklim özellikleri, doğal ve beşeri çevreyi oldukça belirgin bir şekilde etkilemektedir. Dağların hemen kıyıdan başlayarak kısa mesafelerde yükselmesi ve bu dağların kıyıya paralel uzanması, Solaklı Havzası'nda çok kısa mesafelerde belirgin iklim farklılıklarının oluşmasına neden olur. Karadeniz'e yakın kesimler daha çok Karadeniz ikliminin etkisi altındayken kıyıdan iç kesimlere doğru gidildikçe, özellikle vadilerde yağış miktarı artmakta ve sıcaklık düşmektedir. Ancak tüm bu farklılıklara rağmen, Solaklı Vadisi'nin kuzey-güney doğrultusunda uzanması, nemli havanın vadi boyunca iç kesimlere daha fazla nüfuz etmesine olanak tanır.

Bu çalışma, Solaklı Çayı Havzası'nın iklim elemanlarının insan yaşamı ve afetler üzerindeki etkisine odaklanmıştır. Bu çerçevede, öncelikle sahanın iklim özellikleri belirlenmiş ve daha sonra iklim elemanlarının insan yaşamı ve afetler üzerindeki etkileri incelenmiştir.

Çalışma sahasının iklim koşulları, dünya genelinde hüküm süren atmosfer dolaşımı ile fiziksel coğrafya özelliklerinin etkisi altındadır. Bu nedenle, araştırma sahasının iklimini etkileyen faktörler iki ana grupta incelenmiştir: Küresel (Planeter) faktörler ve Coğrafi faktörler.

2.1.3.1. Solaklı Havzası'nın İklimini Etkileyen Faktörler

2.1.3.1.1. Planetar (Küresel) Faktörler

Küresel faktörler, dünya çapında iklimi etkileyen önemli etmenlerdir ve iklim sistemine karmaşık şekillerde katkıda bulunurlar. Bu faktörler, gezegenin büyük ölçekli iklim modellerini ve dünya çapındaki iklim değişikliklerini etkiler. İşte küresel faktörlerin iklim üzerindeki etkileri:

2.1.3.1.1.1. Sahayı Etkileyen Hava Kütleleri

Türkiye'nin Kuzeydoğusu'nda yer alan araştırma sahamız, hava kütleleri açısından bir geçiş bölgesinde konumlanmıştır. Mevsimlere göre bölgeyi etkileyen çeşitli özelliklere sahip hava kütleleri, iklim elemanlarını (sıcaklık, yağış, basınç, bulutluluk) değişken şekilde etkiler (Karadeniz, 1995; Atalay ve Mortan, 2011). Yaz ve kış aylarında, farklı hava kütleleri bu bölgeyi etkisi altına alır.

2.1.3.1.1.1.1. Yaz Mevsimindeki Durum

Türkiye, yaz mevsiminde genel atmosfer koşullarına bağlı olarak güneyden kuzeye doğru ilerleyen sıcak (tropikal) hava kütlesinin etkisine girse de kuzeybatıdan gelen hava akımı Karadeniz kıyı dağları boyunca yükselerek yağışlara neden olur (Atalay 2011). Kuzeybatıdan gelen hava kütleleri karadeniz dağlarının kıyı kuşağı dağları boyunca yükselerek orografik (cephesel) yağışlara neden olur (Şekil 13).

Şekil 13. Yaz mevsiminde Türkiye'yi etkileyen hava kütleleri

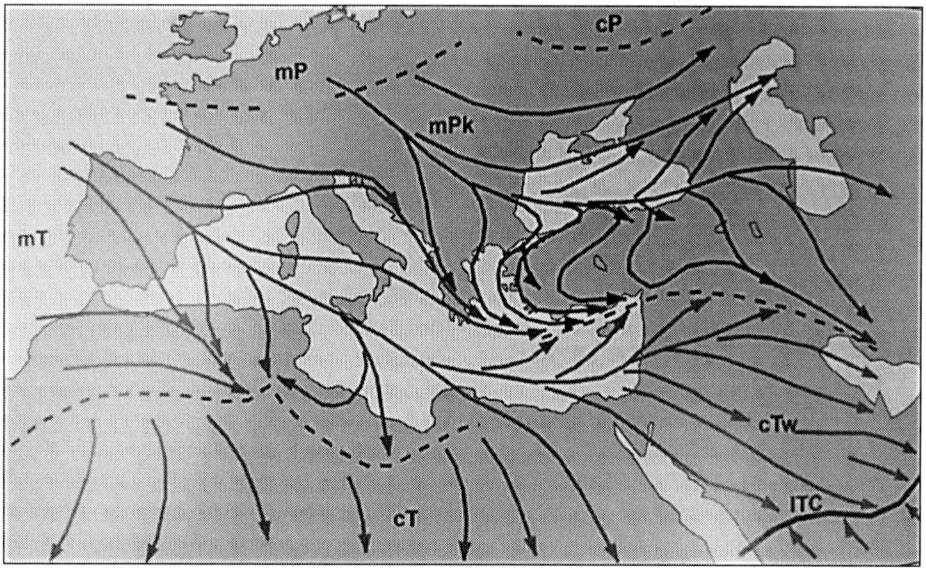

Kaynak: Atalay,2011

2.1.3.1.1.1.2. Kış Mevsimindeki Durum

Kasım-Nisan ayları arasındaki kış dönemi, hava dolaşımı açısından, yaz dönemine kıyasla tam bir zıtlık sergiler. Bu dönemde, kuzeyde yer alan soğuk (polar) hava kütleleri güneye doğru hareket eder ve Akdeniz üzerinde sıcak tropikal hava kütleleriyle karşılaşır. Bu etkileşim sonucunda, polar cephenin güney kanadında yer alan Akdeniz cephesi oluşur. Bu cephe, Kuzeybatı Avrupa'dan Basra Körfezi'ne kadar uzanan sürekli bir hattı takip eder. Akdeniz/polar cephe sistemi, Karadeniz, Ege ve Akdeniz bölgeleri olmak üzere iki ayrı kolda hareket eder (Atalay, 2011) (Şekil 14). Kış mevsiminde, Karadeniz'e bakan Trabzon (Of) şehri ve çevresi genellikle yağmurlu hava etkisi altındadır, ancak kıyıdan iç kesimlere doğru yükseldikçe yağmur yerini kar yağışlarına bırakır.

Şekil 14. Kış mevsiminde Türkiye'yi etkileyen hava kütleleri

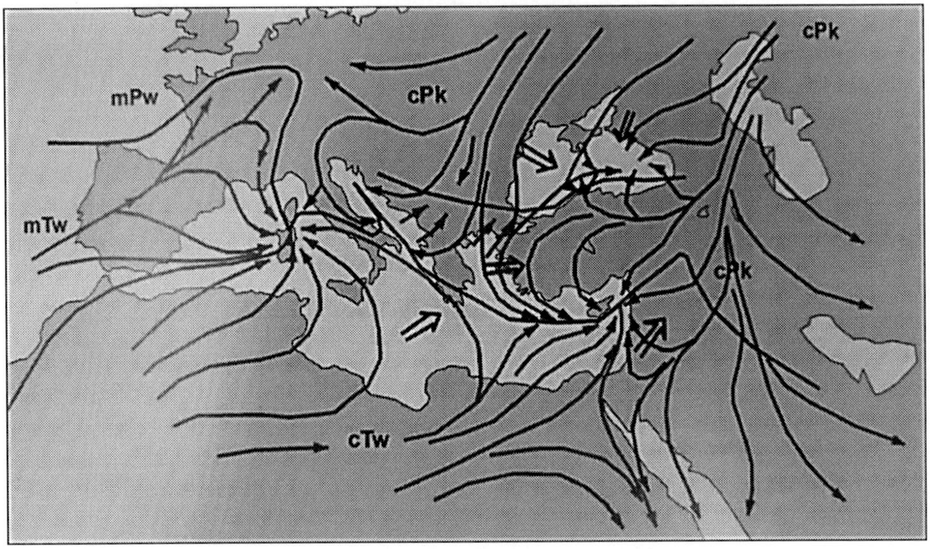

Kaynak: Atalay, 2011

2.1.3.1.2. Coğrafi Faktörler

Bilindiği gibi, yeryüzünde iklim özelliklerinin meydana gelişinde fiziki coğrafya faktörlerinin de önemli etkileri vardır. Bunlar denize uzaklık-yakınlık (karasallık derecesi) yükselti ve orografik özelikler gibi daha çok planeter faktörleri yerel değişikliğe uğratan, termik ve dinamik değişmelere neden olan faktörlerdir (Koçman 1993). Araştırma sahasının son derece arızalı bir topoğrafyaya sahip olması ve dağların kıyıya paralel uzanması yağış, sıcaklık, bağıl nem, bulutluluk, kar örtüsü ve yerde kalma süresi üzerinde önemli değişmelere yol açar. Bu duruma bağlı olarak lokal (yerel) iklim koşulları ortaya çıkar.

2.1.3.1.2.1. Dağların Uzanış doğrultuları ve Baktığı Yön (Bakı)

Ülkemizde yağış, sıcaklık, bağıl nem ve bulutluluğun dağılışı, dağların uzanışı ve baktığı yön ile sıkı bir ilişki içerisindedir. Yağış dağılım haritası ile dağların uzanışını gösteren harita birbirine üst üste bindirildiğinde, en fazla yağış alan bölgelerin, cephelerin geliş yönüne dik uzanan kuzey Anadolu dağlarının kuzeybatı yamaçları ile Toros dağlarının güneybatı yamaçları olduğu görülür (Atalay, 2011).

Solaklı Havzası'nda dağlar cephelerin geliş yönüne dik uzandığı için ve kıyıdan itibaren dağlar hızla yükseldiği için yağışlar kuzeybatı yamaçlarda daha fazladır, iç kısımlara gidildikçe yağış miktarı azalır. Havzada kuzeybatı yönlü dağlar daha fazla yağış alır. Bu durum, hava kütlelerinin hareket yönüne göre şekillenir. Kuzeyden ve kuzeybatıdan gelen nemli hava kütleleri, kıyıdan yukarı doğru yükselir ve dağların kuzey ve kuzeybatı yamaçlarına bol yağış getirir. Bu, havzanın kuzey ve kuzeybatı yamaçlarında daha sık orman örtüsünün bulunmasının nedenidir. Yağış miktarındaki bu farklılık, araştırma sahasındaki yerleşimlerin dağılışını etkileyen faktörlerden biridir. Solaklı Havzası'ndaki yerleşimler, çoğunlukla güney, güneybatı ve güneydoğu yamaçlara yoğunlaşmıştır.

2.1.3.1.2.2. Denizel Etkiler ve Karasallık (Kontinentalite) Durumu

Araştırma sahamızın hemen kuzeyinde Karadeniz'in bulunması nedeniyle bölge, kışın bir konverjans Doğu Karadeniz dağları ise bir diverjans sahası haline geçer. Bu yüzden hava akımları karadenize doğrudur. Böylece kontinental etkiler altında rüzgâr istikametinde adeta "Musonal" bir devrilik meydana gelir. Böylece hâkim rüzgâr yönü kışın iç kısımlardan çevreye yazın ise çevreden iç kısımlara doğru yönelir.

Çalışma sahasının Karadeniz'e komşu olması ve kıyıdan itibaren dağların aniden yükselmesi kıyı ile iç kısımlar arasında yağış, sıcaklık ve diğer iklim koşullarında farklılıklar olmasına neden olmuştur. Kıyıya yakın Trabzon (Of) ilçe merkezi daha ılıman iklimi koşulları hâkim iken kıyıdan itibaren Soğanlı Dağlarına gidildikçe iklim koşulları daha sert, kışın daha karlı geçmektedir.

2.1.3.1.2.3. Yükselti Faktörü

Solaklı Çayı havzası, ortalama yüksekliği 1500 metreyi (1585 m) aşan bir hidrografik havzadır. Bu havzanın yüksekliği, kuzeyden (Karadeniz kıyı kuşağından) güneye doğru artış gösterir ve Soğanlı Dağlarına yaklaştıkça 3380 metreye kadar yükselir. Havzanın bu yüksekliği ve derin vadilerle parçalanmış olması, kıyı ile iç bölgeler arasında özellikle yağış ve sıcaklık koşullarında önemli değişikliklere neden olur.

Yükseltiyle Sıcaklık arasındaki ilişkiler: Solaklı Çayı havzasında, genel sıcaklık dağılışında yükselti ile doğru orantılı olarak sıcaklığın sürekli olarak düştüğü gözlenir. Bu, kıyıdan itibaren Trabzon (Of) ilçe merkezi ve Dernekpazarı gibi bölgelerde yıllık ortalama sıcaklığın 12-14 °C'yi aştığı yerlerden, Çaykara'dan itibaren sıcaklığın düşmeye başlayarak, orman üst sınırı olan yayla kuşağında 3-5 °C seviyelerine kadar iner.

Yükseltiyle Yağış arasındaki ilişkiler: Ülkemizde, genellikle yükselti ile yağışın coğrafi bölgelere bağlı olarak azalıp arttığı görülür. Ancak, yağmur gölgesinde kalan derin akarsu vadileri ve çukur sahalar, yağışın en az düştüğü bölgeler arasında yer alır (Atalay, 2011). Solaklı Çayı havzasında ise yükseltinin kıyıdan itibaren ani bir şekilde artması ve vadilerin derin olması, yağışın yükseklere çıkıldıkça artması gereken bir duruma işaret etmesine rağmen, yıllık ortalama yağış değerlerinde bir düşüş görülmektedir. Kıyıdan başlayarak 1600 mm'yi aşan yağış miktarları, üst havzada 900 metreye kadar düşmektedir.

2.1.3.2. İklim Elemanları

İklim bilimi, Dünya'nın atmosfer koşullarını, hava desenlerini ve uzun vadeli değişikliklerini inceleyen ve bu inceleme sürecinde çeşitli temel iklim elemanlarına odaklanan bir disiplindir. İklim elemanları, atmosferdeki fiziksel ve kimyasal değişkenleri ifade eder ve Dünya'nın iklim sistemini anlamamıza yardımcı olur. Bu elemanlar, Dünya'nın iklimini oluşturan karmaşık etkileşimlerin temel yapı taşlarıdır ve iklim değişikliği, hava durumu tahmini, çevresel değişiklikler ve su kaynakları yönetimi gibi birçok önemli konunun anlaşılmasında kritik bir rol oynarlar. İklim elemanları, sıcaklık, nem, basınç, rüzgar, yağış, bulutlar, güneş ışınları, deniz yüzey sıcaklığı, yeraltı suları ve kar örtüsü gibi bir dizi faktörü içerir ve bu faktörlerin etkileşimleri, Dünya'nın karmaşık ve dinamik iklim sistemini oluşturur. Havzada temel iklim elemanları şunlardır:

2.1.3.2.1. Sıcaklık

Araştırma sahasında yeterli sayıda meteoroloji istasyonu olmadığından, sahanın sıcaklık dağılışını belirlemek amacıyla https://tr.climate-data.org/ internet sitesinden yerleşimlere ait sıcaklık verileri kullanılmıştır. Bu veriler, enterpolasyon yöntemiyle sahanın sıcaklık dağılışını yaklaşık olarak göstermek için kullanılmıştır. Ayrıca, Meteoroloji Genel Müdürlüğü'nden alınan aylık ortalama sıcaklık verileri (Tablo 5), sıcaklık haritalarıyla karşılaştırılmıştır.

Araştırma sahasının sıcaklık dağılışına göz attığımızda, kısa mesafeler içinde büyük sıcaklık farkları olduğunu görmekteyiz. Genel olarak Solaklı Havzası'ndaki sıcaklık değerleri, kıyıdan iç kesimlere doğru gidildikçe azalma eğilimindedir (Harita 10). Kıyı bölgesinde, örneğin Trabzon'un Of ilçe merkezinde, yıllık ortalama sıcaklık 12-14 °C civarındayken, kıyıdan uzaklaşıldıkça sıcaklık kademeli olarak düşer ve sonunda güneydeki yaylalar kuşağı olan Soğanlı Dağları'nda yıllık ortalama sıcaklık 3-4 °C civarına düşer. Bu sıcaklık farkının temel nedeni, kıyıdan iç kesimlere doğru yükseltinin artması ve denizel etkinin iç kısımlara girememesidir.

Bu sıcaklık koşullarındaki önemli farklılıklar, yerleşim yerlerini, tarımı ve hayvancılığı etkilemektedir. Havzadaki yerleşimlerin büyük bir kısmı, sıcaklık koşullarının daha elverişli olduğu kıyı ve kıyıya yakın bölgelerde, özellikle güneye bakan yamaçlarda kurulmuştur.

Sıcaklık özelliklerine daha yakından bakıldığında, kısa mesafeler içinde sıcaklık farklarının belirgin olduğu görülmektedir. Kıyıdan iç kesimlere doğru denizel etkinin azalması ve karasallık derecesinin artması sıcaklığın bu kesimlerde düşmesine neden olmaktadır. Örneğin, Dernekpazarı (Trabzon) ilçesinde sıcaklık hiçbir ayda 0°C'nin altına düşmezken, hemen güneyinde yer alan Çaykara (Trabzon) merkezde kış aylarında (Aralık, Ocak, Şubat) sıcaklık -7,1°C'ye kadar düşmektedir (Tablo 5). Havzanın en güneyindeki bölgelerde karasallık derecesi ve yükseltinin artması, sıcaklık değerlerinin düşmesine ve kış şartlarının daha zorlu hale gelmesine yol açar. Uzungöl gibi daha yüksek kesimlerde ise sıcaklıklar yılın 5-6 ayında 0°C'nin altında seyretmektedir (Tablo 5, Grafik 4).

Havzada sıcaklıklar, mart ayından sonra Temmuz-Ağustos aylarına kadar artış gösterir. Ancak Ağustos ayının sonuna doğru sıcaklıklarda bir düşüş görülür (Grafik 4).

Tablo 5. Of-Dernekpazarı-Çaykara-Uzungöl-Demirkapı ve Lustra yaylası meteoroloji istasyonlarına ait aylık ortalama sıcaklık verileri

İstasyon Adı	Ocak	Şubat	Mart	Nisan	Mayıs	Haziran	Temmuz	Ağustos	Eylül	Ekim	Kasım	Aralık
Of	6,38	7,00	8,57	11,56	16,13	20,40	22,64	23,04	20,32	16,16	11,30	7,75
Dernekpazarı	4,70	5,59	8,68	10,43	14,74	17,58	19,20	19,73	17,28	13,55	9,54	6,47
Çaykara / Uzungöl	4,29	4,97	6,44	10,17	14,27	17,66	19,66	20,02	17,54	13,52	9,10	5,91
Çaykara / Demirkapı Köyü	-3,08	-2,26	0,14	4,36	9,56	12,66	13,80	14,06	12,30	8,84	3,23	-0,76
Çaykara Lustra Yaylası	-1,06	-0,28	2,10	5,58	10,72	13,56	14,78	15,02	13,28	10,50	5,13	1,32

Grafik 4. Of-Dernekpazarı-Çaykara-Uzungöl- Demirkapı ve Lustra yaylası meteoroloji istasyonlarına ait aylık ortalama sıcaklık grafiği

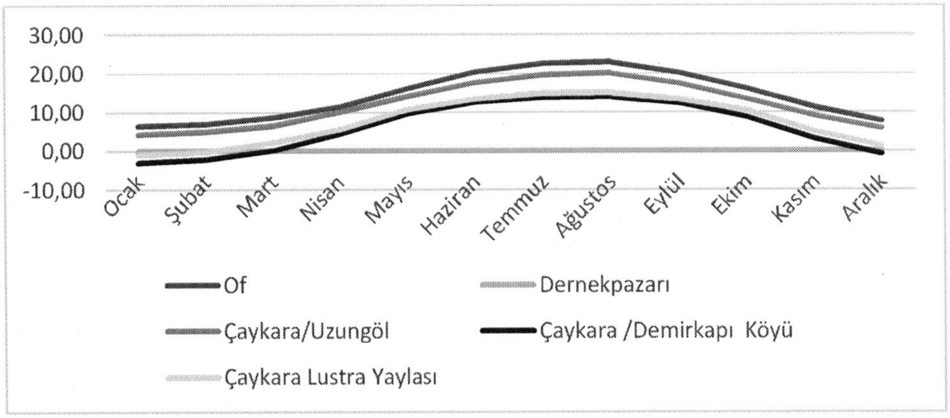

Harita 10. Araştırma sahasının sıcaklık dağılış haritası

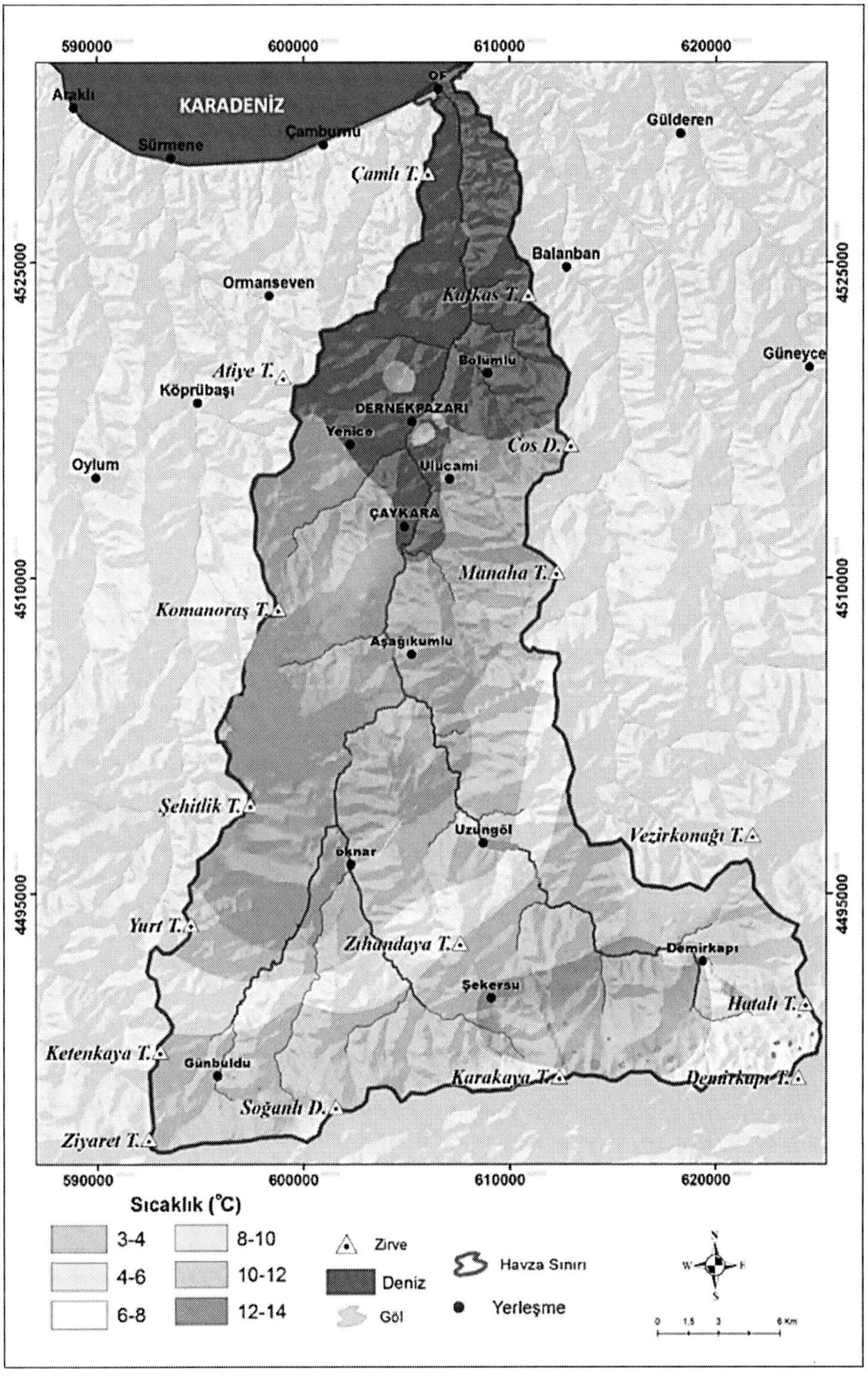

2.1.3.2.2. Yağış

Araştırma sahasında yağış özellikleri, akarsu ağının oluşmasında önemli bir rol oynamaktadır. Havza içindeki flüviyal süreçler, yağışlarla birlikte harekete geçer ve akarsuyun aşındırma ve biriktirme faaliyetlerinde kilit bir faktör haline gelir. Bu faaliyetler havzanın şeklini şekillendiren etkenlerden birini oluşturur. Ayrıca, yağış türü, yoğunluğu, süresi ve miktarına bağlı olarak, sel, taşkın, heyelan, çığ gibi afetler havzada artış veya azalış gösterebilir.

Bölgede etkili olan yağışlar orografik ve cephesel karaktere sahiptir. Dağların kıyıya paralel uzanması ve kıyıdan itibaren dağların hızla yükselmesi, nemli hava kütlelerinin iç kesimlere ilerlemesini engeller. Kıyı bölgeleri ile iç kesimler arasında ortalama yıllık yağış miktarı bakımından önemli farklılıklar gözlenir (Harita 11).

Tablo 6 ve Grafik 5 incelendiğinde kıyı bölgeleri ile iç kesimler arasındaki yağış farkı belirgin bir şekilde görülmektedir. Örneğin, kıyıya yakın bir konumda bulunan Of meteoroloji istasyonunda aylık ortalama yağış miktarı 1668 mm iken bu istasyona daha yakın, ancak güneyde bulunan Dernekpazarı istasyonunda yağış miktarı 1466 mm'ye düşmektedir. Uzungöl meteoroloji istasyonunda ortalama yıllık yağış miktarı 729 mm'ye kadar düşmektedir. Uzungöl'ün iç kesimlerde ve vadilerde hava kütlelerine kapalı olması, yağış miktarındaki azalmada önemli bir etken oluşturur. Ancak Demirkapı ve Lustra yaylaları, Uzungöl meteoroloji istasyonuna göre daha fazla yağış alır. Bu bölgelerin daha yüksek olması, yağışlı hava kütlelerinin bu bölgeleri daha fazla etkilemesine olanak tanır.

Araştırma sahasındaki yağışların mevsimlere göre dağılışına baktığımızda, yıl boyunca yağışların devam ettiğini, ancak mevsimlere bağlı olarak önemli farklılıklar olduğunu görüyoruz. Kıyıya yakın Of ve Dernekpazarı gibi bölgelerde en fazla yağış sonbaharda, en az yağış ise ilkbaharda görülmektedir (Grafik 5). Araştırma sahasının en güneyinde bulunan Uzungöl'de ise en fazla yağışlar ilkbaharda, en az yağışlar ise kış aylarında düşmektedir. Lustra yaylasında ise yağışların mevsimlere göre dağılımında benzerlikler olsa da en fazla yağışlar kış aylarında, en az yağışlar ise sonbahar mevsiminde kaydedilmektedir (Grafik 6).

Kıyı bölgelerinde düşen yağışlar genellikle yağmur olarak başlar ve kış aylarında dağların yüksek kesimlerinde kar olarak yağışa dönüşebilir. Bu, özellikle havzanın güneyinde, Uzungöl, Demirkapı, Köknar ve Karaçam gibi bölgelerde çığ felaketlerine yol açabilir. Kar yağışı yüksek kesimlerde genellikle Eylül sonu-Ekim başlarında başlar, kıyı bölgelerinde ise kasım sonları ve aralık ayı başlarında görülür. Vadilerde düşen karlar bahar aylarının gelmesiyle erir. Ancak dağların yüksek ve korunaklı bölgelerinde kar bazen erimez ve sürekli kar örtüsüne sahip bölgelerde karın kalması mümkündür (Sakal, 1991).

Tablo 6. Araştırma sahasında yer alan meteoroloji istasyonlarının aylık ortalama yağış miktarları (mm)

İstasyonlar	Ocak	Şubat	Mart	Nisan	Mayıs	Haziran	Temmuz	Ağustos	Eylül	Ekim	Kasım	Aralık	Toplam
Of	166	101	120	68	79	134	118	154	172	198	199	158	1668
Dernekpazarı	134	107	133	96	103	106	130	137	120	152	121	127	1466
Uzungöl	46	43	72	60	88	78	62	47	47	66	58	63	729
Demirkapı	158	77	111	67	132	93	50	36	42	82	59	127	1033
Lustra Yaylası	90	134	117	68	120	108	120	89	80	86	68	107	1185

Kaynak: MGM

Grafik 5. Araştırma sahasında Of-Dernekpazarı-Uzungöl-Demirkapı-Lustra Yaylası meteoroloji istasyonlarına ait aylık ortalama yağış grafiği

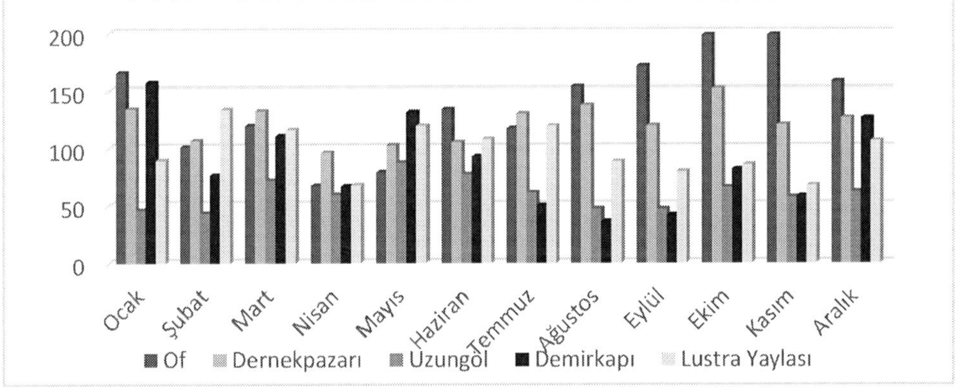

Kar kalınlığı, iç kesimlerde ve yüksek kesimlerde 1-2 metre civarında olmasına rağmen, sahil kesimine yaklaşıldıkça 30 santimetre altına düşmektedir. Özellikle Solaklı Havzası'nın güneyindeki dağlık bölgelerde, aylık ortalama karla örtülü gün sayısı ve maksimum kar kalınlığı ile ilgili olarak şunlar söylenebilir: Vadi tabanından yaylalara doğru yükseltinin artmasıyla birlikte karla örtülü gün sayıları ve maksimum kar kalınlığı artmaktadır. Bu farklılıklar, özellikle Uzungöl, Demirkapı ve Lustra Yaylası gibi bölgelerde belirgin bir şekilde görülmektedir (Tablo 7). Özellikle Uzungöl meteoroloji istasyonunun kar verilerine bakıldığında, Aralık, Ocak ve Şubat aylarının kış mevsimi içinde karla örtülü gün sayısı ve maksimum kar kalınlığının en fazla olduğu aylar olduğu görülür. Ancak Mart ayıyla birlikte havaların ısınması, bu değerlerin azalmasına neden olur ve nihayetinde yaz aylarında kar tamamen erir (Grafik 7).

Demirkapı köyü ve yaylası, havzadaki kar kalınlığının ve karla örtülü gün sayılarının en yüksek olduğu yerlerdir. Bu durumun üzerinde en büyük etkisi olan faktörlerden biri, yükseltidir. Bu kesimde yükselti 2000 metre seviyesinin üzerine çıkar. Uzungöl'e kıyasla, Demirkapı'da aylık ortalama maksimum kar kalınlığı ocak ayında 41.6 cm iken, şubat ayında en yüksek değer olan 125.8 cm'ye ulaşır (Tablo 7).

Grafik 6. Araştırma sahası yıllık ortalama yağış miktarlarının mevsimlere göre dağılışı

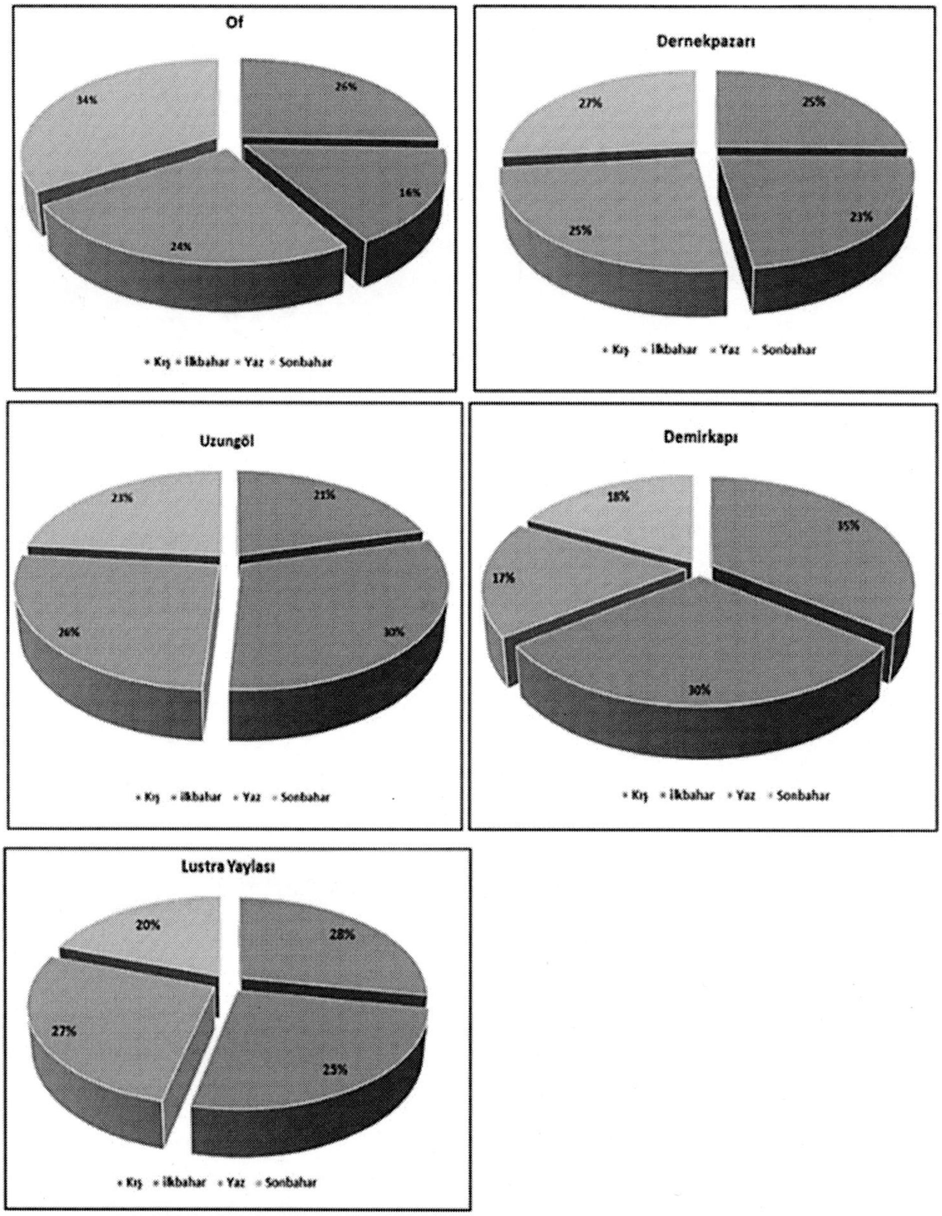

Grafik 7. Uzungöl-Demirkapı ve Lustra Yaylası meteoroloji istasyonlarının aylık ortalama kar yüksekliği grafiği

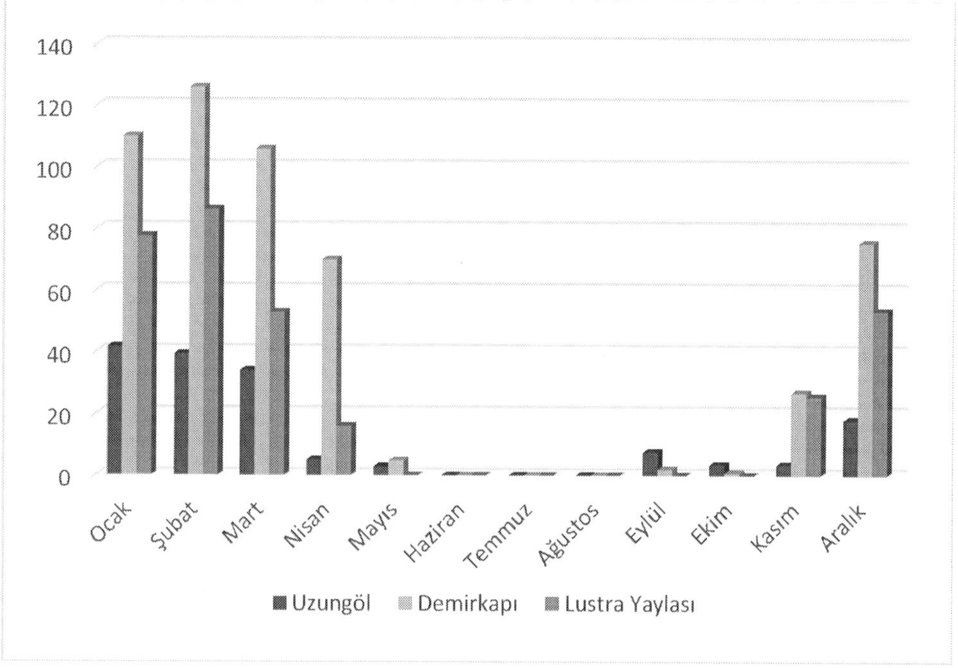

Tablo 7. Uzungöl-Demirkapı ve Lustra Yaylası meteoroloji istasyonuna ait aylık ortalama karla örtülü gün sayısı ve maksimum kar yüksekliği (cm)

İSTASYON	Aylar	Aylık Ortalama Karla Örtülü Gün Sayısı	Aylık Ortalama Maksimum Kar Yüksekliği (cm)
UZUNGÖL	Ocak	19,3	41,6
	Şubat	22,6	39,3
	Mart	7,3	34
	Nisan	6	5
	Mayıs	1,3	3
	Haziran	-	-
	Temmuz	-	-
	Ağustos	-	-
	Eylül	10	7,5
	Ekim	7	3,5
	Kasım	9	3,5
	Aralık	12	18

İSTASYON	Aylar	Aylık Ortalama Karla Örtülü Gün Sayısı	Aylık Ortalama Maksimum Kar Yüksekliği (cm)
DEMİRKAPI	Ocak	29	110
	Şubat	25,1	125,8
	Mart	24,5	105,8
	Nisan	16	69,8
	Mayıs	2,1	4,8
	Haziran	-	-
	Temmuz	-	-
	Ağustos	-	-
	Eylül	2	2
	Ekim	0,1	0,8
	Kasım	8,8	26,8
	Aralık	19,5	75,5
LUSTRA YAYLASI	Ocak	27	77,6
	Şubat	28,1	86,3
	Mart	21,3	52,8
	Nisan	4,6	16
	Mayıs	-	-
	Haziran	-	-
	Temmuz	-	-
	Ağustos	-	-
	Eylül	-	-
	Ekim	-	-
	Kasım	7,1	25,5
	Aralık	19,3	53,3

Harita 11. Araştırma sahasının yağış haritası

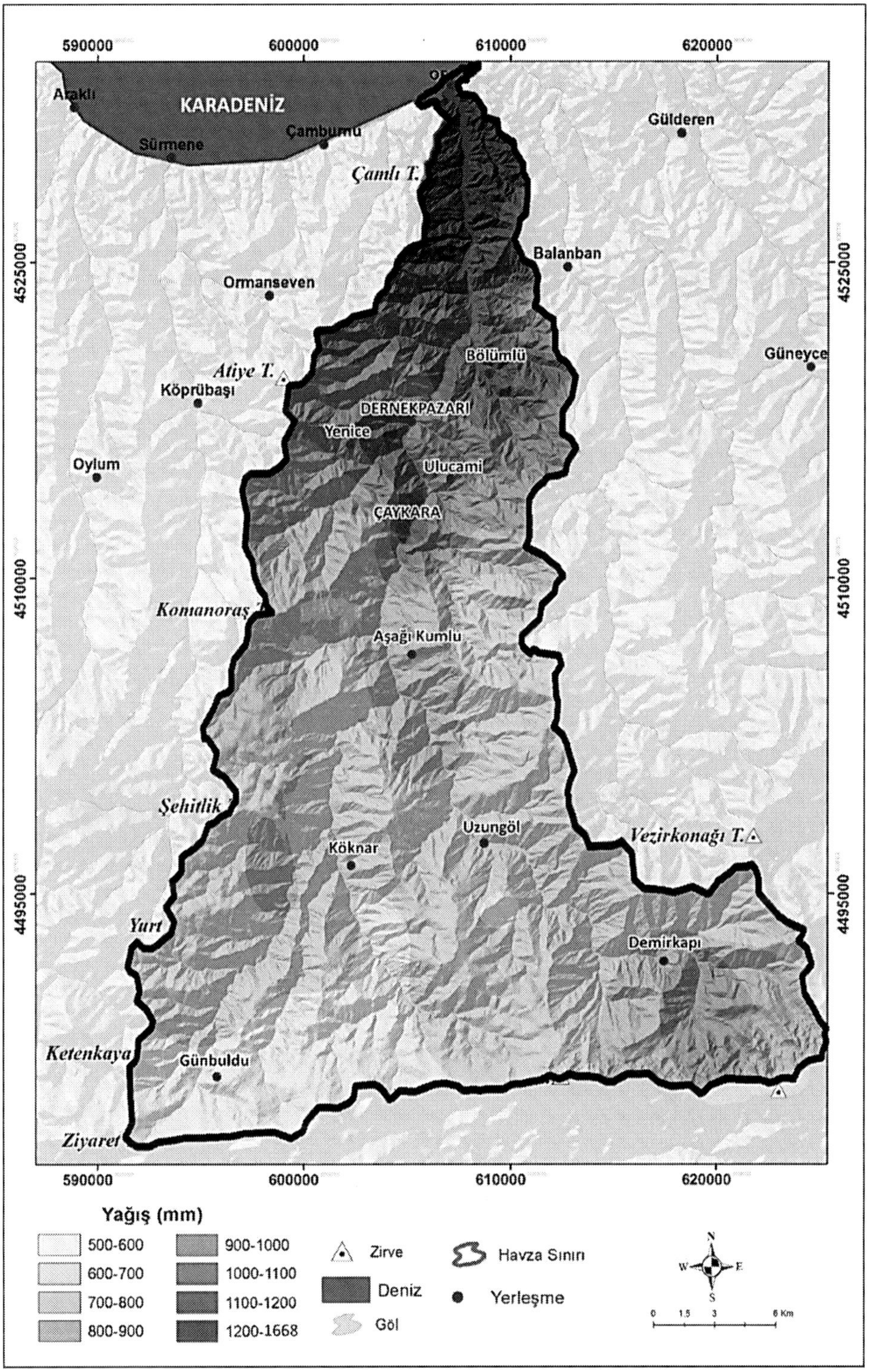

2.1.3.2.3. Basınç ve Rüzgârlar

Rüzgârlar, yerleşmeleri, bitki örtüsünü, toprak koşullarını ve çığ oluşumunu etkileyen önemli iklim elemanlarından biridir. Rüzgâr bitkilerin su kaybetme hızını artırarak terleme sürecini etkiler. Özellikle sıcak rüzgârlar, bitkilerin daha fazla terlemesine ve su kaybetmesine neden olur (Şahin 2005). Ayrıca, "Rüzgârın hızı, yönü ve etkilediği alanın kar örtüsü koşulları, yamaçlardaki kararlılığı bozarak çığ oluşumunu etkileyebilir. Özellikle kışın son dönemlerinde rüzgârın şiddetinin artması, kar örtüsünün stabilitesini bozabilir ve bu durum çığ olasılığını artırabilir" (Avşin ve Çakı, 2021).

Araştırma sahasında yer alan Of meteoroloji istasyonunun rüzgâr verilerine göre hâkim rüzgâr yönü güney ve güneydoğu yönleridir (Tablo 8, Grafik 8). Kış aylarında kuzeydoğudan karasal polar hava kütlelerinin etkisiyle Anadolu'nun iç ve doğu bölgelerinde yüksek basınç alanları oluşurken, aynı dönemde Karadeniz, Anadolu'nun iç bölgelerine göre alçak basınç şartları oluşturur (Atalay, 2013). Bu koşullar iç kesimlerden kıyıya doğru bir hava akımının oluşmasına neden olur. Havzada 3000 metrenin üzerinde yüksek platolardan aşağı doğru ilerleyen hava kütlesi, adyabatik ısınma sürecine girer ve fön rüzgârlarının oluşmasına neden olur. Bu rüzgârlar, topoğrafik özelliklere uygun olarak kuzey-güney yönlü derin vadiler boyunca kanalize olur ve kıyıya ulaşır. Genellikle güneye bakan yamaçlarda yerleşmiş yerleşim birimleri için, adyabatik ısınma sonucu kış aylarında daha ılıman koşullar yaratır.

Araştırma sahasında güney sektörüne bakan rüzgârlar, adyabatik ısınma nedeniyle karların erimesine ve karın hareket etmesine katkıda bulunan tetikleyici faktörlerden biridir. Yüksek platolardan aşağı doğru inen hava kütlesi, aşağı yamaçlardaki kar örtüsünün erimesine neden olarak karın hareket etmesine yol açar.

Tablo 8. Of'ta en fazla esen rüzgârların yönler

Rüzgâr Yönü	Esme Sayısı
Kuzey	1888
KD	753
Doğu	709
GD	4578
Güney	4157
GB	555
Batı	251
KB	1684

Kaynak: MGM

Grafik 8. Of meteoroloji istasyonuna ait rüzgârgülü diyagramı

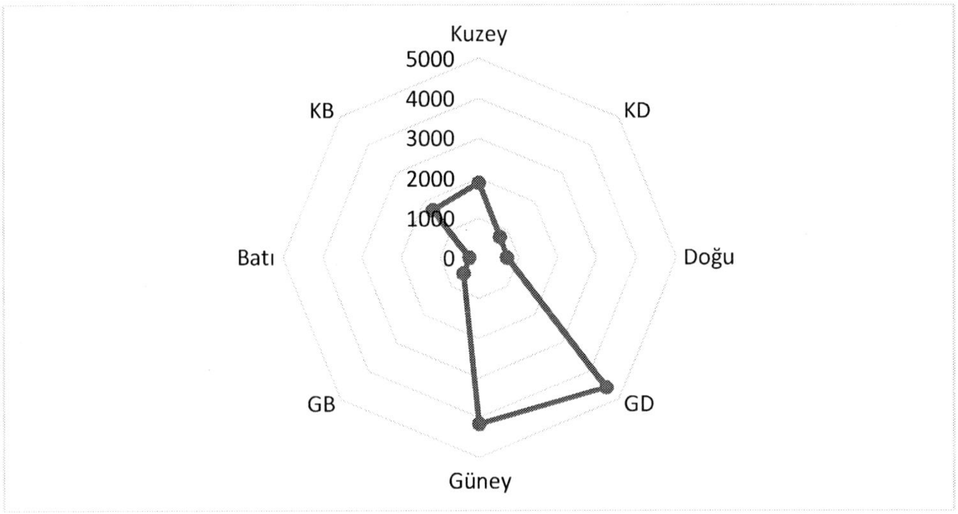

2.1.4. Hidrografik Özellikler

Su, tüm canlıların yaşamı için temel bir gereksinimdir ve aynı zamanda dünya yüzeyini şekillendiren önemli bir etkendir. Su, yeryüzünün ve canlıların hayatta kalması için kritik bir faktördür. Bu nedenle suyun tüm özelliklerini anlamak, kaynaklarını araştırmak ve potansiyelini belirlemek son derece hayati bir ihtiyaçtır. Hidrografik bir havza olarak kabul edilen Solaklı Çayı havzası, suyun en önemli yüzey şekillendirici öğelerinden biri olan akarsuları bünyesinde barındırır. Solaklı Çayı Havzası ve yan kolları, erozyon, taşınma ve biriktirme süreçleri aracılığıyla Solaklı Havzası'nın şekillenmesine en büyük katkıyı sağlamıştır. Yüzey şekillerinin oluşumunda önemli bir rol oynayan akarsular, sel, taşkın ve heyelan gibi kütlesel hareketlerin meydana gelmesinde de etkilidir. Akarsuların akış hızı, drenaj özellikleri ve yayılım sıklığı gibi özellikler, sel ve taşkın olayları üzerinde kritik faktörler olarak kabul edilir.

Araştırma sahamız deniz seviyesinden (Karadeniz) başlayıp 3000 metrenin üzerine kadar uzanan ve akarsular tarafından derin vadilerle yarılmış bir hidrografik havza niteliği taşır. Solaklı Çayı, bu kadar derin bir vadide yer aldığı için tektonik yükselme süreçlerinin yanı sıra yoğun flüviyal etkilerle yıl boyunca düzenli bir akış sergilemesi bu vadinin şekillenmesinde büyük rol oynamıştır. Solaklı Çayı'nın kaynaklarını Soğanlı Dağları'ndan alması, sürekli olarak yatağını derinleştirerek aşındırması, bu şekilde Solaklı Çayı Havzası'nın bugünkü jeomorfolojik görünümünün oluşmasına büyük katkı sağlamıştır.

Su potansiyeli açısından, araştırma sahamız oldukça zengin bir durumdadır. Solaklı Havzası, Karadeniz ikliminin etkisiyle, her mevsim yüzey suları bakımından oldukça zengin bir kaynak sunmaktadır. Bu, yerleşimler üzerinde belirgin bir etkiye sahiptir. Havzadaki yerleşimlerin su kaynaklarının yerleşmelerin dağılışı üzerinde neredeyse hiçbir etkisi yoktur. Suya erişimin kolay olduğu Solaklı Havzası'nda, yerleşimler oldukça dağınık bir yapıya sahiptir.

2.1.4.1. Başlıca Akarsular

Solaklı Çayı Havzası'nda flüviyal süreçlerin etkinliği, havzanın bugünkü jeomorfolojik görünümünü şekillendiren en önemli faktörlerden biridir. Solaklı Çayı ve yan kolları, aşındırma faaliyetleri sonucunda vadilerini derince kazmış ve havzada "V" biçimli vadilerin oluşmasına büyük katkı sağlamıştır (Harita 8).

Flüviyal süreçler, koruyucu bitki örtüsünün varlığına rağmen, nemli ılıman iklim bölgelerinde en fazla etkilenir (Erinç, 1996). Solaklı Çayı Havzasına ait akarsular, faaliyetlerini yağış miktarı, eğim, bitki örtüsü ve litolojik özelliklere göre şekillendirirler.

Araştırma sahasının hâkim drenaj tipi "dendritik drenaj"dır. Solaklı Çayı'na katılan yan kollar, ana akarsuya dar açılarla katılarak ağaç dallarını andıracak şekilde bir ağ gibi gelişmiştir (Harita 10).

Solaklı Havzası'nda yer alan başlıca akarsular Solaklı Çayı ve Kolları; Demirkapı Deresi, Uzungöl Deresi, Karaçam Deresi ve yan kolları, Maltepe Deresi, Yeşilalan Deresi, Holo Deresi, İslamlı Deresi, Akköse Deresi, Bölümlü Deresi, Ahamlı Deresi, İspele Deresi, Ağrandöz Deresi'dir (Harita 12). Karaçam Deresi ve Demirkapı su toplama havzası, alt havzaları oluşturan en büyük havzalardır. Karaçam Deresi Havzası, 249.20 km^2'lik bir alanı kapsar ve kendi içinde 4 alt havzaya ayrılır. Bu alt havzalar sırasıyla; Goncalar Deresi Alt Havzası (16.8 km^2), Kavlatan Deresi Alt Havzası (35.92 km^2), Büyükdere Alt Havzası (86.9 km^2) ve Günbuldu Deresi Alt Havzası (109.7 km^2) olarak adlandırılır (Işık, 2017). Araştırmada özellikle morfometrik analizler için Karaçam ve Uzungöl havzaları tek bir havza olarak ele alınarak incelenmiştir.

Uzungöl havzası ise 217.40 km^2'lik bir alana sahiptir. Karaçam ve Uzungöl Dereleri, Solaklı Çayı'nı besleyen iki ana kolu oluşturur. Ayrıca belirtmek gerekir ki Uzungöl Havzası, Uzungöl'den yukarı çığıra doğru "Demirkapı Deresi" olarak adlandırılırken, Uzungöl'den başlayarak "Uzungöl" adını almaktadır (Harita 12). Biz bu havzayı "Uzungöl Havzası" olarak adlandırdık. Karaçam ve Uzungöl havzalarının su toplama alanlarının büyük olması, sel ve taşkın riskini artırıcı faktörlerden biridir

Harita 12. Araştırma sahasının hidrografya haritası

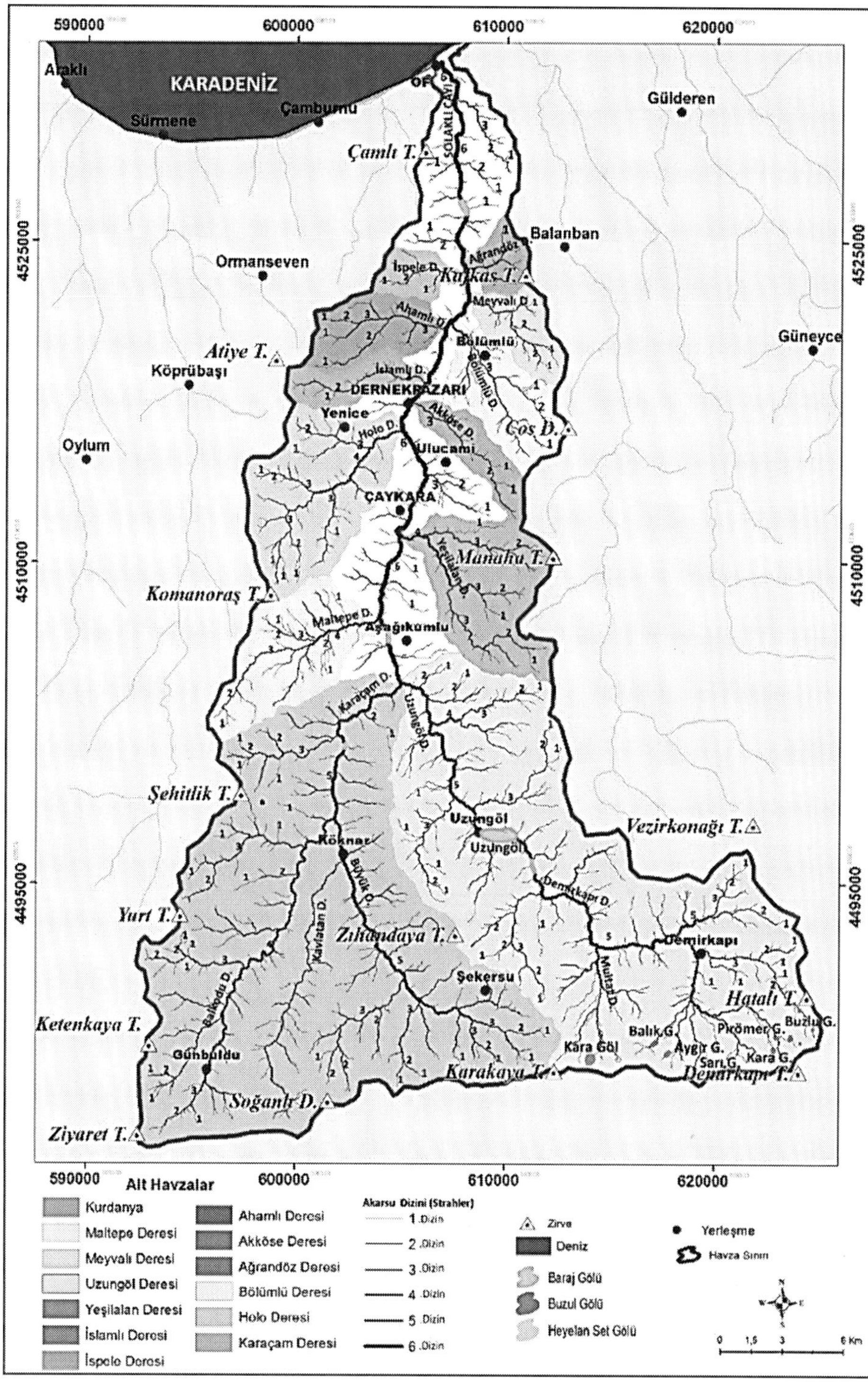

Araştırma sahasının komşu havzaları; güneyde Çoruh havzası, batıda Sürmene havzası, doğuda Baltacı havzası ile komşudur. Kuzeyde ise Karadeniz bulunmaktadır. Yukarıda adı geçen akarsular, dağların zirvelerinden (Soğanlı Dağı, Hatalı Tepe, Cos Dağı, Atiye Tepe, Zıhandaya Tepe) doğarak Karadeniz'e dökülmektedir (Harita 12). Debi ve rejim özellikleri, Karadeniz ikliminin etkisi altında düzenli bir rejime sahiptir. Yıl boyunca yüksek debiye sahip olan bu akarsular, büyük miktarda sediment taşırlar. Bu durum, araştırma sahası içinde yer alan HES'lerin daha hızlı dolmasına neden olur ve baraj ömürlerini uzatmak amacıyla baraj içinde biriken sedimentlerin zaman zaman temizlenmesi gerekmektedir.

2.1.4.2. Debi (Akım) ve Rejim Özellikleri

Solaklı Çayı Havzası'ndaki akım ve rejim özellikleri, DSİ 22. Bölge Müdürlüğü tarafından kurulan akım gözlem istasyonlarından elde edilen verilere dayanmaktadır. Araştırma sahasında üç gözlem istasyonu bulunmaktadır: Solaklı Deresi-Ulucami İstasyonu, Ögene Deresi-Alçakköprü İstasyonu ve Haldizen Suyu-Şerah (Uzungöl) İstasyonu. Ancak, Solaklı-Ulucami ve Karaçam istasyonları daha kısa süreli veri sağlamıştır. Veri toplamanın yapılmamasının nedeni, son yıllarda havzada artan HES inşaatlarıdır (Işık, 2017). Ayrıca Haldizen Suyu-Şerah istasyonuna ait 2009 verisi eksik, 2010 yılı verisi ise mevcut değildir.

Solaklı Deresi-Ulucami (1999-2011), Ögene Deresi-Alçakköprü (1999-2008) ve Haldizen Suyu-Şerah (1999-2015) istasyonlarının verileri tablo halinde düzenlenerek, bu verilere dayanarak akım diyagramları oluşturulmuştur (Grafik 9-10-11).

Solaklı Çayı'nın akım ve rejimi, sıcaklık ve yağış gibi iklim unsurları ile yıl boyunca dağılımları üzerinde etkili olur. Havzanın akarsularının akım özellikleri, Karadeniz ikliminin sıcaklık ve yağış özellikleri ile birleşerek Karadeniz bölgesinin topoğrafik özelliklerini yansıtır.

Solaklı Deresi-Ulucami (1999-2011) yılları arasındaki akım verilerine bakıldığında, en yüksek akım değerinin 2004 yılında (203,86 m^3/sn) olduğu görülür. En düşük akımın ise 2003 yılında 115,44 m^3/sn ile gerçekleştiği belirlenmiştir (Tablo 5). Solaklı Çayı'nın en büyük iki havzasından biri olan Karaçam Deresi üzerine kurulan Ögene D-Alçakköprü istasyonunun akım verilerine göz atıldığında, toplam yıllık akım miktarının en yüksek olduğu yılın 2005 (88,88 m^3/sn) olduğu göze çarpar. En düşük akımın ise 2003 yılında 44,581 m^3/sn ile kaydedildiği görülmüştür (Tablo 6). Yukarıda bahsedilen Solaklı Çayı'nın iki büyük havzasından biri de Demirkapı ve Uzungöl Derelerini içeren havzadır. Uzungöl Mahallesi girişinde bulunan Haldizen Suyu-Şerah istasyonunun akım verileri incelendiğinde, en yüksek akımın 2005 yılında 57,951 m³/sn olduğu gözlemlenmiştir. En düşük akım değerlerinin ise 2000 yılında 32,369 m³/sn olduğu tespit edilmiştir (Tablo 11).

Akım diyagramlarına göz atıldığında, en yüksek akımların nisan, mayıs ve haziran aylarında meydana geldiği görülmektedir (Grafik 9-10-11). İlkbaharın başlamasıyla birlikte dağların zirvelerinde biriken karlar erir ve akarsulara karışarak akımın artmasına neden olur. Haziran ayının sonlarına doğru yaz sıcaklarıyla birlikte akım değerleri düşer, bu durum hafif dalgalanmalarla şubat ayına kadar devam eder (Grafik 9-10-11). Mart ayıyla birlikte havaların ısınması ve kar sularının akıma katılmasıyla birlikte akım tekrar artar.

Tablo 9. Solaklı Deresi-Ulucami İstasyonuna Ait 1999-2011 Yılları Akım Verileri

İstasyon ismi	SOLAKLI DERESI - ULUCAMI					Rakım				260 m			
İstasyon no						Enlem-Boylam				40° 15' 20" D - 40° 46' 0" K			
Yıllar / Aylar	Debi m³/sn												Toplam
	10	11	12	1	2	3	4	5	6	7	8	9	
1999	12,2	11,4	11,0	5,56	5,86	8,44	19,7	38,8	25,2	14,7	8,52	7,90	161,38
2000	5,62	5,81	5,83	4,67	6,48	12,1	36,9	23,7	18,6	6,81	5,90	7,07	132,42
2001	12,1	7,80	5,33	4,13	4,44	12,13	24,3	28,4	22,4	10,7	5,81	3,54	137,54
2002	4,00	10,5	10,5	6,66	6,15	9,83	23,0	28,5	34,4	14,6	11,4	8,93	159,54
2003	6,76	5,55	4,81	5,95	3,90	4,92	27,4	29,1	14,0	7,37	5,68	7,55	115,44
2004	7,51	13,4	7,47	6,47	9,70	24,2	27,8	45,56	37,4	15,2	9,15	8,01	203,86
2005	5,46	6,01	7,59	6,78	7,28	10,9	30,9	35,7	24,1	13,5	6,66	6,94	154,88
2006	13,1	18,5	9,71	6,12	7,07	13,2	30,8	38,5	20,4	14,1	8,07	6,66	179,57
2007	8,15	15,3	7,44	6,80	6,43	13,6	22,8	65,4	19,7	11,9	7,07	4,42	184,59
2008	4,18	8,73	6,54	4,23	5,36	22,60	28,30	23,70	20,80	11,400	8,24	6,44	144,08
2009	10,4	5,83	4,42	4,90	5,65	12,6	17,5	38,9	25,6	14,8	7,45	9,96	148,05
2010	8,84	16,0	10,4	9,23	13,2	20,4	23,6	34,1	17,3	10,6	5,86	4,48	161,38
2011	8,66	6,76	4,54	4,14	6,08	10,01	33,5	43,3	26,6	13,4	8,07	7,08	132,42

Kaynak: DSİ 22. Bölge Müdürlüğü

Tablo 10. Karaçam Deresi Havzası Ögene D. – Alçak Köprü İstasyonuna ait 1999-2008 Yılları akım verileri

İstasyon ismi		ÖGENE D. – ALÇAK KÖPRÜ					Rakım			650 m			
İstasyon not		D22A057					Enlem-Boylam			40:40:15 40:12:45			
Yıllar / Aylar	Debi m³/sn.												Toplam
	10	11	12	1	2	3	4	5	6	7	8	9	
1999	1,68 7	2,85 1	5,34 3	1,67 4	1,19 9	2,72 9	11,3 52	19,8 52	11,1 21	5,0 99	2,4 33	2,25 5	65,3 4
2000	1,75 2	2,06 6	1,19 8	1,30 0	2,25 2	3,84 5	18,9 97	14,2 19	9,60 6	2,9 35	1,1 67	1,32 4	60,6 61
2001	4,95 3	3,92 4	1,66 5	1,15 2	0,99 5	4,89 3	11,5 81	14,3 00	8,13 3	2,5 28	1,1 90	0,51 9	55,8 33
2002	0,65 3	2,15 7	1,33 5	1,07 4	1,94 0	4,44 3	8,84 1	12,8 97	10,6 65	4,1 07	2,1 97	2,20 0	52,5 09
2003	2,20 7	2,37 3	2,07 7	2,16 9	2,19 6	1,19 7	11,1 9	12,1 37	4,82 9	1,8 17	1,1 54	1,24 2	44,5 81
2004	1,53 3	4,82 1	2,39 3	1,73 6	2,09 7	9,22 3	10,8 81	19,5 32	15,9 13	5,6 78	2,3 95	2,02 3	78,2 25
2005	1,36 0	1,56 7	1,97 0	1,79 7	1,70 8	4,10 4	22,5 67	28,0 23	13,7 07	6,7 97	3,4 57	1,82 3	88,8 8
2007	3,85 6	2,63 7	0,81 2	0,69 9	0,67 1	1,36 3	1,87 3	42,4 71	5,43 7	2,2 53	1,3 55	0,69 5	62,7 59
2008	1,097	2,734	2,137	1,256	1,463	9,218	23,33 9	18,58 4	11,52 0	3,06 5	1,67 5	3,06 3	79,15 1

Kaynak: DSİ 22. Bölge Müdürlüğü

Tablo 11. Haldizen Suyu-Şerha İstasyonuna Ait 1999-2015 Yılları Akım Verileri

İstasyon ismi	HALDIZEN SUYU-ŞERAH							Rakım			1170 m		
İstasyon no								Enlem-Boylam			40° 17' 20" D - 40° 37' 20" K		
Yıllar / Aylar	Debi m³/sn												Toplam
	10	11	12	1	2	3	4	5	6	7	8	9	
1999	1,31	1,41	2,22	0,831	0,809	1,45	4,66	11,7	9,72	5,03	2,02	1,43	42,59
2000	0,910	1,35	1,47	0,960	0,989	1,60	7,81	6,21	6,44	2,19	1,34	1,10	32,369
2001	2,82	1,57	0,968	0,871	0,885	3,13	5,75	8,87	8,84	3,67	1,26	0,940	39,574
2002	1,24	1,35	0,893	0,846	1,34	2,18	5,37	9,08	14,1	6,83	2,06	2,08	47,369
2003	2,06	1,59	1,12	1,20	0,890	0,905	6,73	10,2	6,88	3,09	2,61	2,93	40,205
2004	2,10	3,24	1,61	1,15	1,30	4,44	5,43	12,7	12,6	5,17	2,18	2,26	54,18
2005	1,36	1,29	1,26	1,30	0,981	1,90	9,01	14,9	12,3	7,88	3,26	2,51	57,951
2006	5,16	4,92	2,63	1,11	1,17	2,65	6,83	11,9	8,27	4,01	1,24	0,564	50,454
2007	1,85	4,25	0,932	0,963	1,20	3,48	2,25	23,3	9,43	3,73	1,49	1,39	54,265
2008	1,070	2,040	1,39	0,946	1,060	4,960	8,380	8,750	10,30	5,11	2,50	1,18	47,686
2011	2,23	1,25	0,777	0,608	0,679	1,89	7,45	14,3	11,2	4,08	1,79	1,30	47,554
2012	3,1	1,92	1,20	1,10	1,02	1,14	8,35	11,8	8,15	3,22	1,91	1,48	44,39
2013	1,72	2,72	1,14	0,986	1,12	3,20	5,47	9,43	6,56	3,21	1,54	1,91	39,006
2014	2,83	1,41	1,08	0,970	1,19	2,23	6,74	9,86	5,49	2,19	1,14	1,16	36,29
2015	2,27	2,38	2,03	1,31	1,21	1,72	5,24	12,4	10,2	4,37	1,58	1,02	45,73

Kaynak: DSİ 22. Bölge Müdürlüğü

Grafik 9. Solaklı Deresi-Ulucami istasyonuna ait akım diyagramı

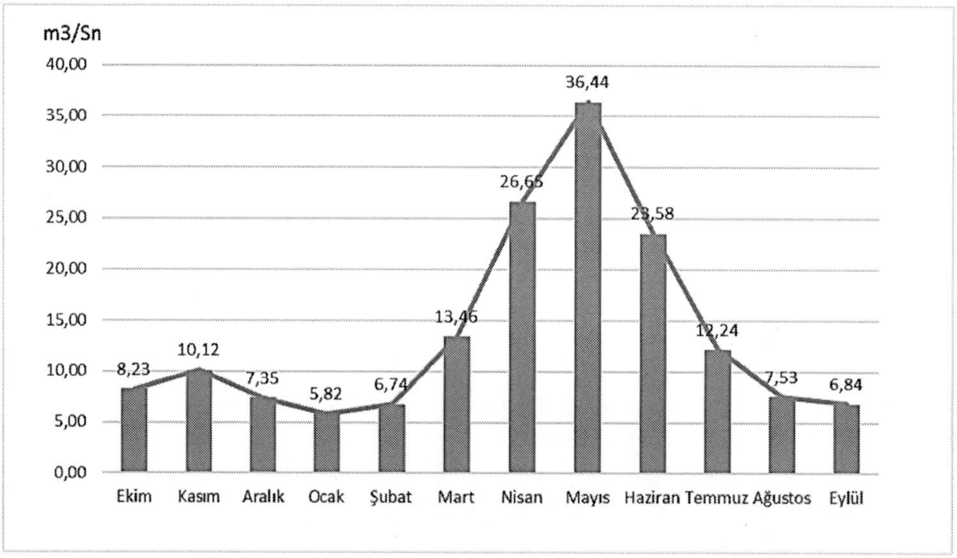

Grafik 10. Karaçam Deresi Havzası Ögene D. Alçak Köprü istasyonuna ait akım diyagramı

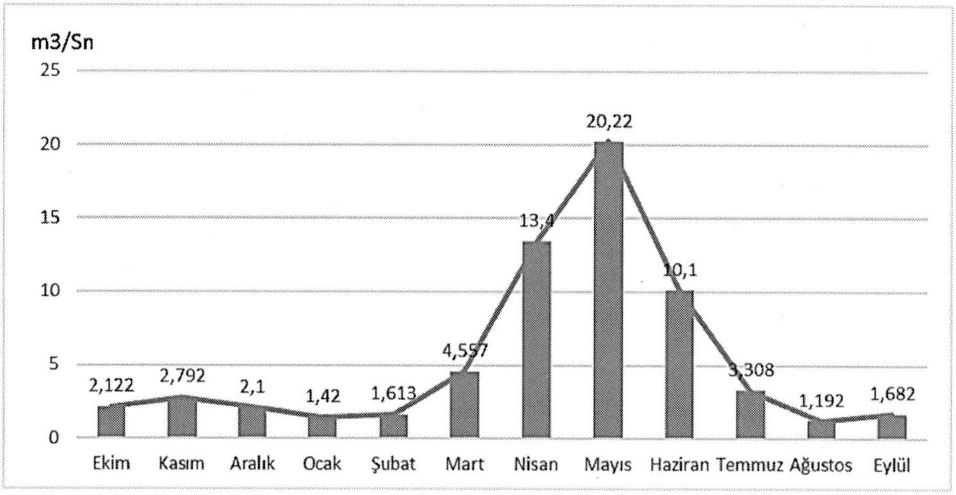

Grafik 11. Haldizen Suyu-Şerah istasyonuna ait akım diyagramı

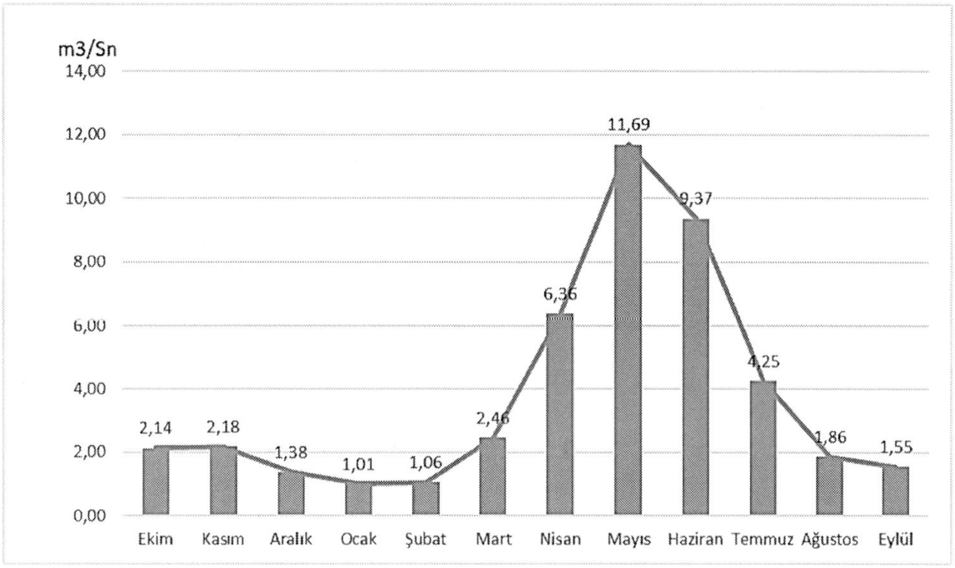

2.1.4.3. Barajlar ve Göller

Barajlar ve göller, su kaynakları yönetimi ve insanların yaşamlarında önemli roller oynayan su depolama ve dağıtma sistemleridir. Hem doğal hem de yapay göller, birçok faydaya sahiptir ve çeşitli amaçlar için kullanılırlar. Barajlar, suları toplamak, depolamak ve düzenlemek için inşa edilen yapılardır. Bu yapılarda suyun biriktirilmesi, enerji üretimi, sulama, taşkın kontrolü ve su temini gibi bir dizi amaç için kullanılır. Barajlar, özellikle kurak bölgelerde su kaynaklarını koruma ve yönetme açısından büyük bir öneme sahiptir. Aynı zamanda elektrik üretimi için de kullanılan hidroelektrik santrallerin temelini oluşturur.

Barajların sağladığı enerji, temiz ve sürdürülebilir bir kaynaktır. Hidroelektrik enerji, fosil yakıtlara göre daha çevre dostu bir seçenektir ve sera gazı emisyonlarını azaltmaya yardımcı olur. Ayrıca, elektrik üretimi için barajlar, enerji ihtiyacını karşılayan büyük bir kaynak olarak kullanılır.

Barajlar aynı zamanda tarım için su temini sağlar. Su depolama kapasiteleri sayesinde, sulama sistemleri aracılığıyla tarım alanlarının sulanması ve ürün verimliliğinin artırılması mümkün olur. Bu da gıda üretimini artırarak gıda güvencesine katkıda bulunur.

Göller, doğal olarak oluşan veya yapay olarak oluşturulan su kütleleridir ve ekosistemler için büyük bir öneme sahiptir. Göller, su kaynaklarına ev sahipliği yapar ve birçok bitki ve hayvan türü için yaşam alanı sunar. Ayrıca göller, rekreasyon, turizm ve balıkçılık gibi insan aktiviteleri için popüler yerlerdir.

2.1.4.3.1. Barajlar (HES)

Solaklı Çayı ve kolları, topluca değerlendirildiğinde, önemli bir su potansiyeline sahiptir. Yenilenebilir enerji kaynaklarının ülkemizdeki önemi her geçen gün artmaktadır ve Solaklı Çayı ile kollarındaki nehir tipi hidroelektrik santralleri, bu enerji açığını kapatmak için önemli projeler arasında yer almaktadır.

Solaklı Çayı Havzası'nda, DSİ 22. Bölge Müdürlüğü tarafından toplam 32 adet HES projesi planlanmaktadır. Bu projeler nehir tipi HES kategorisine dâhildir. Şu an için bu projelerden biri ön rapor aşamasındadır, 8 tanesi inşaat halindedir ve inşaatlarına başlanabilir durumdadır, 13 tanesi ise fizibilite aşamasındadır.

Çambaşı Regülatörü ve Hidroelektrik Santrali: Çambaşı Regülatörü ve Hidroelektrik Santrali, Trabzon iline bağlı Çaykara ilçesinde Solaklı Çayı ve yan kolları üzerine kurulmuştur. Bu projenin bileşenleri Çambaşı ve Ögene regülatörleri ile birlikte 45 MW kapasiteli bir Hidroelektrik Santrali içermektedir. Su, Çambaşı Regülatörü'nden başlayarak yaklaşık 6380,3 metre uzunluğundaki enerji tüneliyle Çambaşı Santrali'ne iletilmektedir. Çambaşı Regülatörü ve Hidroelektrik Santrali toplamda yılda 200,510 GWh elektrik üretebilecek kapasitededir. Bu proje, regülatörler, iletim tüneli, yaklaşım tüneli ve santral binası olmak üzere dört ana birimden oluşur. Çambaşı HES, bir nehir üzerine inşa edilmiş bir santraldir ve bu, nehirin aşağısında önemli su azalmalarına neden olur. Bu nedenle, nehir boyunca oluşan ekolojik yaşamın sürdürülebilmesi için belli bir miktarda suyun nehirde kalması gerekmektedir.

Nehir ekolojisinin zarar görmemesi ve ekolojik yaşamın sürdürülebilmesi için kurak dönemlerde (Temmuz-Mart ayları arasında) en az 0,6 m^3/sn su bırakılırken, yağışlı dönemlerde (Nisan-Haziran ayları arasında) en az 1,2 m^3/sn suyun nehirde bırakılması gerekmektedir. Bu bırakılan su, ekosistem için hayati bir rol oynar ve enerji üretimi için ayrılan su miktarının altındadır (Karakoyun,2014).

Foto 8. Ögene Deresi Üzerinde Kurulu Çambaşı Regülatörü

Foto 9. Nehir Tipi Hidroelektrik Santrali Çambaşı HES'in Görünümü

Tablo 12. Solaklı havzası hes projeleri

Akarsu Adı	HES ADI	İLİ	Projenin Durumu	KOTLAR (m)				Düşü (m)	Debisi (m^3/s)		Kurulu Güç (MW)		Enerji Üretimi (GWh/yıl)	
				Talveg	Kret	Maks. Su*	Kuyr. Suyu	Brüt	Proje	Ort.	(MWm)	(MWe)	Güvenilir	Toplam
SOLAKLI HAVZASI HES PROJELERİ														
Solaklı Deresi	Arca Reg. ve HES	Trabzon	İşletmede	51,50	57,40	60,90	8,40	48,45	39,00	18,857	17,58	16,35	9,163	49,011
Ögene Deresi	Çamlıkaya HES	Trabzon	İşletmede	744,00	766,10		653,00	111,00		5,16	8,10		4,85	22,350
Balkodu-Ögene Deresi	Balkodu I Reg. ve HES	Trabzon	İşletmede	1297-1300.56	1315-1301.38		999,00	300,60	3,72	1,63	9,48	9,19	4,24	29,322
Solaklı Deresi	Güneşli II Reg. ve HES	Trabzon	İşletmede	152,00	155,00	157,80	103,00	45,83	31,00	16,86	12,60	12,38	12,41	45,730
Solaklı Deresi	Çaykara Reg. ve HES	Trabzon	İnşaat Halinde	277,00	283,60	285,60	155,00	122,90	25,41	12,54	27,12	26,04	13,04	88,848
Karaçam Dere, Uzungöl Dere	Çambaşı Reg. ve HES	Trabzon	İnşaat Halinde	Ögene Reg.: 574 Çambaşı Reg.: 578	Ögene Reg.: 584.5 Çambaşı Reg.: 582.5	Ögene Reg.: 587.4 Çambaşı Reg.: 586.019	309,00	276,00	20,00	11,19	45,00		49,21	200,510
Solaklı Deresi	Ballıca Reg. ve HES	Trabzon	İnşaata Başlayabilir	99,00	103,00	102,50	60,00	40,62	39,00	18,16	13,75		4,35	44,945
Şerah Deresi	Uzungöl II Reg. ve HES	Trabzon	İnşaata Başlayabilir	670,00	674,00		587,00	87,00	12,13		9,00		9,26	32,882
Ögene Deresi	Balkodu II Reg. ve HES	Trabzon	İnşaata Başlayabilir	1737,50	1738,82	1740,73	1123,80	610,82	1,04	0,50	6,69	6,43		
Dumlu Dere, Büyük Dere	Derebaşı HES	Trabzon	İnşaata Başlayabilir	1703-1991	1706-1995	1707.89-1996.6	1227,00	479,00	3,20		13,42		6,83	35,950
Büyük Dere	ATM I Reg. ve HES	Trabzon	İnşaata Başlayabilir	1206,00	1220,00	1221,25	960,00	253,60	5,50	1,69	11,85		3,49	27,826
Balkodu Dere, Ögene Dere	Esentepe Reg. ve HES	Trabzon	İnşaata Başlayabilir	951.20-941	955-951	954-950	766,50	183,50	10,00	4,35	16,20		8,08	49,860
Haldizen Deresi	Uzungöl I Reg. ve HES	Trabzon	SKHA yapılmış	962,00	963,25	964,30	685,00	270,96	12,00	4,72	28,21		12,70	80,479
Eğri Dere	Şirin Reg. ve HES	Trabzon	SKHA yapılmış	737,00	742,00		370,00	372,00	2,00	0,63	6,24		2,50	16,450

Kozno Dere	Yeşilalan Reg. ve HES	Trabzon	SKHA yapılmış	750,00	755,00	758,00	400,00	355,00	0,40	0,24	1,19		0,00	5,110
Balkodu Dere	Volkan Reg. ve HES	Trabzon	SKHA yapılmış	994,00	999,00		960,00	38,76	5,50	2,26	1,84		0,78	5,612
Balkodu Dere	Çınar Reg. ve HES	Trabzon	SKHA yapılmış	1796,00	1800,00	1800,00	1325,00	470,30	2,50	1,02	9,34		2,85	30,090
Akköse Dere	Kutlu Reg. ve HES	Trabzon	SKHA yapılmış	700,00	705,00	706,40	220,00	485,00	0,80	0,42	3,24		10,98	14,500
Bölümlü Dere	Solaklı Reg. ve HES	Trabzon	Fizibilite aşamasında	203,30	204,00	205,00	105,00	97,23	1,80	0,74	1,54		0,39	4,480
Bölümlü Dere	Nursu Reg. ve HES	Trabzon	Fizibilite aşamasında	690-690-394	695-695-399	695-695-399	400-300	295-99	1.29-2.23	0.28-0.394-1.06	3.16-1.69		3.55-1.86	12.50-6.65
Holo Dere	Holo Reg. ve HES	Trabzon	Fizibilite aşamasında	290,00	305,00	305,62	210,00	95,00	2,80	1,30	2,15		0,00	7,300
Yeşilalan Deresi	Derin Reg. ve HES	Trabzon	Fizibilite aşamasında	360,00	365,00	367,10	285,00	80,00	2,80	0,97	1,95		0,00	5,120
Maltepe dere	Maltepe Reg. ve HES	Trabzon	Fizibilite aşamasında	897,00	899,02	900,00	390,00	507,56	1,30	0,34	5,19		0,00	10,377
Derniyoz Dere	Yeşilçamlık Reg. ve HES	Trabzon	Fizibilite aşamasında	1000,00	1004,25	1005,00	450,00	555,00	0,10	0,06	0,48		0,75	2,057
Hadi Deresi	Hadi Reg. ve HES	Trabzon	Fizibilite aşamasında	1698,89	1699,59	1700,00	910,00	788,49	0,60	0,23	3,78	3,66	0,62	9,720
Karaçam Dere	Ataköy HES	Trabzon	Fizibilite aşamasında	648,50	652,00		585,20	66,00		4,39	5,00		3,81	19,200
Kavlatan Dere	Meşe Reg. ve HES	Trabzon	Fizibilite aşamasında	1997,00	2002,00	2002,71	1747,00	250,00	0,35		0,75		0,00	1,846
Alifostal Dere	Kurtali Reg. ve HES	Trabzon	Fizibilite aşamasında	1950,00	1952,00	1952,00	1147,50	800,00	0,25	0,09	1,54		0,90	4,240
Kuzugölü D., Kanlı Dere, Şekersu Deresi	Demirkapı Reg. ve HES	Trabzon	Fizibilite aşamasında	2139-2137-2137	2140.9-2139.1-2140	2141.46-2139.66-2140.75		415,00	2,00	0,59	6,62		1,76	17,255
Siron Deresi	Güven Reg. ve HES	Trabzon	Fizibilite aşamasında	1300-1300	1305-1303		750,00	503,00	0,90	0,29	0,17		1,43	9,690
Demirkapı Deresi	Kısacık Reg. ve HES	Trabzon	Fizibilite aşamasında	1687,00	1690,00	1691,07	1325,00	365,00	4,70	1,58	14,01		5,77	39,559
Demirkapı Deresi	Kayalar Reg. ve HES	Trabzon	Ön rapor aşamasında											

2.1.4.3.2. Göller

"Bilindiği gibi; içme ve kullanma suyunu gereksiniminin karşılanması, enerji elde edilmesi, balıkçılık, avcılık, turizm, ulaşım ve eğlence gibi çeşitli alanlarda insanlığın yararlanmasına açık olan göller, kara kütleleri üzerindeki çukur yerleri veya çanakları doldurmuş bulunan su kütleleridir" (Hoşgören, 1996). Bataklıklarla birlikte durgun su sistemlerini meydana getiren göller yüzölçümleri bakımından farklı oldukları gibi havza büyüklükleri, yer aldıkları çanakların kökeni, şekilleri, kıyı çizgilerinin uzunlukları, derinlikleri, yükseltileri ve sularının fiziksel-kimyasal özellikleri bakımından birbirinden farklı özelliklere sahiptir (Hoşgören, 2015).

Solaklı Havzası'nda gerek morfometrik özellikler gerekse oluşum özellikleri bakımından birbirinden farklı özelliklere sahip göller bulunur. Birbirinden farklı özellikteki bu göller rekreasyonel faaliyetler ve turizm açısından büyük öneme sahiptir. Solaklı Havzası'nda yer alan göllerin çanakların oluşum şekilleri dikkate alınarak sınıflandırdığımızda iki tip göl karşımıza çıkar; 1.Yerlikaya Gölleri 2. Set Gölleri.

Yerlikaya Gölleri: Tektonik hareketler, volkanizma, karstlaşma ve diğer erozyon etkenleri tarafından oluşturulan çanakların suyla dolması sonucu meydana gelen göllere "yerlikaya gölleri" denir. Bu göller, tektonik göller, karstik göller, krater gölleri, buzul erozyonuyla oluşan göller ve meteorit etkisiyle oluşan göller gibi alt gruplara ayrılabilirler (Hoşgören, 2015).

Solaklı Havzası'nda yerlikaya gölleri, buzul erozyonu etkisiyle oluşmuş göller olarak yaygın olarak bulunur. Türkiye'nin coğrafi konumu ve topoğrafik özellikleri nedeniyle Pleistosen döneminde buzulların etkisi altında kalmıştır (Geçen ve diğerleri, 2018). Bu dönemde aktif buzullaşmanın yaşandığı bölgelerden biri de araştırma sahasını içeren Doğu Karadeniz Dağları'dır. Bu bölgelerde, Pleistosen döneminde meydana gelen çeşitli buzul şekilleri bulunur, bu dağlar Pleistosen döneminde aktif buzullaşmanın etkisindeydi (Geçen ve diğerleri, 2018; Gürgen, 2006; Çiner, 2003).

Pleistosen döneminde buzullaşmanın etkisi altında kalan Soğanlı Dağları, buzul sirkleri, buzul vadileri ve morenler gibi çeşitli buzul şekilleri ile karakterize edilen önemli buzullaşma alanlarından biridir (Harita 3). Pleistosen döneminde buzul erozyonu sonucunda Soğanlı Dağları'nda farklı büyüklükte sirk gölleri oluşmuştur. Bu göller arasında Kara Göl, Balık Göl, Aygır Gölü, Sarı Göl, Pirömer Gölü ve Buzlu Göl bulunur. Bu göllerin morfometrik özellikleri farklıdır (Tablo 13), ancak hepsinin ortak özelliği 2500 metrenin üzerinde yüksek rakımlarda yer almalarıdır.

Bölgedeki bu buzul sirkleri olarak da bilinen Yedi göller, Trabzon'un Çaykara ilçesinde önemli turistik bölgelerden biridir. Önceden ulaşım zorluğu nedeniyle birçok araç bu göllere ulaşamazdı (Fotoğraf 10). Ancak Trabzon Büyükşehir Belediyesi ve Çaykara Belediyesi'nin yol genişletme, bakım, onarım, asfaltlama ve betonlama çalışmaları sayesinde artık bu göllere ulaşım oldukça kolaylaşmıştır. Bölgeye yerli turistlerin yanı sıra özellikle Arap turistlerin ilgisi oldukça yüksektir. Haldizen (Demirkapı) yaylasında, son zamanlarda kırsal kalkınmayı destekleyen otellerin inşa edilmesi konaklama ihtiyacını büyük ölçüde karşılamaktadır (Fotoğraf 11). Kıyı bölgelerinin sıcak ve nemli ikliminden farklı olarak, bu bölge serin bir iklim sunmaktadır. Yaz aylarında doğa severler tarafından göllere trekking (yürüyüş) etkinlikleri düzenlenmektedir. Diğer göllere göre daha kolay erişim sağlandığı Balıklı Göl ve Aygır Göl gibi göller, yemek yiyebileceğiniz ve çay içebileceğiniz dinlenme alanlarına sahiptir.

Tablo 13. Araştırma sahasında yer alan buzul göllerinin morfometrik özellikleri

Göl Adı	*Havza*	*Kordinat*	*R*	*A*	Z_m	*l*	*b*	b_{ort}	*L*	D_L	Z_r
Aygır G.	Solaklı H.	40°31'39" N	2710	4.08	13.00	309.4	178.5	131.82	821.1	1.15	5.70
Balık G.	Solaklı H.	40°31'54" N	2570	4.26	4.50	314.2	166.6	135.66	833.0	1.14	1.93
Pirmömer G	Solaklı H.	40°31'54" N	2870	1,32	16.50	229.8	103.4	57.45	574.5	1.41	12.72
Buzlu G.	Solaklı H.	40°31'58" N	3040	1.98	13.80	218.3	126.4	90.71	586.0	1.17	8.69
Sarı G.	Solaklı H.	40°31'15" N	2880	1.46	5.20	173.3	146.6	84.08	493.2	1.15	3.82
Karagöl	Solaklı H.	40°31'30"N	2800	4.70	24.90	288.5	244.2	163.05	841.2	1.09	10.17

R. Rakım (m). A: Yüzey Alanı (ha). Zm: Maksimum derinlik (m). l: Maksimum uzunluk (m). b: Maksimum genişlik (m). bort: Ortalama genişlik (m). L: Kıyı çizgisi uzunluğu (m). DL: Kıyı çizgisi gelişimi. Zr: Nispi derinlik (%) R. Altitude (m). A: Surface Area (ha). Zm: Maximum depth (m). l: Maximum length (m). b: Maximum width (m). bort: Mean width (m). L: Shoreline length (m). DL :Shoreline development. Zr: Relative depth **Kaynak:** Sarı, H ve dig, 2015

Foto 10. Çaykaraya bağlı haldizen yaylasında Soğanlı dağlarının eteklerinde buzul göllerinin başlıcaları. Buzul gölleri son zamanlarda önemli turizm alanlarından biri haline gelmiştir.

Set Gölleri: "Bunlar çeşitli kökendeki doğal setlerin, vadi, tektonik oluk veya koy gibi çevrelerine göre alçak olan yerlerin ön kısımlarını tıkamaları sonucu oluşan göllerdir. Setin gerisinde suların toplanmasıyla meydana gelirler. Doğal setlerin yanı sıra insanlar tarafından yapılan yapay setler yani barajlar da vardır. Bunların gerisinde toplanan sular ise yapay set göllerini (Baraj) oluştururlar" (Hoşgören, 2015 b).

Foto 11. Haldizen (Demirkapı) yaylasında kırsal kalkınma destekli yapılan oteller

Uzungöl (Şerah Gölü): Uzungöl, Trabzon'un Çaykara ilçesine bağlı Uzungöl mahallesinde yer alan bir göldür ve Solaklı Vadisi'nin güneydoğusunda bulunur. Karadeniz kıyısından, yani Of'tan 44 km içeride konumlanmıştır. Bu mahallenin eski adı "Şerah"tır ve 2020 nüfus sayımına göre mahallenin nüfusu 1461 kişidir. Nüfus, kış aylarında azalmakta, turizm ve yaylacılık gibi faaliyetlere bağlı olarak yaz aylarında artmaktadır. Özellikle arap turistler tarafından rağbet görmektedir.

Uzungöl, deniz seviyesinden 1130 m yükseklikte bulunan ve yaklaşık 743 m uzunluğunda, 269-266 m genişliğinde bir göldür. Karadeniz kıyısındaki dağlar boyunca dikine uzanan vadilerin aksine, Uzungöl Haldizen Deresi'nin (Demirkapı) erozyon etkisini henüz yeterince hissetmediği görece düz bir alanın içinde yer almaktadır (Akkan ve diğerleri, 1993).

Gölün oluşumunu ve bugünkü görünümünü almasını etkileyen iki ana faktör vardır. İlk faktör, gölün kuzey yamacında eski bir heyelanın kopması ve gölün oluştuğu alana malzeme biriktirmesiyle Uzungöl havzasının oluşmasıdır. Ancak gölün bugünkü formunu almasında daha belirgin bir etken, Haldizen Deresi'nin güney yamacında oluşan birikinti konisi olmuştur (Akkan ve diğerleri, 1993). Bu iki olgu, Uzungöl'ün heyelan ve ardından birikinti konisi tarafından oluşturulmuş doğal bir set gölü olduğunu göstermektedir.

Demirkapı Deresi, Uzungöl çanağına büyük miktarda malzeme taşımakta ve göl çanağının daralmasına neden olmaktadır. Uzungöl'ün gerisinde Demirkapı Deresi üzerinde inşa edilen küçük bir baraj, bu durumu kısmen yavaşlatmıştır, ancak dik yamaçlardan yağmurlarla taşınan sedimanlar göl çanağını doldurmaya devam etmektedir.

Gölün alanı yaklaşık 144,686 metrekare kadardır. Uzunluğu yaklaşık 743 metreyken genişliği 266-269 metreye kadar değişmektedir (Foto 12). Göl, Demirkapı Deresi'nin suları ile beslenmektedir. Gölün doğal eşiğini aşan sular, Haldizen Deresi olarak adlandırılır ve Solaklı Deresi'ne ulaşır. Bu akışlarla göl suyu sürekli olarak yenilendiğinden, Uzungöl'ün suları son derece berrak, temiz ve tatlıdır. Ayrıca, yüksek bir bölgede bulunmasından dolayı suları serin olan bu göl, alabalık yaşamı için uygun bir ortam sunar (Akkan ve diğerleri, 1993).

Uzungöl, yüksek turistik potansiyele sahip bir köy, yayla ve eğlence bölgesidir. Bölgedeki turistik pansiyonları, otelleri, lokantaları ve doğal güzelliği (Foto 12) ile nadir bulunan bir gezi ve konaklama yeridir. Çevrede dağ yürüyüşü, kuş gözlemi, botanik turları gibi farklı aktivitelerin yanı sıra daha yüksek rakımlardaki göllere veya yakındaki Şekersu, Demirkapı, Yaylaönü gibi diğer yaylalara geziler düzenleme fırsatı da bulunmaktadır (Dönmez, 2013). Özellikle yaz aylarında yerli ve yabancı turistler ile doğaseverler, Uzungöl'ü ziyaret etmektedir.

Foto 12. Araştırma sahasının güneydoğusunda yeralan Uzungöl

2.1.4.4. Havzanın Hidrografik Özelliklerine Sayısal Yaklaşım

Akarsulara ait sayısal değerler, havzanın jeomorfolojik evrimini açıklamada yönlendirici ve belirleyicidir (Bayraktar, C. 2006). Bu tür özelliklerin bilinmesi, jeomorfolojik evrimin açıklanmasına katkı sağlamanın yanı sıra sel ve taşkın olaylarının da anlaşılmasına yardımcı olacaktır.

Morfometrik özelliklerin sel ve taşkınlar üzerindeki etkisi ayrıntılı olarak sel-taşkın konusu içinde ele alınmıştır. Ancak havzanın hidrografik özelliklerinin anlaşılması ve yukarıda bahsedildiği gibi jeomorfolojik evrime katkı sağlamak için bazı morfometrik özelliklerin bilinmesi önemlidir. Bu nedenle, bu konu altında bazı morfometrik özellikler ele alınmıştır.

2.1.4.4.1. Akış Yönü Belirleme

Akış yönleri, akarsuların ve materyallerin taşınım hareketlerinin hesaplanmasında kullanılır (Tarboton, 1997). Sayısal yükseklik modeli yatay ve dikey eksende koordinatlara sahip olurken, her bir grid hücresi belirli bir yükseltiye sahiptir ve kendi değerinden daha düşük değere doğru bir akış olur.

Solaklı Çayı havza alanına ilişkin Sayısal Arazi Modeli (DEM) kullanılarak, Spatial Analyst Tools modülündeki hidroloji uygulaması altında "Flow Direction" ile akış yönü belirleme haritası oluşturulmuştur (Harita 13). Doğal akış yönlerini hesaplamak için D8 metodu kullanılmıştır. Buna göre piksellerin sahip olduğu yükseklik değerine göre, 3x3 komşuluk ilişkisindeki alanda, merkezdeki piksel suyun kendisi olarak kabul edilir ve eğimin en fazla olduğu yöne doğru akış gerçekleşir. Bu nedenle piksellere akış yönü kodları atanmıştır (Tarboton ve ark., 1991) (Şekil 15).

Şekil 15'te havzada suyun akışa geçeceği yüksek alanlara düşük değer, akışın toplanacağı çukur alanlara yüksek değerler verilerek drenaj ağı oluşturulmuş ve böylece DEM verisindeki herhangi bir noktaya düşen su damlasının hangi yöne doğru akışa geçeceği belirlenmiştir. Suyun toplandığı alan ve akışın yönü, taşkın olasılığının yüksek olduğu alanlarla ilişkilendirilir.

Şekil 15. D8 metodunun akış yönleri, kodları ve örneklem

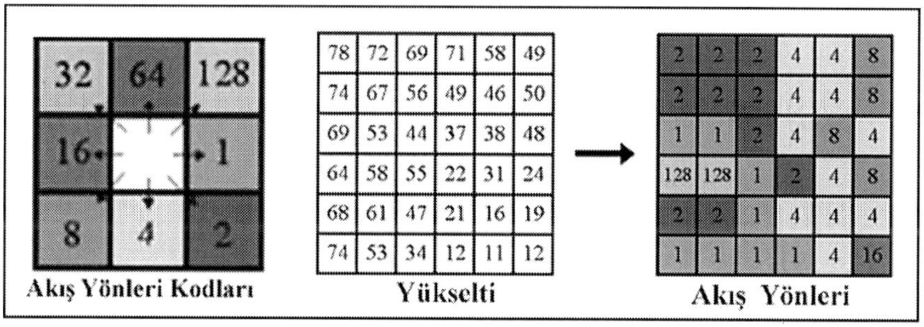

Kaynak: Özdemir, H. 2012)

Harita 13. Araştırma sahasının d8 metoduna göre akış yönleri

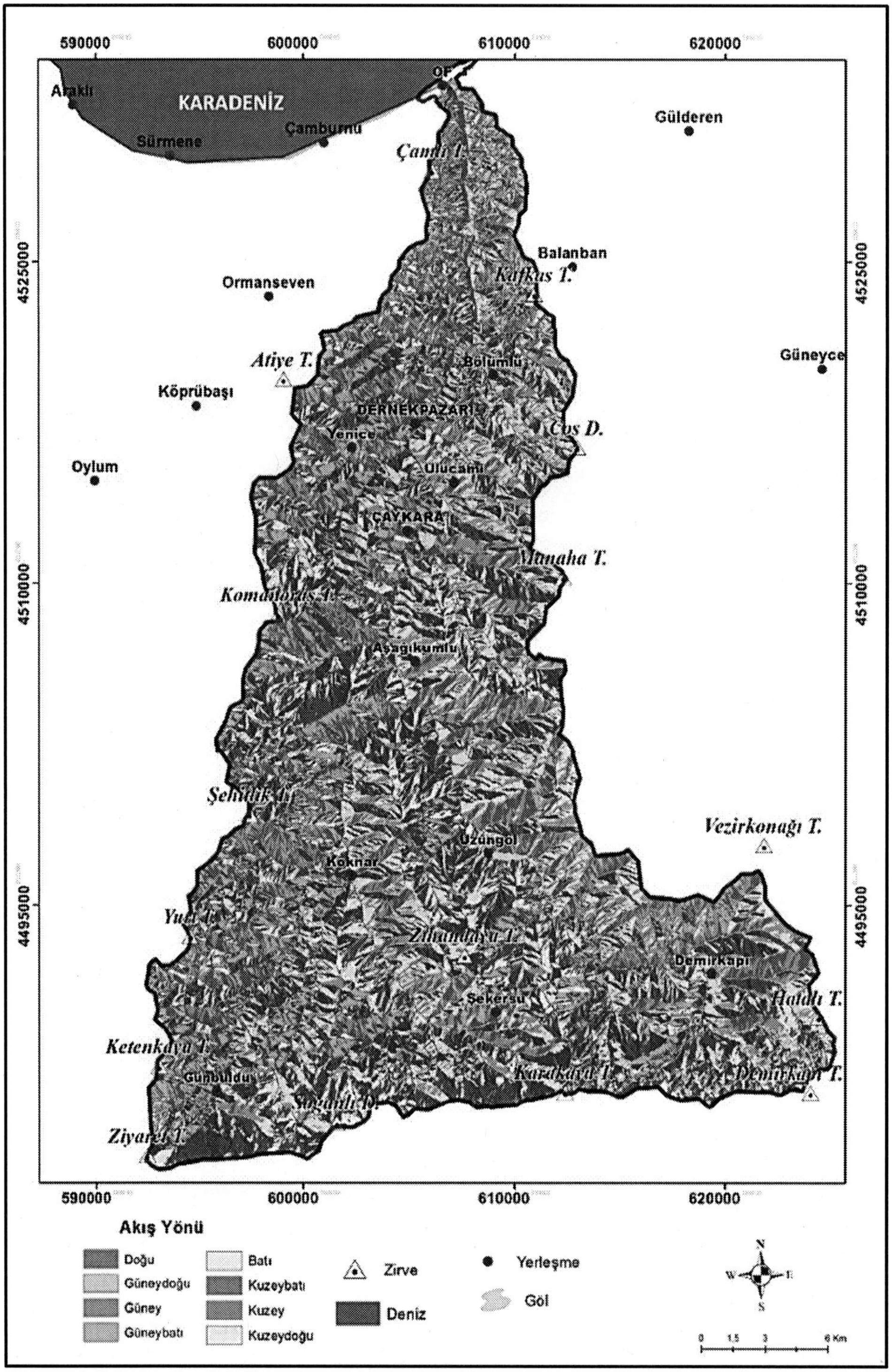

2.1.4.4.2. Akarsu Çatallanma Oranı (Rb)

Solaklı Çayı, çeşitli derecelerden gelen kollarıyla bir drenaj ağı sistemi oluşturur. Bu ağ içerisinde akarsular kollara ayrılır ve çatallanma özelliği gösterir. Çatallanma derecesinde birinci dereceden kollar, kaynaktan doğar ve bu kolların birleşmesiyle derece değeri artar (Ödeker ve Türkoğlu, 2020) (Harita 14). Akarsu çatallanma oranının hesaplanması, havzanın yükselti ve parçalanma şiddetinin hangi boyutta olduğunu göstermesi açısından önemlidir (Horton, 290).

Strahler yöntemine göre, belirli bir derecenin havzadaki toplam sayısının bir üst derecenin havzadaki toplam sayısına oranı, Rb değerini oluşturur. Rb değeri hesaplanırken aşağıdaki formül kullanılır:

$$Rb = \frac{Nu}{\mathbf{Nu+1}}$$

Nu: Dizin Sayısı

Nu+1: Bir Sonraki Dizin Sayısıdır.

Havzadaki her bir dizinin Rb değeri hesaplandıktan sonra bu dizinlerin ortalaması alınır ve Rb ortalama değeri bulunur (Özdemir, H.2011). Rb ortalamaları bize havzanın akım özellikleri ve jeolojik yapısı hakkında bilgi verir. Çatallanma oranının düşük olması daha yüksek akımları, daha yüksek Rb değerleri daha düşük fakat daha düzenli akımı ifade eder (Özdemir, H.2011).

Tablo 14. Solaklı Çayı, Karaçam ve Uzungöl derelerinin çatallanma (Rb) oranları

Solaklı Çayı							Rb_{Ort}
	Nu1	*Nu2*	*Nu3*	*Nu4*	*Nu5*	*Nu6*	
Rb=	1236	379	106	9	2	1	4,59
	R1	R2	R3	R4	R5		
	3,26	3,57	9,63	4,5	2		
Karaçam Deresi							
	Nu1	*Nu2*	*Nu3*	*Nu4*	*Nu5*		
Rb=	405	87	16	2	1		5,02
	R1	*R2*	*R3*	*R4*	*R5*		
	4,65	5,43	8	2			
Uzungöl Deresi							
	Nu1	*Nu2*	*Nu3*	*Nu4*	*Nu5*		
Rb=	359	82	18	4	1		4,35
	R1	*R2*	*R3*	*R4*	*R5*		
	4,37	4,55	4,5	4			

Horton'un akarsu dizin numarasına göre ideal bir havzanın Rb değeri 3 olmalıdır (Horton, 1945 Özdemir, 2011). Çatallanma oranı bize akımın sel ve taşkın karakterini yansıtır. Çatallanma oranının yüksek olması sel karakterli akımı yansıtırken düşük çatallanma oranına sahip akarsular taşkın karakterini yansıtmaktadır.

Harita 14. Araştırma sahasının strahler metoduna göre akarsu derecelendirmesi

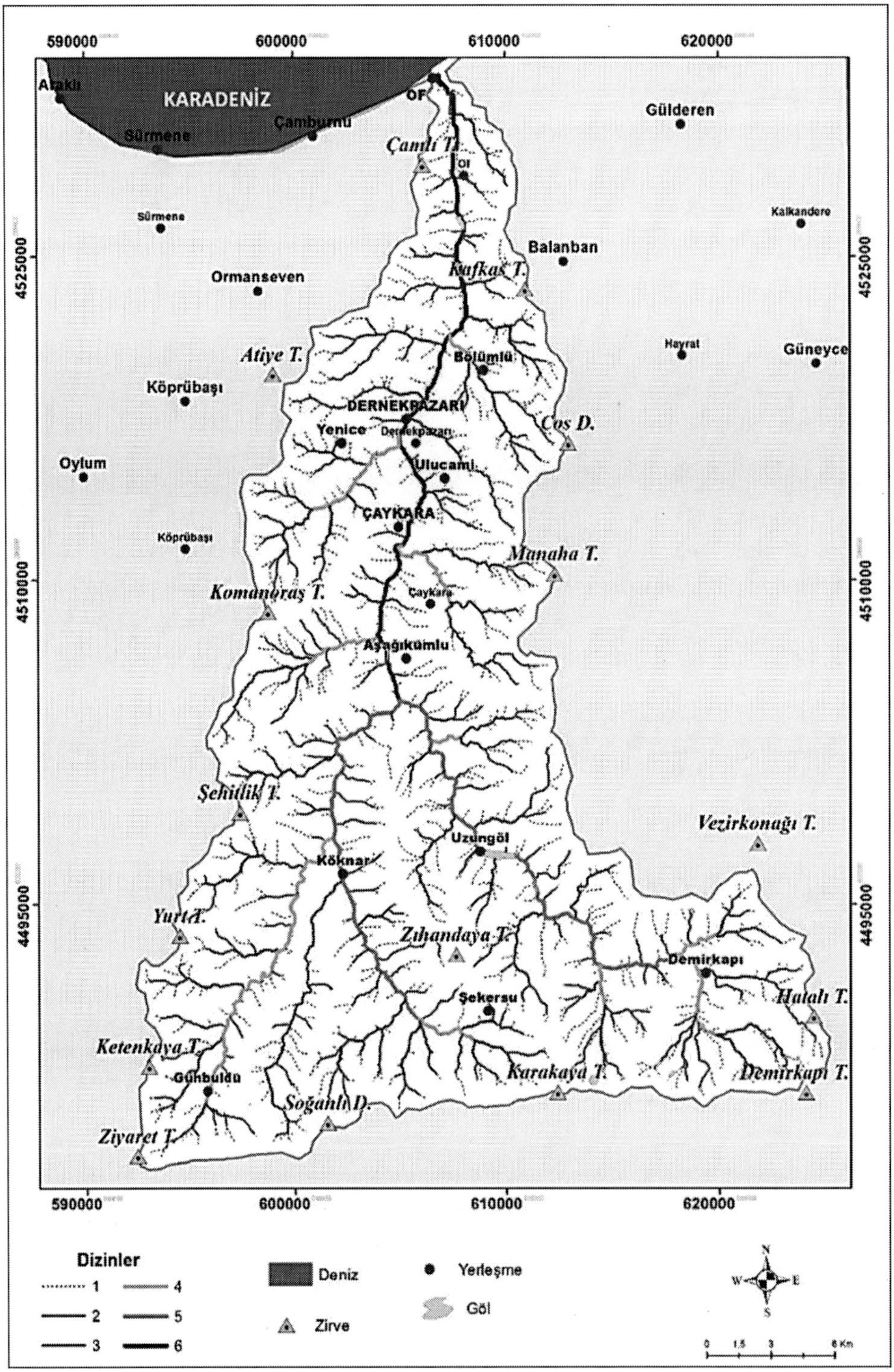

Solaklı Çayı, Karaçam ve Uzungöl Deresi'nin çatallanma oranlarına baktığımızda yüksek değerler elde edildiği görülmektedir. Solaklı Çayı (4,59), Karaçam (5,02), Uzungöl (4,35) değerlere sahiptir (Tablo 14). Bu değerler, havzada düzenli bir akımı ifade etmektedir. Ayrıca yüksek Rb değerleri, havzada sel karakterli akımın olduğunu gösterir. Çatallanmanın düşük olduğu altıncı derece kolda daha çok taşkınlar görülmektedir.

2.1.4.4.3. Akarsu Sıklığı (Fs):

Havza içindeki toplam akarsu dizin sayısının havza alanına bölünmesiyle elde edilir (Özdemir, 2011). Akarsuyun sıklık (Fs) değeri, havzanın bitki örtüsü, relief ve jeolojik özellikleri hakkında bilgi verir. Havzalardaki yüksek Fs değerleri, geçirgen olmayan zemin özellikleri, seyrek bitki örtüsü ve yüksek relief özelliklerine sahip havzaları gösterirken, düşük Fs değerlerine sahip havzalar ise geçirgen jeolojik özellikleri ve alçak relief özelliklerini yansıtır (Özdemir, 2011; Reddy ve ark. 2004).

Akarsu Sıklığı aşağıdaki formülle bulunur.

$$Fs = \frac{\mathbf{Nu}}{\mathbf{A}}$$

Nu: Dizin Sayısı

A: Alan

Solaklı Çayının akarsu sıklık oranı 2,28, karaçam deresinin 2,05 Uzungöl'ün ise 2,13 olarak hesaplanmıştır (Tablo 14). Bu değer havzada sık bitki örtüsü ve geçirgen olan jeolojik özellikleri yansıtır.

2.1.4.4.4. Akarsu Boyuna Profili.

Araştırma sahasında Solaklı Çayı, Uzungöl-Demirkapı Dereleri ve Karaçam Deresi olmak üzere üç farklı profil alınmıştır. Solaklı Çayı'nın ana akarsu uzunluğu yaklaşık 33 km'dir (Şekil 16). Uzungöl ve Karaçam Deresi'nin uzunluğu ise Uzungöl için 36 km ve Karaçam Deresi için 26,5 km'dir (Şekil 16). Bu derelerin kuş uçuşu uzaklığına bakıldığında, Solaklı Çayı'nın ana kol uzaklığı 26 km, Uzungöl için 21 km ve Karaçam Deresi için yaklaşık 18 km'dir. Gerçek ve kuş uçuşu uzaklığı arasındaki fark, eğim, yükselti ve topoğrafik özelliklerden kaynaklanmaktadır. Solaklı Havzası deniz seviyesinden başlayıp 3000 m'nin üzerine çıkan bir yükseltiye sahiptir ve bu belirgin topoğrafik farklılıklar gerçek ve kuş uçuşu uzaklığı arasındaki farka neden olmaktadır.

Profil şekillerine bakıldığında (Şekil 16), başlangıç ve bitiş arasında kısa mesafelerde hızlı bir yükselme olduğu görülmektedir, bu durum tektonik yükselme işaretidir. Boyuna profillerde (Şekil 16), vadilerde yer yer eğim kırıklıklarının olduğu görülmektedir. Bu tür eğim kırıklıkları, tektonik yükselme ve yapısal özelliklerin kontrolünde meydana gelir.

Boyuna profiller, akarsuların akım özellikleri hakkında da bilgi verir. Kısa mesafelerde hızlı bir yükselime sahip vadilerdeki akarsular daha hızlı bir akım özelliğine sahiptir. Bu durum sel riskini artırabilir. Solaklı Çayı vadisi yaklaşık 15 km boyunca zemin seviyesine yaklaşmış ve daha düz bir profil sergilemektedir, bu da burada daha fazla taşkın riski olduğunu gösterirken, yukarı havzaların (Karaçam, Uzungöl) daha genç olduğu ve tektonik yükselme etkisinin bulunduğu bu havzalarda daha fazla sel riski olduğunu gösterir. Bu durum, Solaklı Çayı Havzası'na batıdan doğuya akan yan dereler olan Ahamlı, İslamlı, Holo, Maltepe ve doğudan batıya akan yan dereler olan Ağrandöz, Bölümlü, Akköse, Yeşilalan (Harita 12) için de geçerlidir. Bu yan kolların sel oluşturma potansiyeli oldukça yüksektir.

Şekil 16. Araştırma sahası bazı akarsuların boyuna profiller

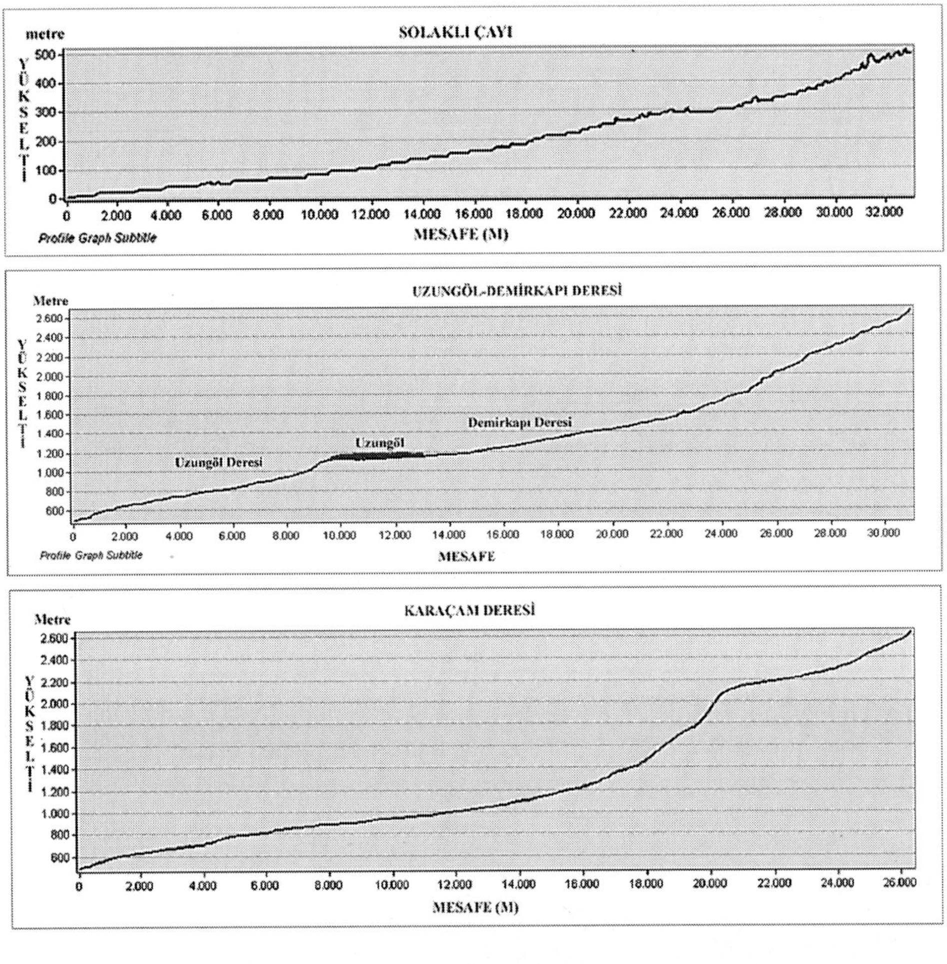

2.1.5. Toprak Özellikleri

Araştırma sahasının toprak karakterinin belirlenmesinde fiziksel faktörler (iklim, zaman, ana materyal, topografya ve bitki örtüsü) ve insan etkisi (antropojenik etki) etkili olmuştur. Vadi içindeki topraklarda, ana kayalardaki çeşitliliğe uygun olarak renk, yapı ve derinlik bakımından farklılık gözlenir. Vadideki toprakların büyük bir bölümü sarı-kırmızı podsolik ve gri-kahverengi podsolik topraklardan oluşur (Harita 15).

Solaklı Çayı Havzası'nda yıl boyunca görülen yoğun yağışlar, kıyıdan itibaren 3000 m'nin üzerine kadar yükselen engebeli topografyası ve litolojik yapının volkanik kayaçlardan oluşması, farklı toprak gruplarının oluşmasına neden olmuştur.

Akarsu vadilerinde ve ağız kısımlarında alüvyal topraklar bulunmaktadır. Yüksek kesimlerde kahverengi orman toprakları ve yüksek dağ-çayır toprakları hâkimdir. Bu kesimler, yaylalar kuşağını oluşturur ve bu topraklar üzerinde alpin çayırlar geniş alanlar kaplar. Bu bölgelerde, küçük ve büyükbaş hayvancılık yanı sıra arıcılık faaliyetleri de yaygın olarak yapılmaktadır.

Alüvyal Topraklar: Solaklı Çayı'nın taşıdığı malzemeler eğim değerlerinin malzemeyi taşıyamayacak kadar düşdüğü ağız (mansap) kısmı ile biraz gerisinde taşkın yatağında görülen toprak grubudur. Daha çok Solaklı Çayı'nın denize döküldüğü ağız kısmında rastlanan bu topraklar azda olsa Karaçam Deresi'nde eğimin azaldığı alanlarda da görülmektedir (Işık 2017). Bu topraklar üzerinde azda olsa bitkisel üretim yapılmaktadır.

Gri-Kahverengi Topraklar: Solaklı Havzası'nda en yaygın bulunan toprak grubu, Sarı-Kırmızı podsolik, kahverengi orman ve yüksek dağ çayır topraklarıdır. Bu topraklar, çeşitli özellikleri bir araya getirir ve bu özellikler, bitki örtüsü ve coğrafi konumlarına bağlı olarak değişebilir.

Bu toprakların doğal bitki örtüsü, genellikle kışın yaprağını döken geniş yapraklı ormanlar ile iğne (ibreli) yapraklı ağaçlardan oluşur. Bu bitki örtüsü, bölgenin iklim ve toprak koşullarına uyum sağlar ve yerel ekosistemlerin bir parçasıdır. Ana kaya, bu toprakların oluşumunda önemli bir rol oynar. Üst kraterlerin yaşlı püskürük kütlesi, bu toprakların ana kayasını oluşturur. Ana kayanın bileşimi ve özellikleri, toprakların mineral içeriğini etkiler.

Bu toprakların üst katmanı genellikle koyu gri kahverengidir. Bu renk, toprakların içerdiği mineral ve organik madde miktarına bağlı olarak değişebilir. Killi tınlı ve kumlu-tınlı olan bu topraklar organik madde yönünden zengindir. Bu, bitki ve mikroorganizma faaliyetlerinin etkisiyle oluşur ve toprakların verimliliğini artırır.

Solaklı Havzası'ndaki bu topraklar, tarım, ormancılık ve diğer insan faaliyetleri için önemlidir. Toprak özellikleri, bitki yetiştirme ve diğer tarımsal işlemler için uygun koşullar sağlar. Aynı zamanda orman kaynaklarının yönetimi için de önemlidir. Bu toprak türlerinin anlaşılması, sürdürülebilir toprak kullanımı ve korunmasına katkı sağlar. Toprakların özellikleri, bitki yetiştirme teknikleri ve toprak erozyonu gibi çevresel sorunların ele alınmasında önemlidir. Bu nedenle, bu toprakların karakteristikleri ve özellikleri, bölge yöneticileri, çiftçiler ve doğa koruma uzmanları için önemli bir konudur.

Sarı-Kırmızı Podsolik Topraklar: Karadeniz kıyılarında yaygın olarak bulunan bu toprak grubu Doğu Karadeniz kıyı dağlarının 600 m. ye kadar olan yükseltilerinde, kırmızı sarı podzolümsü topraklar yayılış gösterir. Bu tip topraklar gerek yapraklarını döken ve gerekse iğne yapraklı orman örtüsü altında gelişmişlerdir. Bununla birlikte, soğuk ve nemli şartlar taşıyan bölgenin yüksek kesimlerinde yıllık yağış miktarının 1000 mm'nin üzerinde olan alanlarda yıllık ortalama sıcaklığın 8 ^{0}C altında yerlerde ise silis birikiminin yüksekliğiyle karakterize olan podzolleşme süreci daha etkindir (Arınç, 2011). Bol yağış üst tabakadaki kili yıkayarak alt toprak tabakasında kil birikmesine yol açmıştır. Kırmızı renk, içerdikleri demiroksitten kaynaklanmaktadır. Yağışlar ve sıcaklık koşulları zengin bitki örtüsünün oluşumuna elverişli olduğundan toprak yüzeyi sürekli olarak yeşil bir örtüyle kaplıdır. Yüksek asidik özellik gösteren (Özyazıcı, 2013) bu topraklar üzerinde yoğun olarak çay tarımı yapılmaktadır. Çay tarımı havzada temel geçim kaynaklarından biridir. Havzada çay tarımının yanında fındık, mısır, sebze ve meyve yetiştirilmektedir. Bu ürünler daha çok evin kendi ihtiyaçları için üretilmektedir.

Yüksek Dağ-çayır toprakları: Yüksek dağ-çayır toprakları 2000 m'lerden başlayan yaylalar bölgesinde ve Soğanlı Dağları'nın doruklarında yaygın olarak rastlanır. Yüksek kütlelerin üzerindeki aşınım yüzeyleri ve platolarda nemli çayırlardan oluşan otsu bitkilerin altında organik madde birikimi fazla, yüksek dağ çayır toprakları oluşmuştur (Harita 15). Karadeniz kıyı dağlarının yüksek kesimlerinde toprağın üzerini bazen bir keçe gibi örten organik madde, sıcaklığın düşük olmasından dolayı organik maddenin yeterince ayrışmayarak toprak üzerinde birikmesine neden olmuştur (Atalay 2013).

Orman üst sınırının üzerinde yer alan bu topraklar yıl içinde toprak oluşum süresinin kısa olması ve toprak oluşumu üzerinde iklimin elverişsizliği nedeniyle horizonlaşma görülmez. Çoğunlukla A-C horizonlarına sahip intrazonal topraklardır.

Harita 15. Araştırma sahasının toprak haritası

2.1.6. Bitki Örtüsü Özellikleri

Herhangi bir bölgede bitki örtüsünün büyümesini sürdürebilmesi ve çeşitlenmesi, çevresel faktörlere bağlıdır, bu faktörler arasında iklim, toprak, topoğrafya, biyotik (insan etkisi) faktörler yer alır (Atalay, 1994). Topografik koşullar ise bitki türlerini ve çeşitliliğini etkileyen önemli bir faktördür. Yeryüzü şekilleri, özellikle yükseklik, dağların doğrultusu, topografik eğim ve bitki türlerinin dağılımını ve toprak oluşumunu etkiler (Atalay, 1994; Atalay, 2002; Atalay, 2004). Düz araziler genellikle bitki örtüsü açısından sınırlıdır ve yalnızca birkaç bitki türüne ev sahipliği yapar. Diğer yandan engebeli araziler, farklı yaşam alanları yarattığı için bitki türleri açısından daha zengindir (Duran, 2013). Bu karşılıklı etkileşimler, doğal koşullar altında bir denge içinde bulunur ve bitki toplulukları, ekolojik sistemin bir parçasını oluşturur (Atalay, 1994).

Solaklı Havzası'nın bitki örtüsü, coğrafi konumu ve yükseklik gibi faktörlerle yakından ilişkilidir, bu nedenle bu özelliklerin daha ayrıntılı bir şekilde açıklanması gereklidir.

Solaklı Havzası, Karadeniz iklimine sahip bir bölgede bulunmaktadır. Bu iklim özelliği, yıl boyunca düzenli yağışlar ve yüksek nem seviyeleri ile karakterizedir. Bu durum, bitki örtüsünün zenginliğini ve çeşitliliğini destekler. Yaz aylarında yüksek yağış oranı diğer bölgelerden ayırır ve bu nedenle tipik bir yaz kuraklığı görülmez.

Bu bölge Türkiye'nin flora bölgelerinden biri olan Avrupa-Sibirya flora bölgesinin Kolşik bölümüne aittir. Kolşik bitki örtüsü, bu bölgeye özgüdür ve yıl boyunca bol yağış alan bölgelerde bulunur. Yıllık yağış miktarı genellikle 1000 milimetreyi aşar. Bu zengin su kaynakları, bitki örtüsünün çeşitliliğini ve verimliliğini destekler.

Bununla birlikte, Solaklı Havzası iç kesimlere doğru yükseldikçe iklim koşulları ve bitki örtüsü değişir. Sahil bölgelerinde, genellikle kolşik flora alt bölgesine ait olan büyük yapraklı ormanlar baskındır. Bu ormanlar, ağaçlarının büyük yapraklı ve geniş yapraklı olmasıyla tanınır.

Ancak daha yüksek rakımlara çıkıldıkça, hem büyük yapraklı hem de iğne yapraklı ağaç türleri bir arada görülür. İğne yapraklı ağaçlar, daha sert iklim koşullarına uyum sağlarlar ve bu bölgelerde hâkim hale gelirler. Orman sınırı aşıldığında, alpin çayırlar başlar. Bu bölgeler, yüksek rakımlı ve soğuk iklim koşullarına uygun bitki türlerini barındırır.

Araştırma sahasının doğal bitki örtüsü, yükseklikle ilişkilendirilen bu farklı bitki kuşaklarına sahiptir ve bitki türleri bu kuşaklar boyunca değişiklik gösterir. Bu, bölgenin ekosistemlerinin ve biyolojik çeşitliliğinin korunması ve sürdürüle-

Harita 16. Araştırma sahasının bitki örtüsü haritası

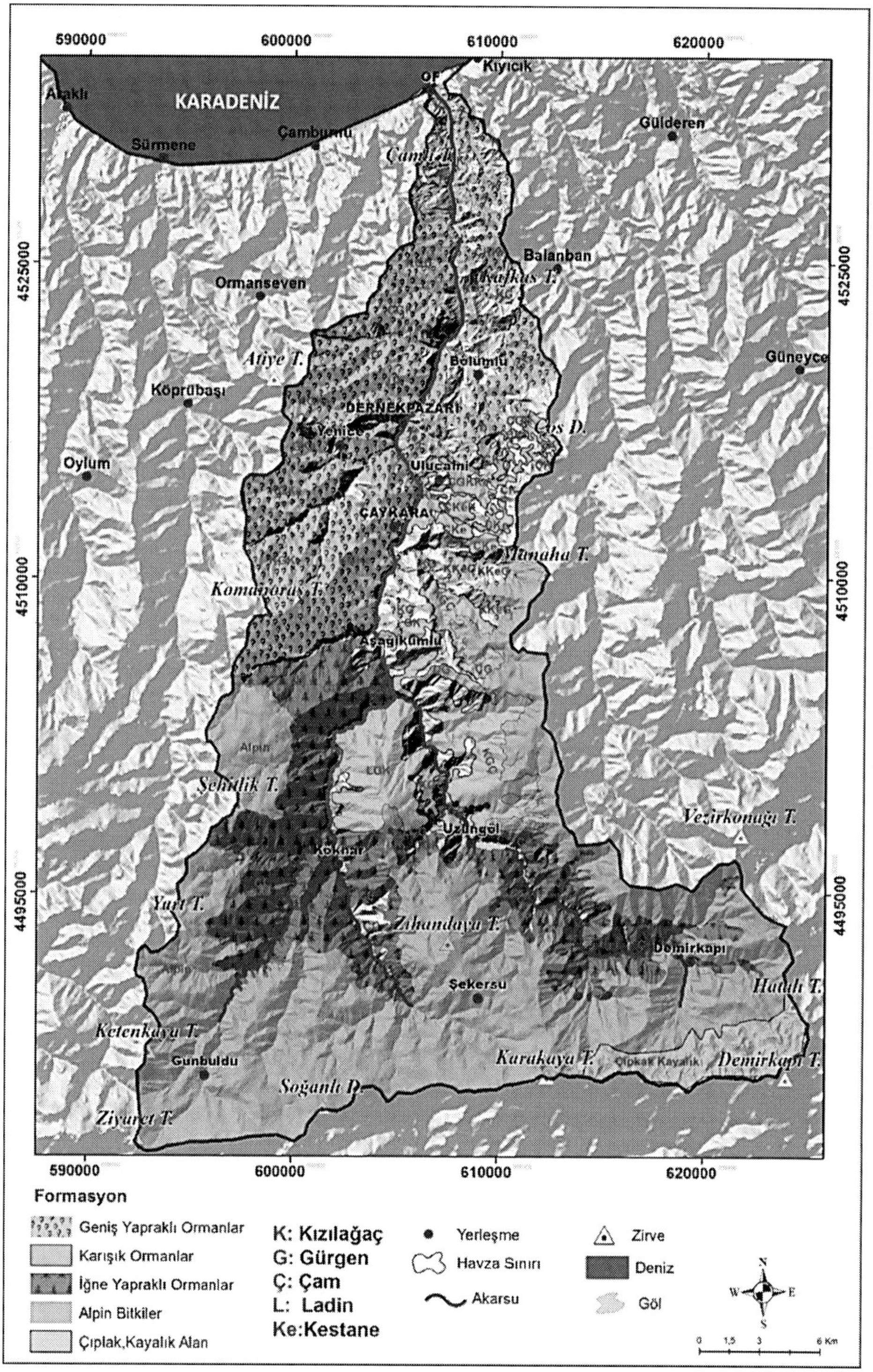

bilir kullanımının önemini vurgular. Ayrıca bu özellikler, sahanın tarım, ormancılık ve yaylacılık gibi faaliyetler için nasıl kullanılacağının da anlaşılmasına yardımcı olur. Sonuç olarak, Solaklı Havzası'nın bitki örtüsü, coğrafi ve iklimsel faktörlerle yakından ilişkilidir ve bu faktörlerin birleşimi, bu bölgedeki ekolojik çeşitliliğin anahtarıdır.

2.1.6.1. Geniş Yapraklı Orman

Orman formasyonu sahilden başlayıp 2200 m yükseltiye kadar çıkmaktadır. Bu ormanlar, iğne yapraklı ormanlar, kışın yaprağını döken geniş yapraklı ormanlar ve bunların karışımından oluşan karışık ormanlardan oluşur (Harita 16, Şekil 17). Ormanlar yükselti artışına bağlı olarak kuşaklar oluşturur. Kıyı kesiminde daha çok geniş yapraklı orman türleri hâkimken yükselti artışına bağlı olarak geniş yapraklı orman türlerinin arasına iğne yapraklı orman türleri girmeye başlar (Şekil 17). Kıyıdan itibaren 0-300 (500) m yükseltilere kadar Akdeniz bitki türlerinin sokulduğu Psöudomaki (Trabzon hurması, Akçaağaç, şimşir, karayemiş, defne, muşmula, ardıç, kocayemiş vb.) elemanları dağılış gösterirken kıyıya yakın yerlerden itibaren etek ormanları başlar.

Şekil 17. Araştırma alanının vejetasyon katları

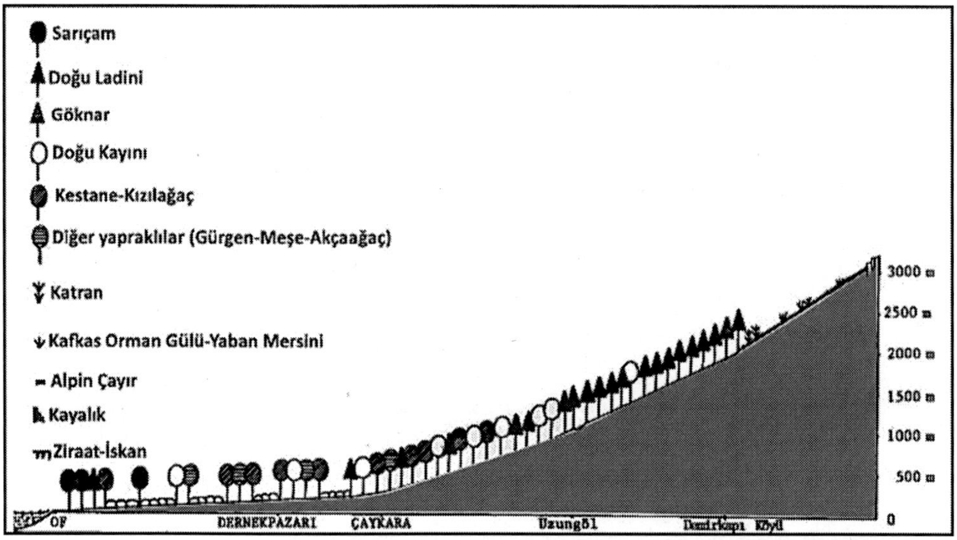

Kaynak: Terzioğlu, S. 1998'den değiştirilerek

Araştırma sahasının geniş yapraklı (yayvan yapraklı) ağaç türlerini, doğu kayını (*Fagus orientalis*), adi gürgen (*Carpinus betulus*), çınar yapraklı akçaağaç (*Acer platanoides*) Anadolu kestanesi (*Castanea sativa*), , Doğu Karadeniz akçaağacı (*Acer cappadocicum*), Istranca meşesi (*Quercus hartwissiana*), Doğu

Karadeniz meşesi (*Quercus pontica*), akçaağaç yapraklı üvez (*Sorbus îorminalis*), gürgen yapraklı kayacık (*Ostrya carpinifolia*), kuş üvezi (*Sorbus aucuparia*), titrek kavak (*Populus tremula*) gibi türler oluşturur (Harita 16). Bu kuşaktaki hâkim ağaç türü kızılağaçtır (*Alnus*). Diğer türler genellikle kızılağaç topluluklarının arasına girmiş türler olarak karşımıza çıkar.

Solaklı Çayı Havzası'nda, arazi kullanımının büyük bir bölümünü oluşturan orman alanları, çay tarımının lehine olacak şekilde azalmaktadır. Ormanların kesilip yerine çay tarımının yapılması havzada oldukça yaygındır (Fotoğraf 13-14). Ormanların yerini çay tarımının alması, havzada heyelanların tarım ve yerleşim alanlarında daha sık görülmesine neden olmaktadır.

Foto 13. Kıyıdan itibaren geniş yapraklı ağaç türleri yaygınlık gösterir. Çay tarımının yaygınlaşması orman alanlarının azalmasına neden olmuştur.

Foto 14. Kıyıdan itibaren başlayan ormanlar Karadeniz'in kuzeye bakan yamaçlarında daha sık ve gürdür. Çay tarımı bu ormanların azalmasına neden olmaktadır.

2.1.6.2. Karışık Ormanlar

Yükseltinin artışı ile bitki topluluğu ve türleri arasında yakın bir ilişki vardır. Deniz seviyesinden yükseldikçe yağış ve sıcaklık koşullarının değişmesi bitkilerin yetişme koşulları ve vejetasyon sürelerini etkilemektedir.

1200-1600 m'ler arasında geniş yapraklı ve iğne yapraklı ağaçlardan oluşan ormanlar başlar (Harita 16, Foto 15). Kestane (*castenea*), meşe (*Quercus*), Akçaağaç (*acer*), kızılağaç (*Alnus*) gibi kışın yapraklarını döken türler arasına karaçam (*pinus nigra*), sarıcam (*Pinus sylvestris*), ladin (*picea*), göknar (*Abies*) iğne yapraklı türler girmeye başlar. Sıcaklığın geniş yapraklı türlerin yayılmasına uygun olmadığı yükselti basamağında iğne yapraklı türler tamamen hâkim duruma geçer.

Foto 15. Havzada yükseltinin artışı ve sıcaklığın azalmasına bağlı olarak geniş yapraklı türler arasına iğne yapraklı ağaç türleri girer.

2.1.6.3. İğne Yapraklı Orman

1200-1600 m'ler arasında görülen karışık ormanların yerini bu yükselti basamağından sonra yerini iğne yapraklı ağaç türlerine bırakır ve orman üst sınırı olan yaklaşık 2200 m'lere kadar bu türler hâkim duruma geçer. Yaygın türleri karaçam (pinus nigra), sarıcam (*Pinus sylvestris*), Ladin (*Picea*), Göknar (*Abies*) gibi ibreli türler oluşturur. Bu türlerden doğu ladini (*Picea orientalis*), Doğu Karadeniz göknarı (*Abies nordmanniana*) yer yer saf ve karışık topluluklar halinde yayılış gösterir (Terzioğlu, 1998; Işık,2017) Ladin ve kayından oluşan karışık ormanlar özellikle Haldizan Deresi'nin kuzeydoğu ve güneybatı kesimlerinde ladin hâkimiyetindeki topluluklara dönüşmektedir (İnkaya, 2019, İnan, 2019). Ladinlerin görüldüğü havzalardan biri uzungöl havzasıdır. Uzungöl ve çevresinde görülen ladin ormanları (Foto 16) demirkapı vadisi boyunca devam eder (Foto 18). Ladin ormanları bazı kesimlerde saf ladin topluluğu olarak görülür (Foto 17).

Foto 16. Uzungöl çevresinde ladin ormanları

Foto 17. Karaçam Mahallesi'nde yer alan saf ladin topluluğu (kuzeybatıya bakış)

Kaynak: Işık, 2017

Foto 18. Demirkapı Vadisi boyunca görülen ladin ormanları yer yer 2300 m'lere kadar çıkmaktadır.

2.1.6.4. Alpin Çayır Sahası

Araştırma sahasında, orman üst sınırı olan yaklaşık 2200 metrelere geldiğinde dağ çayırları sahası başlamaktadır. Bu bölgeler, "Alpin çayır katı" olarak adlandırılır ve yaylacılık faaliyetlerinin yoğun olarak sürdüğü alanları içerir. Yılın büyük bir bölümünde karla kaplı olan bu bölgeler, Haziran ortalarında karların büyük bir kısmının erimesiyle hayvan otlatma alanlarına dönüşür (Fotoğraf 20). Alpin çayır sahasında çok sayıda yayla yerleşimi bulunmaktadır (Harita 19, Tablo 15). Bu yaylaların büyük bir kısmı geçimini hayvancılıkla sağlayan yerleşim yerleridir. Küçükbaş hayvancılık bu bölgelerde yaygın bir şekilde icra edilmektedir. Küçükbaş hayvancılığın yanı sıra arıcılık faaliyetleri de yürütülmektedir (Fotoğraf 19). Sultan Murat Yaylası gibi bölgeler, sayfiye alanlarına dönüşmüş durumdadır. IV. Murat'ın İran seferinden dönerken bu yaylada konaklaması nedeniyle bu ismi alan yaylalarda Ağustos aylarında geleneksel Sultan Murat şenlikleri düzenlenmektedir.

Foto 19. Şekersu yaylası geniş çayırları ile küçük ve büyükbaş hayvancılığın yanında arıcılık faaliyerinin yürütüldüğü bir yayladır. Yayla halkı elde ettiği ürünleri Uzungöl, Çaykara, Of merkezinde satarak geçimini sağlamaktadır.

Foto 20. Demirkapı yaylasının geniş çayırları yöre halkının kullandığı önemli bir mera alanı konumundadır.

3. SOLAKLI HAVZASININ TOPOĞRAFİK ÖZELLİKLERİNİN ARAZİ KULLANIMI ÜZERİNE ETKİSİ

3.1. Topoğrafik Özellikler ile Arazi Kullanımı Arasındaki İlişki

Arazi kullanımı terimi İngilizce'de "land use" olarak ifade edilir. Arazi kelimesi coğrafi mekânı, yeryüzünü ifade eder (Tekeş ve Cürebal 2019). İnsanlar, doğal yeryüzü örtüsü içinde sürekli bir mücadele yürütmektedirler ve bu mücadele sonucunda arazi kullanımları en belirgin etkilere sahiptir. Örneğin, daha önce tarım arazisi olarak kullanılan alanlar yerleşim bölgelerine dönüşebilirken veya orman örtüsüyle kaplı alanlar orman tahribi sonucu tarım ve yerleşim alanlarına dönüşebilir. Arazi kullanımını belirleyen özellikler ise fiziksel ve beşeri faktörlerdir. Solaklı Havzası'nda, arazi kullanımını en çok etkileyen faktörlerden biri topografik özelliklerdir. Yükselti, eğim, yön ve jeomorfolojik unsurlar Solaklı Çayı Havzası'ndaki arazi kullanım özelliklerini belirlemekte önemli rol oynamaktadır. Bu bölümde, topografik faktörlerin (yükselti, eğim, yön ve jeomorfolojik özellikler) arazi kullanımı üzerindeki etkisi incelenmiştir.

3.1.1. Yükselti Faktörü-Arazi Kullanım İlişkisi

Araştırma sahası, akarsularla parçalanmış bir dağlık bölgeyi kapsamaktadır. Dağlık bölgelerin karakteri, coğrafi faktörler (yükselti, eğim, ana kayaç, toprak, bitki örtüsü) ve insan etkisi tarafından belirlenir (Tunçdilek 1985).

Yükselti, kelime anlamıyla bir düzeye göre yüksekte bulunma durumunu ifade eder ve coğrafi olarak deniz seviyesinden ne kadar yüksek olduğu bir özelliği yansıtır. Yükselti faktörü, farklı yükseklik seviyelerindeki bölgeleri ayırt etmede kullanılır (Tunçdilek 1985). "Bir mekânın coğrafi özelliklerini belirleyen ana unsurlardan biri, şüphesiz ki deniz seviyesine göre yüksekliğidir. Yükselti kavramı, bir mekânın varlığını, kabul edilebilirliğini belirleyen ve diğer birçok coğrafi unsuru doğrudan veya dolaylı olarak etkileyebilen bir kavramdır" (Alaeddinoğlu 2014). Yükselti artışı, nüfusu, yerleşmeyi ve arazi kullanımını etkileyebilir.

Ayrıca, yükselti ile birlikte eğim faktörü de yerleşim şeklini, nüfus yapısını, yerleşimlerin ekonomik yapısını ve arazi kullanımını etkileyebilir. Deniz seviyesinden yükseklik arttıkça yağış miktarı, bulutluluk oranları ve sis miktarındaki artışlar, ısının kademeli olarak azalması biyotik faktörleri etkileyebilir. Dağlık bölgelerde yükselti ve eğimin karşılıklı etkileşimi, nüfusun dağılışını, yerleşim biçimini, nüfus yapısını ve ekonomik özelliklerini etkileyebilir.

Araştırma sahasının genel arazi kullanım durumuna baktığımızda, orman, mera, tarım, yerleşim, taş ocağı, endüstri alanı ve çıplak kayalık alanlardan oluştuğunu görmekteyiz (Harita 17). Bu alanların dağılışında yükselti faktörü önemli bir role sahiptir. Solaklı Çayı Havzası, Doğu Karadeniz sıra dağları içinde yer aldığından, birçok etkenin etkisi altındadır. Bu sıradağlar, denize paralel uzandıkları ve deniz seviyesinden başlayarak 3000 metrenin üzerine çıkan yükseltilere sahip olduğu için belirgin özelliklere sahiptirler (Harita 18). Doğu Karadeniz sıra dağları, pliosenden itibaren başlayan tektonik olaylarla şekillenmeye başlamış ve bu süreç sonucunda bugünkü görünümünü kazanmıştır. Bu sıradağlar, kısmen eski temel kayalara ve kısmen daha yeni krateseye ait depoların ve kayaçların yan basınçlara uğraması sonucu kıvrılarak yüksek bir dağ sırası oluşturmuştur.

Solaklı Çayı Havzası, deniz seviyesinden başlayarak (Trabzon'un Of ilçesi kıyıları) Soğanlı Dağları'nda 3376 metreye kadar uzanmaktadır (Harita 18). Havzanın ortalama yükseltisi 1585 metredir (Grafik 12), ve bu değer Türkiye ortalamasının (1141 m) üzerindedir. Havzanın yükselti basamakları haritasına baktığınızda, koyu renkli alanların oldukça fazla olduğunu göreceksiniz. Kıyıdan itibaren hızla yükselen dağlar, akarsuların (Solaklı Çayı ve kolları) oluşturduğu derin vadiler (Harita 9) ile birlikte eğim ve bakı koşulları, havzada yaşayan insanların hayatlarını etkileyen faktörlerdir. Arazi kullanımı da tüm bu özelliklere göre şekillenmektedir.

Harita 17. Araştırma sahasının arazi kullanım haritası

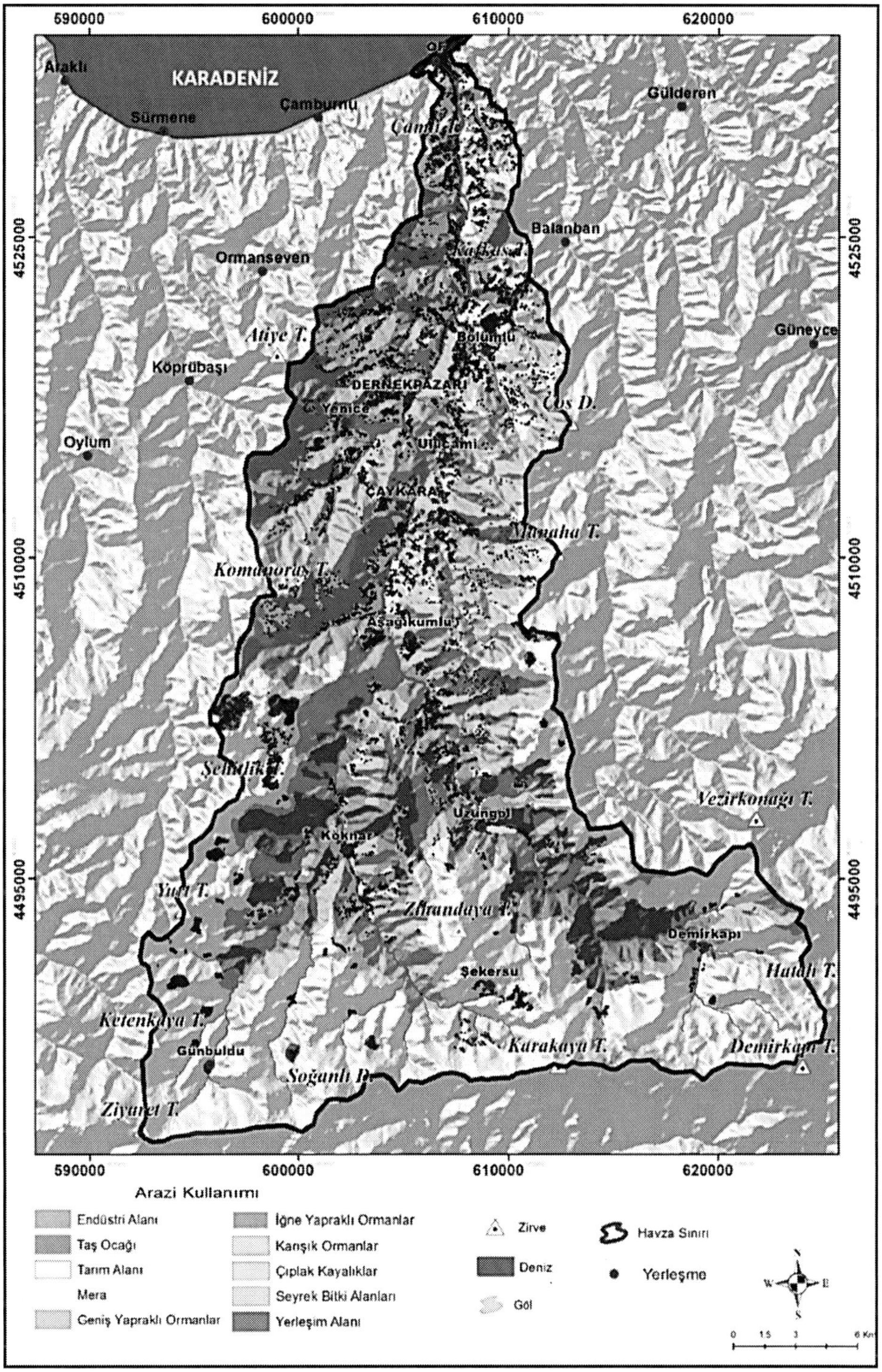

Harita 18. Araştırma sahasının yükselti basamakları haritası

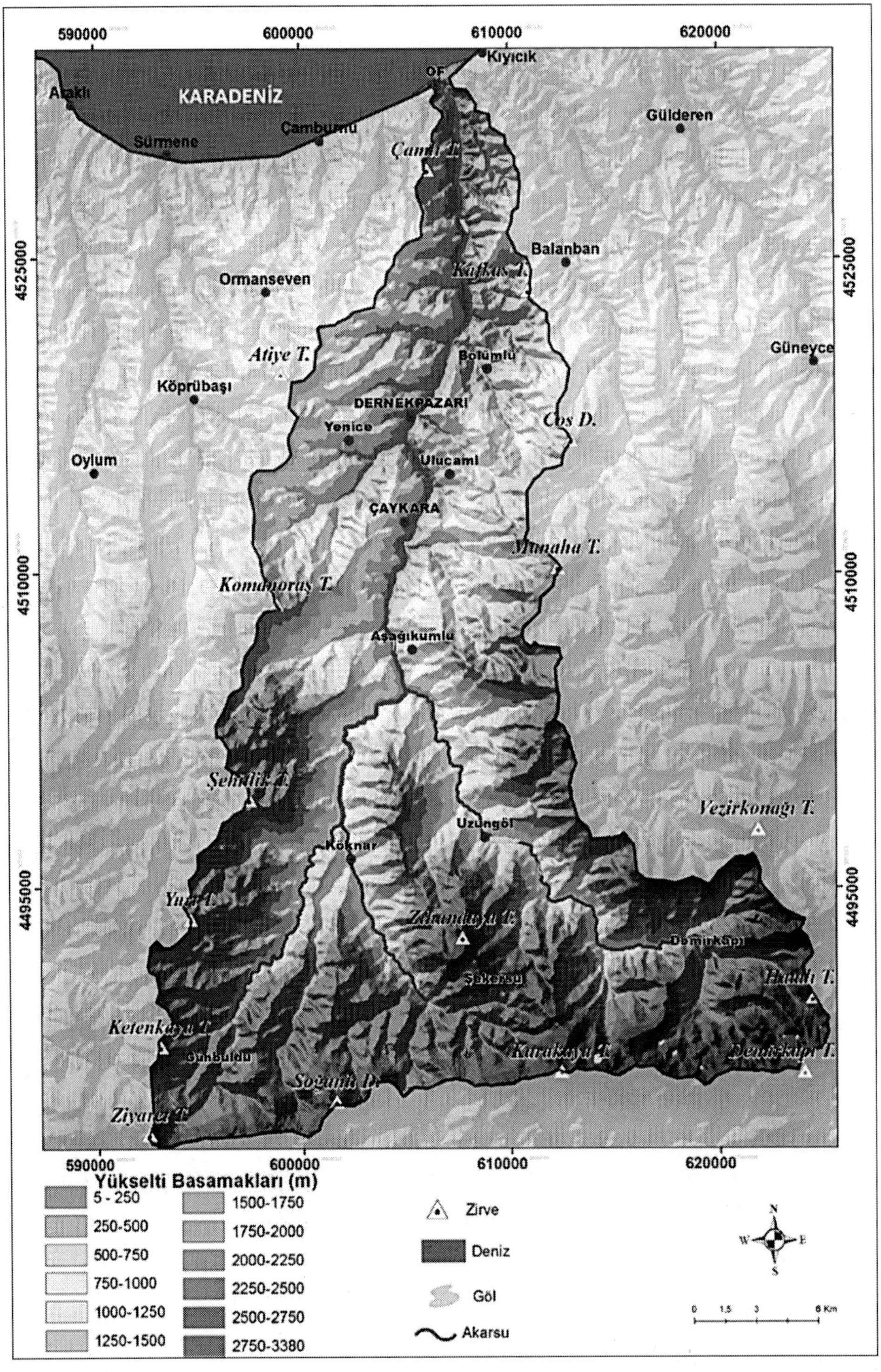

Grafik 12. Araştırma sahasında yükselti basamaklarının dağılışı

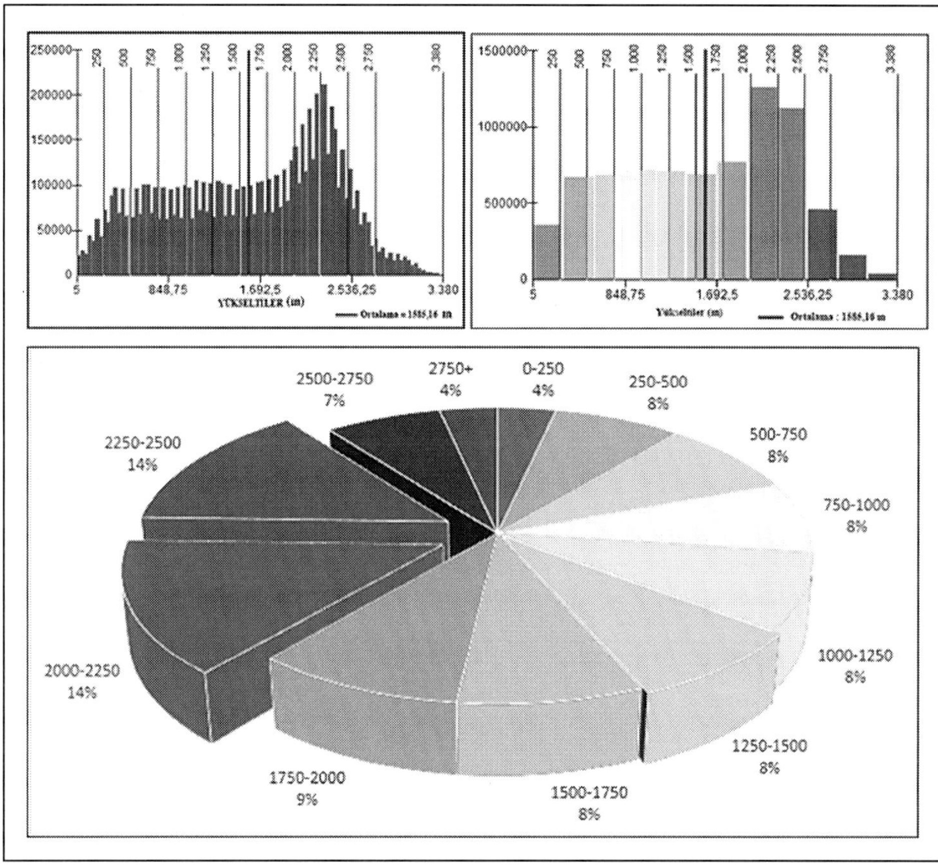

Havzanın genel arazi kullanımına baktığımızda, en fazla alanı kaplayan orman sahalarıdır (%40). Kıyıdan başlayarak, ormanlar yer yer 2400 metrelere kadar yükselir. Yükselti ile birlikte eğim değerlerindeki artışlar, reliefin daha da belirginleşmesine ve yükselti artışı ile birlikte iklimdeki belirgin değişmelere neden olur. Bu faktörler ormanların farklı kuşaklar oluşturmasına yol açar (Harita 17, Şekil 17).

Kıyıdan başlayan geniş yapraklı ormanlar, kızılağaç (alnus), kestane (castanea sativa), meşe (Quercus), kavak (Populus), söğüt (Salix) gibi türleri içerir ve yaklaşık 1200 metrelere kadar görülür. 1200-1600 metreler arasında, geniş yapraklı ormanların içinde iğne yapraklı ağaç türleri de görülmeye başlar. 1600 metreden sonra, geniş yapraklı türler sahayı tamamen terk eder ve yerlerini tamamen iğne yapraklı türlere bırakır. Orman örtüsünün havza içindeki dağılışı aynı zamanda yerleşim alanlarını sınırlandıran önemli bir faktördür. Kıyıdan başlayan orman örtüsü, kuzey bakılı yamaçlarda ve dağ zirvelerinde yoğunlaşarak yerleşimi sınırlar. Ancak, ormanlar ile insanlar arasındaki mücadele orman alanlarının azalmasına neden olur. Bunun nedeni, havzada tarım alanlarının çok az olması ve eğimli arazilerde yapılan çay tarımının önemli bir gelir kaynağı olmasıdır. 0-600 metrelik yüksekliklerde yapılan çay tarımı, orman alanları ile iç içedir. Bu kesişim bölgelerinde ormanlar tahrip edilir ve yerlerine tarım arazileri açılır. Yaklaşık olarak 2200 metrenin üzerinde, ormanlar yerini alpin çayırlara bırakır. Bu kat aynı zamanda yaylacılık faaliyetlerinin başladığı yükseklik katına karşılık gelir. Bu alanda yayla yerleşmeleri görülür (Harita 19, Tablo 15). Doğal çayırlıklar ve mera alanları havzanın arazi kullanımı içinde %38'lik bir paya sahiptir. Bu bölgeler, karla kaplı olmadığı dönemlerde, iklim tipi çayır örtüsünün gelişmesine olanak tanır ve bu nedenle bu bölgede tarım yerine hayvancılık daha yaygındır (Tunçdilek, 1985).

Tablo 15. Solaklı Çayı Havzası mezra ve yayla yerleşmeleri

Sıra	Mezralar	Sıra	Mezralar	Sıra	Yaylalar	Sıra	Yaylalar
1	Karlı Mezrası	19	Karı M.	1	Sıcakoaba Y.	19	Hanırmak Y.
2	Anderhayrat M.	20	Pladi M.	2	Sultanmurat Y.	20	Eğrisu Y.
3	Ökseotu M.	21	Filah M.	3	Cerah Y.	21	Yukarımavriyas Y.
4	Ataköy M.	22	Taht M.	4	Mavriyas Y.	22	Gölyayla Y.
5	Uzuntarla M.	23	Çanyatağı M.	5	Yurt Y.	23	Yeni Y.
6	Kastanos M.	24	Hazran M.	6	Ablaryas Y.	24	Mahtalar Y.
7	İskemliler M.	25	Könödü M.	7	Öküzlü Y.	25	Koğuktaş Y.
8	Kreni M.	26	Kabataş M.	8	Halkumas Y.	26	Kavlatan Y.
9	Çelepçayırı M.	27	Kurkuruç M.	9	Dumlu Y.	27	Arapdere Y.
10	Dorinori M.	28	Pelo M.	10	Şeyhi Y.	28	Gacet Y.
11	Malbet M.	29	Sırt M.	11	Salimodi Y.	29	Staronar Y.
12	Taşkıran M	30	Yatak M.	12	Kerestel Y.	30	Turnalı Y.
13	Kaskara M.	31	Harkbaşı M.	13	Veliler Y.	31	Büyük Y.
14	Yangın M.	32	Sabya M.	14	Kuti Y.	32	Derindere Y.
15	Yumurtalık M.	33	Liverda M.	15	Multat Y.	33	Geriki Y.
16	Akbaz M.	34	Alasayağı M.	16	Malagambos Y.	34	Eğridere Y.
17	Dağ M.	35	Handar M.	17	Evasko Y.	35	Arpaözü Y.
18	Şalgam M.			18	Sarıkaya Y.	36	Holomavriyas Y.

Yaylalarda tarımsal uğraşın yerini hayvancılık almaktadır ve bu kuşakta yaşayan ailelerin muhakkak bir miktar büyükbaş hayvanı bulunur. Ekonomik aktivitenin ağırlığı bu bölgede hayvancılığa dayanmaktadır (Foto 21). Bu kuşakta yaşayan halk, yaylalar kuşağının altında yer alan Çaykara, Dernekpazarı ve Of ilçe merkezleri ile çevre köylere süt ve süt ürünleri ile canlı hayvan pazarlarını sağlar.

Harita 19. Araştırma sahasında mezra ve yayla yerleşmelerinin yükselti basamağına göre dağılışı

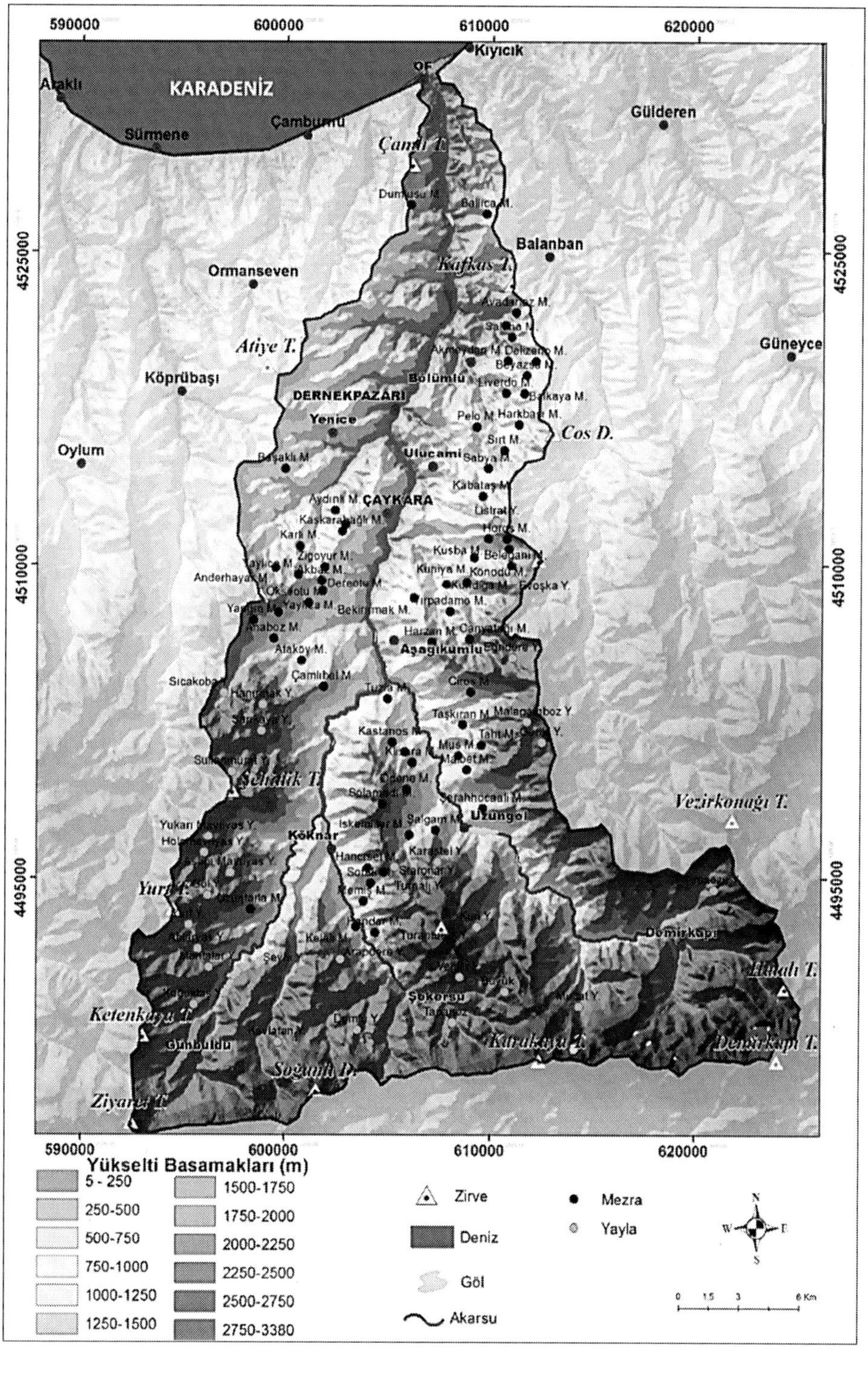

Yaylalarda yapılan hayvancılık faaliyetleri yılın her mevsiminde gerçekleşmez. Hayvancılık faaliyetleri, havzanın ikliminin uygun olduğu farklı yükselti seviyelerinde gerçekleşir ve yükselti hayvancılığı etkiler. Kıyı bölgelerinde tarımsal faaliyetlerin yanı sıra ikincil bir ekonomik faaliyet olarak yer alırken, yayla bölgelerinde tarım faaliyetleri yerini hayvancılığa bırakır. Bu, hiçbir ürünün yetişmediği anlamına gelmez. Bu bölgede mera alanlarında ot ve yonca gibi hayvan yem bitkileri yetiştirilmekte ve kış aylarında kışlak olarak kullanılan havzanın alt bölgelerinde (Of, Dernekpazarı) hayvanlar için saklanmaktadır.

Foto 21. Demirkapı köyünde yaylalar kuşağında yapılan küçükbaş yetiştiriciliği

Hayvancılık faaliyetleri, Solaklı Havzası'nın iklim koşullarına bağlı olarak üç yükseklik kuşağında gerçekleşmektedir.

1. Kuşak (0-1000 m arası): Bu kuşak, kışlak olarak kullanılır ve aynı zamanda daimi iskan kuşağıdır. Temel geçim kaynağı tarım faaliyetleridir. Kış aylarında yaylalardan indirilen hayvanlar bu kuşakta ahır hayvancılığı şeklinde beslenir.
2. Kuşak (yaklaşık 700-1000 m'den başlayarak orman üst sınırına kadar uzanır): Bu kuşak, dağ ormanı kuşağı içinde yer alır ve hayvancılık açısından yaylalara iniş ve çıkışlar için 15 gün ile 1 ay arasında değişen sürelerle kullanılır (Harita 19). Halk, haziran başlarında bu bölgeye gelir. Bu alanlarda arıcılık yaygın bir faaliyettir ve ziraat yapılmaz.
3. Kuşak (yaylalar kuşağı): 2300 m'den başlayan bu kuşakta hayvancılık faaliyetleri hava koşullarına göre haziran ortasından temmuz başlarına kadar gerçekleşir. Yaz aylarında yapılan hayvancılık faaliyetleri havalar

soğudukça, bir alt bölgedeki mezralara inilerek devam eder. Bu geçici ikamet yerlerinden sonra yaklaşık olarak 1000 m'nin altındaki kıyı bölgesine inilir ve kış mevsimi burada geçirilir.

Solaklı Havzası'nın arazi kullanımında tarım ve yerleşim alanlarının önemli bir payı vardır ve yaklaşık %10'lu bir oranı kapsar. Solaklı Havzası'nın tarım arazi kullanımına baktığımızda, tarımın genellikle 0-800 m aralığında gerçekleştirildiği görülür. Bu yükseklik kuşağının temel tarım ürünü çaydır. Çay, başlangıçta 1878'de Japonya'dan getirilen tohumlarla denendi, ancak başarılı olunamadı. 1924 yılında devlet tarafından Rize'de ilk çay bahçesi kuruldu ve 1929-1935 yılları arasında çiftçiler bu yeni ürünü öğrenmeye başladı (Yücel 1987). Solaklı Çayı Havzası'nda çay üretimi, gelir seviyelerini yükseltmiş ve ahşap evlerin yerini beton evler almıştır. Havzada, çay tarımının yanı sıra mısır, fındık, fasulye, lahana gibi ürünler yetiştirilmekte ve daha çok evin ihtiyacını karşılamaya yöneliktir.

Foto 22. Çaykara Ulucami mahallesinde 1.ürün olarak yetiştirilen çay bahçeleri ve evsel ihtiyaç için yetiştirilen mısır.

0-800 m yükseklik kuşağının ardından, çay tarımı yerini meyve bahçelerine, mısır, fasulye, patates gibi ürünlerin yetiştirildiği tarım alanlarına bırakır. Bu yükseklik kuşağından sonra iklimin karasallaşması ve bitki örtüsü döneminin kısalması, tarımsal faaliyetleri sınırlar. Havzanın yüksek bölgelerine çıkıldıkça, arazi yapısının belirginleşmesi ve güçlü eğimlerle yoğun orman örtüsünün, tarım arazisini sınırlayan diğer etkenler olduğu görülür. Bu kuşakta, her küçük arazi parçası kullanılmaktadır. Havzanın yüksek kesimlerinde vadi tabanları tarım için uygun değildir. Bu durum, tarım yapılacak toprakların oldukça kısıtlı olmasından kaynaklanmaktadır. Bununla birlikte, tarım, akarsu vadilerinde ve yamaçlarda sınırlı da olsa yapılmaktadır.

Foto 23. Karaçam vadisinde akarsu sekisi üzerinde yapılan tarımsal faaliyetten bir görünüm

Havzada, yaklaşık olarak 1200 m'ye kadar olan bölgelerde tarımsal faaliyetler bulunmaktadır. Ancak bu yüksekliklerden sonra, tarım yerini hayvancılık faaliyetlerine bırakmaktadır. Araştırma sahasında, yerleşimler havzanın coğrafi özelliklerine bağlı olarak farklılık gösterir. Yüzey şekilleri, yükselti, eğim, iklim, su kaynakları, bitki örtüsü ve toprak özellikleri gibi coğrafi faktörler, kırsal yerleşimlerin kuruluş ve gelişim süreçlerinde temel faktörlerdir.

Solaklı Çayı Havzası'nda, coğrafi özelliklerin kısa mesafelerde değişmesi, nüfusun ve yerleşmelerin dağılışını etkilemektedir. Bu değişen coğrafi faktörler arasında en önemlisi yükseklik seviyesidir. Havza, deniz seviyesinden başlayarak güneye doğru 50 km uzunluğunda, 3000 m'nin üzerine çıkan bir alan içerir. Bu hızlı yükseklik değişimi, coğrafi faktörlerin (iklim, bitki örtüsü, arazi şekli, eğim) kısa mesafelerde değişmesine ve dolayısıyla nüfus ve yerleşme özelliklerinin bu coğrafi şartlardan etkilenmesine neden olur.

Araştırma sahasında nüfusun dağılışına baktığımızda ve aynı şekilde yerleşmelerin ve konutların dağılışına dikkat edildiğinde, belirli yükseklik kuşaklarında yoğunlaşma veya azalma eğilimleri olduğu görülmektedir.

Solaklı Çayı Havzası'nda konutların dağılışına bakıldığında, en yoğun konut alanlarının 0-750 m yükseklik kuşağında olduğu görülür. Bu kuşak aynı zamanda havzada tarım alanına denk gelir. Tarım ve yerleşim alanları bu kuşakta yoğunlaşır. Ancak yükseklik arttıkça, iklimin karasallaşması, orman örtüsünün yoğunlaşması, dik eğimler ve belirgin topoğrafya farklılıkları yerleşim alanlarını sınırlar. 2000 m'nin üzerinde, yayla kuşağı başlar. Yaylalarda, yükseklik farkına rağmen hafif dalgalı düzlükler, düşük eğim değerleri ve alpin çayırların varlığı, hayvancılığı burada mümkün kılar. Bu nedenle bu yükseklik kuşağında yerleşimlerde (yayla yerleşmeleri) bir artış görülür. Yaylalardaki yerleşimler, sürekli iskân alanları değil, yaz aylarında hayvancılık ve sayfiye alanları olarak kullanılan geçici iskân alanlarıdır.

Tablo 16. Yükselti basamakları-konut sayısı

Yükselti Basamakları (m)	Konut Sayısı
0-250	2476
250-500	4624
500-750	4323
750-1000	2500
1000-1250	1876
1250-1500	819
1500-1750	571
1750-2000	741
2000-2250	2369
2250-2500	1252
2500-2750	1

Grafik 13. Araştırma sahasında yükselti basamaklarına göre konutların dağılışı

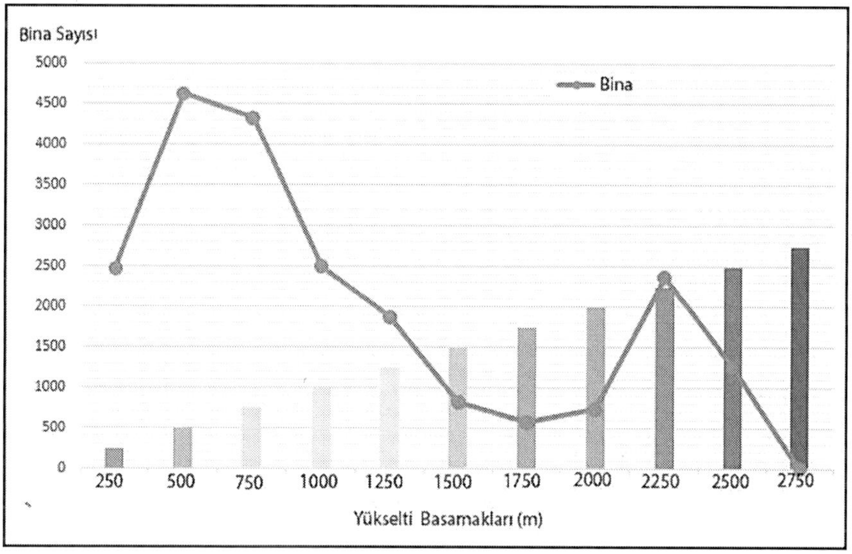

Tablo 17. Araştırma sahasının yerleşme merkezlerinin yükselti basamaklarına göre dağılışı

Yükselti Basamağı	Numara	Yerleşim Yeri Adı	Numara	Yerleşim Adı
0-250 m	1	Of	6	Çamlı
	2	Serince	7	Keban
	3	Kirazköy	8	Ağaçbaşı
	4	Yemişalan	9	Dernekpazarı
	5	Fındıkoba	-	-
250-500 m	1	Koldere	9	Kıranköy
	2	Yanıktaş	10	Taşhan
	3	Tüfekçi	11	Meyvalı
	4	Bölümlü	12	Uğurlu
	5	Serindere	13	Saraçlı
	6	Gürpınar	14	Ballıca
	7	Dağpazar	15	Soğanlı
	8	Tekoba	16	Akköse
500-750 m	1	Yenice	10	Kabataş
	2	Şahinkaya	11	Taşören
	3	Erenköy	12	Çaykara Merkez
	4	Çataldere	13	Çayırbaşı
	5	Cumapazarı	14	Çalışanlar
	6	Gülen	15	Günebakan
	7	Taşkıran	16	Taşcılar
	8	Çambaşı	17	Ormancık
	9	Maraşlı		
750-1000 m	1	Ataköy	6	Baltacılı
	2	Demirli	7	Ulucami
	3	Çamlıbel	8	Kayran
	4	Aşağıkumlu	9	Eğridere
	5	Yukarıkumlu	10	Akdoğan
1000-1250 m	1	Taşlıgedik	5	Köknar
	2	Uzuntarla	6	Uzungöl
	3	Oğlaklı	7	Köseli
	4	Karaçam	8	Yeşilalan
2000-2250 m	1	Yaylaönü	3	Kavlatan
	2	Demirkapı		
2250-2500 m	1	Arpaözü	3	Günbuldu
	2	Dumlu		
2500-2750 m	1	Şekersu		

Harita 20. Araştırma sahasının nüfus dağılış haritası

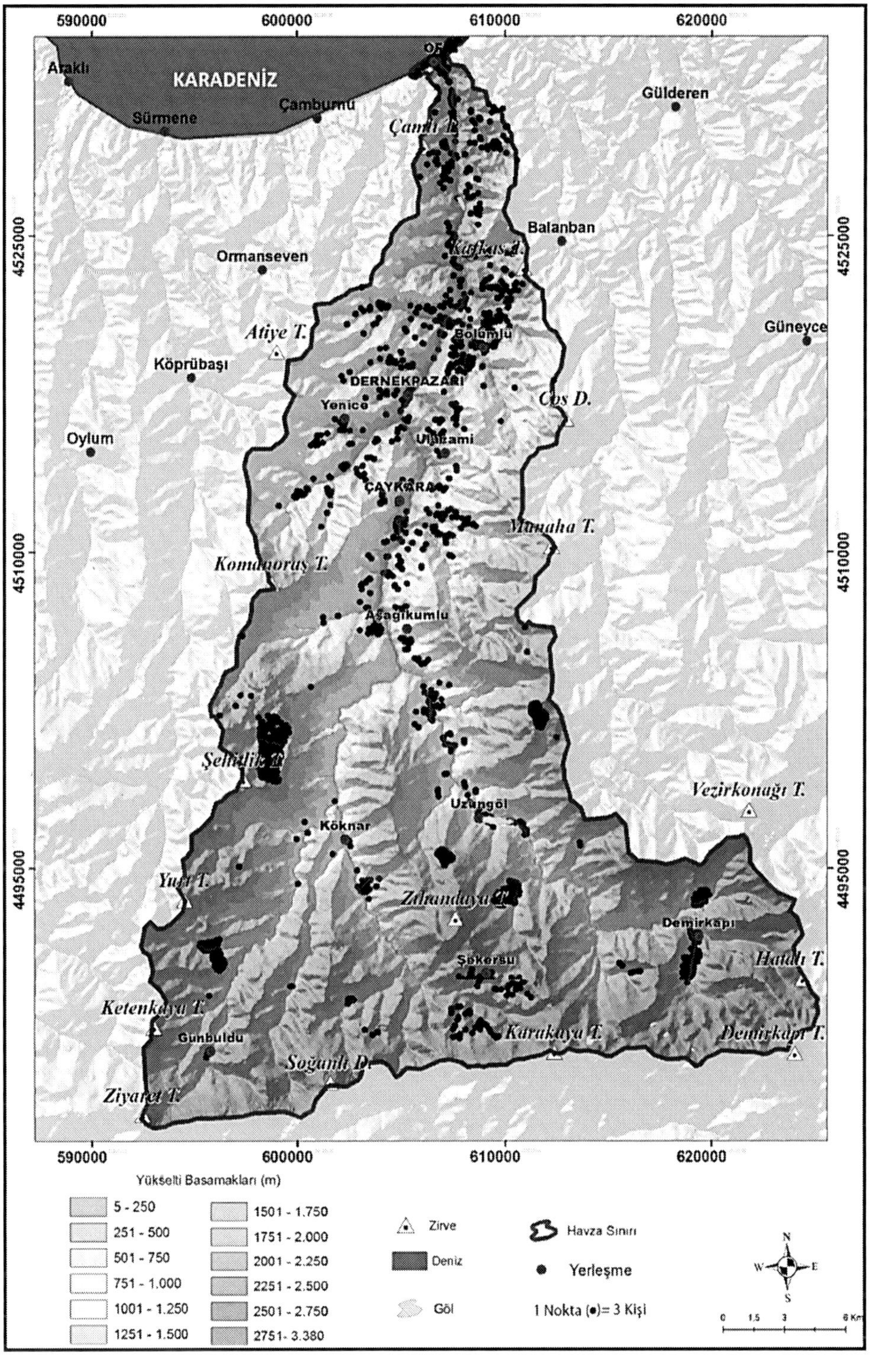

Harita 21. Araştırma sahasında konutların yükselti basamağına göre dağılışı

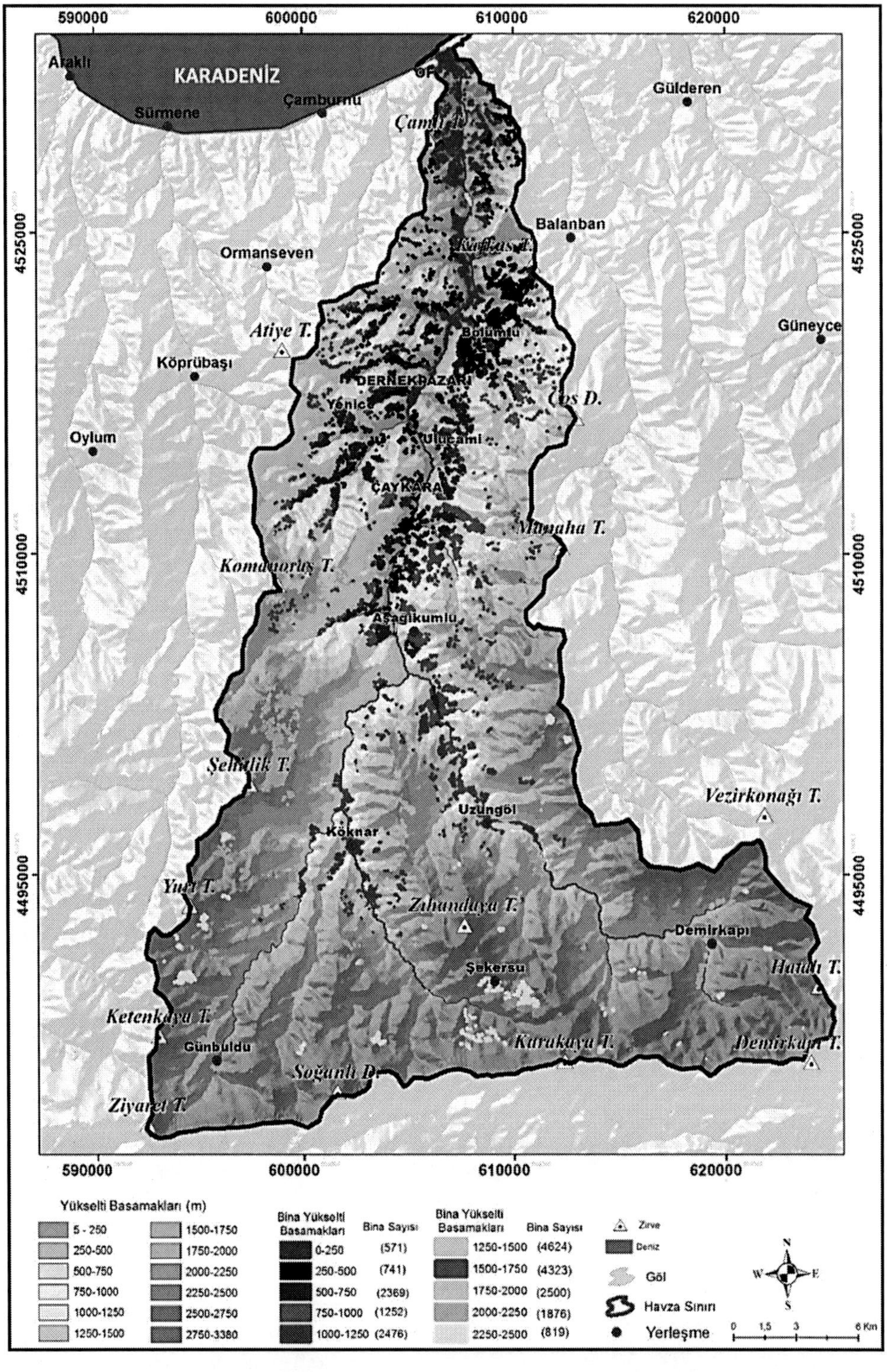

3.1.2. Eğim Faktörü-Arazi Kullanım İlişkisi

Topoğrafik faktörler arasında en önemlilerinden biri eğimdir. Yerleşimlerin eğim özellikleri, uygunluğu açısından büyük bir öneme sahiptir ve yerleşmelerin sınırlarını belirler. Yüksek eğimli bölgelerde yerleşim kurmak ve geliştirmek oldukça zor olabilir. Bu nedenle yüksek eğimli bölgelerde nüfus miktarı ve yerleşme sayısı genellikle düşüktür (Özşahin, 2013). Ek olarak, eğim arttıkça, yerleşimler için yapılaşma maliyeti ve altyapı hizmetlerinin maliyeti artar (Beer, 1996). Yüksek eğimli bölgelerde ayrıca toprak kaymaları (heyelan), kaya düşmeleri ve çığ gibi doğal afet riski daha yüksektir, bu da sosyal ve ekonomik yaşamı etkileyebilir (Tunçdilek, 1985).

Solaklı Havzası gibi Doğu Karadeniz sıradağları içinde yer alan bölgeler, eğimli yamaçlar ve nemli subtropikal iklimin etkisi altında benzersiz bir çevreye sahiptir. Yüksek eğimli araziler, kıyı bölgelerden iç kesimlere doğru gidildikçe daha fazla bulunur.

McBride (1999), eğim değerlerini yerleşime uygunluk açısından değerlendirmiştir. Buna göre, %0-2 aralığı yerleşimler için en uygun eğim değeridir. Eğim değeri arttıkça, bazı gelişmeler için uygunluğun azaldığını belirtmiştir. %2-8 arası eğim değerleri birçok gelişmeye uygunken, %8-16 arasında bazı gelişmelerin sınırlı olduğunu ve bu değerlerin yollar ve yürüyüş yolları için üst sınır olduğunu gösterir. %16-24 arasındaki eğim değerleri ise yerleşime uygun olmadığı ve birçok gelişme için önemli kısıtlamalar getirdiği ifade edilir (Tablo 18).

Tablo 18. Eğimin Kullanımlara Uygunluk Açısından Sınıflandırılması.

Eğim (%)	Açıklama
0-2	Gelişime en uygun aralık
2-8	Birçok gelişim tipi için uygundur
8-16	Bazı gelişimler sınırlanır, yollar ve yürüyüş yolları için üst sınırdır.
16-24	Birçok gelişime önemli kısıtlamalar getirir.
>24	Genellikle gelişime uygun değildir.

Kaynak: McBride, 1999

Havzada, eğim ile nüfus dağılımı arasındaki ilişkiye bakıldığında, nüfus ve yerleşmelerin daha fazla yüksek eğimli alanlarda yoğunlaştığı görülür (Grafik 15).

McBride'in eğim sınıflandırmasına göre, Solaklı Havzası'nda yerleşimlere uygun olan %0-8 eğim aralıklarına sahip alanlar, toplam alanın %5'ine denk gelmektedir (Grafik 14). Bu alanlar, genellikle kıyıya yakın bölgeleri ve vadi tabanlarını içerir. Eğim değerlerinin %8-16 aralığında olduğu alanlar, toplam alanın %14'ünü (107 km^2) oluşturur. Bu bölgelerde bazı gelişmeler sınırlanmıştır ve bu aralıkta Solaklı Havzası'nda 6997 konut ve 7 yerleşme bulunmaktadır

(Tablo 19). Bu alanlar, kuzeyden güneye Solaklı Vadisi'nin sol tarafında kalan yerleşmelerle (Bölümlü, Uğurlu, Meyvalı, Serindere, Baltacılı) ve yayla bölgelerindeki yerleşmelerle (Dumlu, Şekersu, Günbuldu) ağırlıklıdır (Harita 22). Eğim değeri %16 ve üzerinde olduğu alanlar ise araştırma sahasının %80'ini oluşturur ve yüksek eğimli bölgelerin çoğunluğunu temsil eder (Grafik 14).

Foto 24. Trabzon-Of İlçe merkezi eğim değerleri yönünden en uygun alanlardan biridir. Eğim değerlerinin gelişime uygun olması bu alanlarda nüfus yoğunluğunun artmasının nedenlerinden birini oluşturmuştur.

Eğim değerlerinin yüksek oluşu havzadaki nüfus açısından çoğunlukla dezavantajlar oluşturur. Bunlar;

- Altyapı maliyetlerinin artmasına
- Konut yapım maliyetlerinin artmasına
- Eğimli yamaçlardan geçen karayolu ulaşım ağlarının daha kıvrımlı olmasına neden olmaktadır. Bunun en güzel örneklerinden biri derebaşı virajlarıdır. Bayburt-Trabzon arasında 3500 m'deki soğanlı dağları üzerindeki dik yamaçlardan iki ili birbirine bağlamaktadır. Bu yol " Dünyanın en tehlikeli yolu" olarak bilinmektedir. Eğim değerleri bu yamaçlarda % 70'lere ulaşır. Araçla geçmenin cesaret istediği bu yol adrenalin tutkunlarının ilgisini çekmektedir.
- Eğimli yamaçlarda araçların yakıt tüketimini artırmaktadır.

Topografik eğim, tarım faaliyetlerini etkileyen önemli bir faktördür. Özellikle 0-700 metre yükseklik aralığında, bu bölgede bulunan ve havzanın ana tarım ürünü olan çay, eğimli arazilerde yoğun bir şekilde yetiştirilmektedir. Ancak bu eğimli yamaçlar, bazen kayma tipi heyelanlara maruz kalmaktadır (Fotoğraf 26). Ayrıca, yerel halk aşırı yağışlar ve heyelanlar nedeniyle toprak kaybıyla mücadele etmek zorunda kalmaktadır. Eğimli arazilerde meydana gelen heyelanlar, toprakların aşağıya doğru kaymasına neden olarak üst yamaçlara toprak taşınmasına yol açmaktadır. Bu eğimli yamaçlar, tarım makinelerinin kullanımını zorlaştıran en büyük sorunlardan birini oluşturmaktadır. Bu nedenle, havzada insan gücüne dayalı tarım faaliyetleri öne çıkmaktadır.

Tablo 19. Araştırma sahasının eğim grupları-konut ve yerleşme ilişkisi

Eğim (%)	Alan (Km²)	Yüzde (%)	Konut Sayısı	Yerleşme Sayısı
0-2	10,1148	1,33	1162	3
2-8	27,1746	3,58	2200	1
8-16	107,2992	14,13	6997	7
16-24	154,0389	20,29	8798	17
24-30	148,9617	19,62	6918	21
30-72	311,3668	41,02	4300	18

Grafik 14. Araştırma sahasında eğim gruplarının yüzdelik oranları

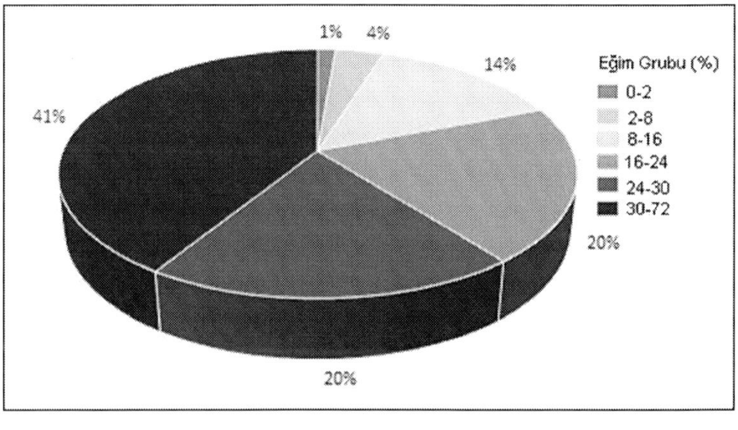

Grafik 15. Araştırma sahasında eğim-konut ilişkisi

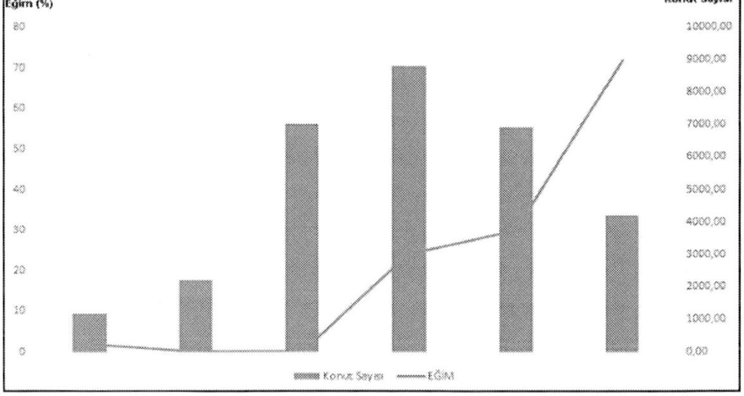

Foto 25. 1914 yılında yapılan Derebaşı virajları Trabzon ile Bayburt illerini birbirine bağlar. Bu yol dünyanın en tehlikeli yolları arasında gösterilir.

Kaynak: Mynet.com.

Foto 26. Ulucami mahallesinde eğimli yamaç boyunca yapılan çay tarımı. Eğimli yamaçlar boyunca sık sık kayma tipi heyelanlar meydana gelir.

Harita 22. Araştırma sahasının eğim-konut ilişkisi haritası

3.1.3. Bakı Faktörü-Arazi Kullanım İlişkisi

Bilindiği üzere Türkiye'de dağların güneye bakan yamaçları günlük ve yıllık olarak güneşin daha fazla etkisi altındadır. Bu nedenle güneye bakan yamaçlar kuzeye bakan yamaçlara nazaran daha fazla kozmik enerji alırlar. İki yamaç arasındaki bu farklı ısınma etkilerini hemen hemen her sahada gösterir. Güneye bakan yamaçlar kuzeye bakan yamaçlara göre daha fazla ısınır ve bu farklı ısınma nedeniyle toprak sıcaklığı, toprak nemi, bitki örtüsünün yoğunluğunu etkilemektedir (Tunçdilek, 1985).

Kuzey Yarımküre'de cisimlerin gölge boyları, kuzey yönlerde düz arazide bulunan cisimlere göre daha kısadır. Bu nedenle yerleşme yeri seçiminde kuzey yönler, düz veya güney yönlere oranla daha az tercih edilmektedir (Aliağaoğlu ve Uğur, 2010; Özşahin, 2014). Kuzey ve Güney yamaçlardaki bu farklı ısınma miktarı güney yamaçları yerleşme açısından daha olumlu koşullar oluşturmasına neden olur. Bunların en başında güney yamaçlarda güneşlenme miktarı ve toprak sıcaklığı daha fazladır. Güney yamaçlarda güneşlenme süresinin fazla olması güneşten daha fazla yararlanmayı mümkün kıldığı için fosil yakıt tüketimini azalmaktadır (Yalçınlar, 1967).

Kuzey ve güney yönler arasında yağış miktarı açısından da büyük farklar mevcuttur. Karadeniz Bölgesi'nde kuzey ve kuzeybatı yamaçlar nemli hava kütlelerini karşılamakta ve orografik yağışlara neden olmaktadır. Bu durum ormanların gelişimi açısından olumlu bir durum olmakla birlikte yerleşmeler açısından olumsuz bir durum oluşturur.

Solaklı Havzası'ndaki konutların dağılışına baktığımızda, hâkim yönler doğu, güneydoğu ve güneydir. Bu yönlerde yerleşim sayısı oldukça fazladır (Harita 23, Tablo 20, 21, Fotoğraf 27). Bu durumun nedeni, yukarıda bahsettiğimiz gibi güney yönlerinin yağış almaması ve güneşlenme süresinin uzun olmasıdır. Bu bölgelerde orman yoğunluğu azalmaktadır, ancak yerleşimlerin sayısı artmaktadır. Diğer taraftan, kuzeye bakan yönlerde konut sayısı azalmaktadır (Harita 23, Tablo 20, 21). Kuzey yamaçlarda aşırı yağışlar, sık orman örtüsü ve güneşlenme süresinin kısalığı, bu bölgelerde yerleşmelerin sınırlı olmasına neden olmaktadır.

Tablo 20. Araştırma sahasının bakı sınıflarının alansal dağılımı ve konut sayısı

Bakı Sınıfları	Alan (Km^2)	Yüzde (%)	Konut Sayısı
Düz (-1)	4,67	0,61	534
Kuzey (0-22.5)	57,31	7,58	1062
Kuzeydoğu (22.5-67.5)	98,72	13,05	2747
Doğu (67.5-112.5)	92,56	12,24	4568
Güneydoğu (112.5-157.5)	78,29	10,35	4521
Güney (157.5-202.5)	76,02	10,05	4204
Güneybatı (202.5-247.5)	78,28	10,35	3730
Batı (247.5-292.5)	101,83	13,46	2881
Kuzeybatı (292.5-337.5)	110,71	14,64	2114
Kuzey (337.5-360)	60,52	8,06	1086

Tablo 21. Araştırma sahasının yerleşim merkezlerinin kuruluş yerinin hâkim yönleri

Bakı Sınıfları	Yerleşme Adı
Düz (-1)	Keban-Kavlatan
Kuzeydoğu (22.5-67.5)	ŞahinkayaTüfekçiDağpazarKirazköyYemişalan MeyvalıÇamlıUzuntarlaUzungölMaraşlıÇayırbaşıGünebakan
Doğu (67.5-112.5)	Ataköy, Serindere, Gürpınar, Taşhan, Ağaçbaşı, Köseli, Çamlıbel, Kabataş,
Güneydoğu (112.5-157.5)	Yaylaönü Çataldere Cumapazarı Fındıkoba Şekersu Soğanlı Akdoğa
Güney (157.5-202.5)	Erenköy, Saraçlı, Dumlu, Oğlaklı, Karaçam, Çambaşı, Taşören, Çalışanlar
Güneybatı (202.5-247.5)	YeniceTaşlıgedik Gülen Arpaözü Taşkıran Aşağıkumlu Yukarıkumlu Baltacılı
Batı (247.5-292.5)	Yanıktaş, Ballıca, Demirli, Yeşilalan, Ulucami, Kayran, Osmancık, Akköse
Kuzeybatı (292.5-337.5)	Kolder, Bölümlü, Tekoba, Kıranköy, Uğurlu, Demirkapı
Kuzey (337.5-360)	Serince, Köknar

Foto 27. Trabzon'un Dernekpazarı ilçesine bağlı güney mahallesi havzadaki diğer pek çok yerleşmede olduğu gibi dağın güneye bakan yamacı üzerinde yerleşmiştir.

Harita 23. Araştırma sahasının bakı-konut ilişkisi haritası

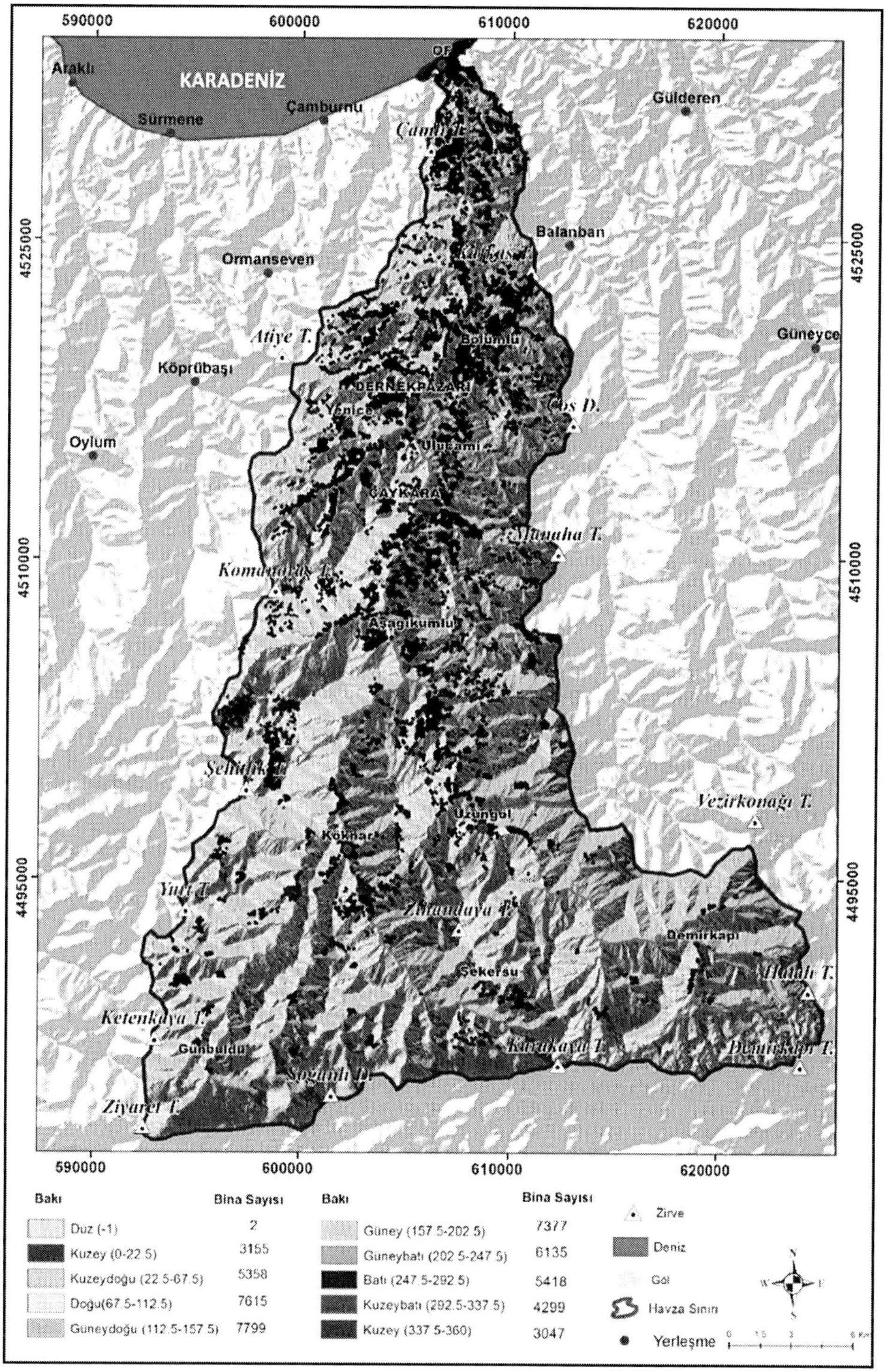

3.1.4. Jeomorfolojik Birimler İle Arazi Kullanımı Arasındaki İlişki

Solaklı Çayı Havzası'nın ana jeomorfolojik birimleri, dağlar, tepeler, sırtlar, yamaçlar, yüksek aşınım düzlükleri ve vadilerden oluşmaktadır (Harita 3-6). Solaklı Havzası'ndaki arazi kullanımı, bu jeomorfolojik birimlere göre şekillenmiştir. Araştırma sahasının yüksekliğinin fazla olması ve derin yarılmış vadilerin (Harita 9) yerleşimlerin dağılışını oldukça etkilediği gözlemlenmiştir. Arazi kullanım biçimleri, jeomorfolojik birimler ayrı ayrı ele alınarak değerlendirilmiştir.

Sırt- Arazi Kullanım İlişkisi: Araştırma sahasının dikkat çekici jeomorfolojik birimlerinden biri sırtlardır. Havzanın jeomorfoloji ve topoğrafik pozisyon temelli arazi sınıflandırma haritalarına baktığımızda, sırtların varlığı hemen göze çarpmaktadır. Havzada, sırtlar daha çok yerleşim amaçlı kullanılmaktadır. Daha önce de belirtildiği gibi, keskin olmayan ve yerleşime uygun olan sırtlar, yerleşim açısından oldukça elverişlidir (Fotoğraf 4). Sırtın üzerinde konut inşa etmek, sırtın her iki yamacındaki tarım alanlarına hâkim olma açısından önemlidir. Havzanın oldukça eğimli olması (Harita 4), yerleşim yerlerini genellikle düz alanlardan ziyade sırtlara yönlendirmiştir.

Sırtların başka bir kullanım alanı da ulaşım açısından önemlidir. Kıyıdan itibaren yükseltinin hızla artması ve eğimli yamaçların bulunması, karayollarının bazı kesimlerinin sırtları takip etmesini zorunlu kılmaktadır. Karayolunun sırtı takip etmesi, yüksek eğimli yamaçlara göre hem daha ekonomik hem de daha güvenli bir seçenektir. Eğimli yamaçlarda heyelan ve kaya düşmesi gibi tehlikeler daha sık görülür.

Yüksek Aşınım Düzlükleri-Arazi Kullanım İlişkisi: Yaylalar kuşağına karşılık gelen bu kesim yaklaşık olarak 2000 m'lerden başlar. Orman varlığının olmadığı bu kesim alpin çayır katıdır. Yüksek boylu otların varlığı bu kesimde yaylacılık faaliyetlerinin yapılmasına imkân tanımaktadır. Yaylalarda halkın temel geçim kaynağı hayvancılık ve arıcılıktır. Bu kesim aynı zamanda glasyal sahaya da karşılık geldiği için buzul vadileri ve sirk gölleri yaygındır. Yaz aylarında yayla turizmi yaygın olarak yapılır.

Yamaç-Arazi Kullanım İlişkisi: Solaklı Havzası'nda yamaçların arazi kullanım biçimi orman, yerleşme ve tarım arazilerinden oluşur. Arazi kullanımında ormanlar geniş yer kaplar. Tarım arazilerinin son derece az olduğu havzada ormanlar kesilerek tarım ve yerleşme alanına dönüştürülmektedir. Bu durum heyelanların gelişim hızını artırmaktadır.

Heyelanlı Sahalar-Arazi Kullanım İlişkisi: Solaklı Havzası'nda heyelanlar sıkça görülen ve zaman zaman felakete dönüşen bir olaydır. Geçmişte yaşanmış bazı heyelan bölgeleri, günümüzde tarım ve yerleşim alanları olarak kullanılmaktadır. Örneğin, Solaklı Havzası'nda bulunan Gündoğdu Mahallesi, eski bir heyelan bölgesine karşılık gelir. Heyelanlı alanlar, yer yer çay bahçelerine dönüştürülerek tarım yapılmaktadır. Heyelanlı alanların yerleşim ve tarım için kullanılma nedeni, yüksek eğimli yamaçların yerleşim ve tarım için uygun olmamasıdır. Heyelan sonrası ise heyelanın taban kısmında hafif eğimli düzlüklerin oluşmasıdır.

Vadiler ile Arazi Kullanım Arasındaki İlişki: Havzada, flüviyal ve glasyal süreçlerin etkisiyle birçok vadi oluşmuştur. Flüviyal süreçlerin etkili olduğu ve daha geniş alanları kapladığı bölgelerde "V" biçimli vadiler yaygınken, glasyal süreçlerin hüküm sürdüğü havzanın güney kısmında "U" biçimli vadiler daha yaygındır. Vadilerin arazi kullanımı genellikle yerleşimlerle ilişkilidir. Havzada, yerleşimlerin bir kısmı vadilerin içine kurulmuştur. Bu tür yerleşmelerin en iyi örneklerini Dernekpazarı ve Çaykara ilçe merkezlerinde görmekteyiz. Ayrıca, Of ilçe merkezi de kısmen Solaklı Vadisi içinde bulunur. Solaklı Vadisi'nin daha geniş bir yatak özelliği gösterdiği kuzey kesiminde, Dernekpazarı ile Of ilçe merkezi arasında iyileştirme (rehabilitasyon) çalışmaları yapılarak akarsuyun her iki tarafında yeniden ağaçlandırma alanları oluşturulmuştur. "V" biçimli vadiler gibi herhangi bir tabana sahip olmayan vadilerde ise yerleşim bulunmamaktadır.

Havzada buzul vadileri de yerleşim alanları olarak yaygın olarak kullanılmaktadır. Vadilerin başka bir kullanımı ise çok nadir de olsa tarım arazisi olarak kullanılmasıdır. Özellikle akarsu taraçalarının olduğu vadilerde bu taraçalar tarım amaçlı kullanılmaktadır. Bu tür kullanımı, Karaçam Vadisi boyunca görmek mümkündür. Çok küçük akarsu terasları da tarım arazisi olarak kullanılmaktadır (Fotoğraf 23).

4. SOLAKLI ÇAYI HAVZASI'NIN UYGULAMALI JEOMORFOLOJİSİ

4.1. Kütle Hareketleri

Kütle hareketleri, jeolojik, jeomorfolojik, klimatolojik ve meteorolojik etkenlerin yanı sıra antropojenik etkilerle belirli bir eğime sahip yamaçlarda yamaç dengesinin bozulması sonucu ortaya çıkar. Bu süreçte, yerçekiminin etkisiyle yamaçlardan aşağı doğru kütlenin yer değiştirmesi meydana gelir (Erinç, 1996; Şahin ve Sipahioğlu, 2002). Aşağı yönlü kütle hareketinin türleri, kökenlerinden sorumlu faktörlerin çeşitliliğini yansıtır. Başka bir deyişle, kütle hareketlerini tetikleyen faktörlerin çeşitliliği arttıkça, farklı türlerde kütle hareketlerinin meydana gelme olasılığı da artar. Bu faktörler başlıcaları şunlardır; (https://www.britannica.com/science/mass-movement)

- Kütle hareketlerine yatkın olan yamaçlardaki aşınma veya erozyona bağlı moloz örtüsü
- Eğimin stabilitesini azaltarak kütle hareketlerine karşı duyarlılığını arttıran bitki örtüsünün kaldırılması. Havzada orman alanları tahrip edilerek yerine çay bitkisi ekilmektedir. Bu durum heyelanların artışına neden olmaktadır.
- Kütle hareketine neden olacak yapay ve doğal yollarla eğim artışı
- Eğim dengesini etkileyen deprem sarsıntıları
- Zemin parçacıkları üzerinde baskı uygulayan ve yamaç stabilitesini bozan akan yer altı suyu

Bu gibi faktörler yağış gibi iklimsel faktörlerle birleşince suya doymuş kütlenin yamaç aşağı hareket etmesi kolaylaşacaktır. Bu araştırmada Solaklı Havzası'nda en çok görülen ve genellik Afet boyutuna dönüşen kütle hareketlerinden heyelanlar ile kaya düşmeleri üzerinde durulmuştur. Bilhassa heyelanlar havzada en sık görülen afetler arasındadır. Bu çalışmada havzada meydana gelen paleo heyelanlar ve güncel heyelanlar üzerinde durularak mekânsal çıkarımlar yapılmıştır. Ayrıca heyelana neden olan faktörler kullanılarak heyelan duyarlılığı ve yerleşim yeri risk analizleri yapılmıştır.

4.1.1. Heyelan

Yerçekimi nedeniyle toprak veya kayanın yerinden koparak yer değiştirmesi genel olarak heyelan terimi ile ifade edilmektedir (Erinç, S. 1996; Chen ve Chen, 2021). Heyelanlar doğal yüzey süreçlerinden biri olsa da (Pourghasemi, 2018) antropojenik etkiler bu süreci hızlandırmaktadır (El Jazouli al., 2019; Wubalem, 2021).

Dağlık ve engebeli bölgelerdeki en önemli jeomorfolojik tehlikelerden birini temsil eden heyelanlar (An et al., 2016; Das ve Lepcha, 2019; Khan et al., 2019; Medina, Hürlimann ve dig 2021) evlere, temel alt yapılara, tarım arazilerine, ekonomiye zarar verir ve büyük can kaybına neden olur (Abedini ve Tulabi, 2018; Huang ve Zhao, 2018; Das ve Lepcha, 2019; Chen ve Chen, 2021).

Araştırma sahasının da içinde yer aldığı Karadeniz Bölgesi heyelanların ve heyelana bağlı ölümlerin en fazla olduğu coğrafi bölgemize karşılık gelir. Ülkemizde heyelanların coğrafi bölgelerimize göre dağılışına baktığımızda % 39,5 oran ile Karadeniz bölgesi ilk sırada yer alırken heyelanların en görüldüğü coğrafi bölgemiz Güneydoğu Anadolu Bölgesidir. Karadeniz Bölgesine en yakın bölge ise % 21,6 ile Marmara Bölgesidir. Heyelana bağlı ölüm oranlarının coğrafi bölgelerimize göre dağılışına baktığımızda yine ilk sırayı % 56,5 ile Karadeniz Bölgesi alırken en az sayı Güneydoğu Anadolu Bölgesine aittir (Fidan 2019, Grafik 16). Görüldüğü üzere Karadeniz Bölgesi gerek heyelan sayısı gerekse heyelana bağlı ölüm sayıları ile ilk sırayı almaktadır. Karadeniz Bölgesi'nde heyelanların yoğunlukta olmasının nedeni heyelana neden üç ana unsurun (yağış, eğim ve killi topraklar) bu bölgemizde heyelana en uygun koşulları oluşturmasıdır. Bu faktörlere beşeri faktörlerde dolaylı ve doğrudan etkiler yaparak heyelanların meydana gelmesine katkı sağlar.

Solaklı Çayı Havzası'nda heyelanların dağılışına baktığımızda, 1929 yılı milat kabul edilmektedir. 5-7 Temmuz 1929 yılında, yaklaşık 40 saati aşkın süren şiddetli yağışlar, araştırma sahasının birçok farklı yerinde heyelanlara neden olmuştur. Heyelanlardan en fazla etkilenen bölgeler Of'a bağlı Ulucami ve Bölümlü köyleri olmuştur. Heyelanın Solaklı Havzasına etkisi iki farklı şekilde gerçekleşmiştir. Birincisi, yamaçların büyük kütleler halinde aşağıya inerek yamaç morfolojisini değiştirmiş, ikincisi ise aşağıya doğru hareket eden malzemelerin vadilerin önünü tıkayarak heyelan seti oluşturmuştur. Heyelan setinin arkasında biriken su, büyük bir su kütlesi oluşturmuş ve daha sonra heyelan setinin yıkılmasıyla birlikte bu su hızla Karadeniz'e doğru akarak sel ve taşkınlara neden olmuştur (Şekil 21).

Araştırma sahasında heyelanların türlerine göre dağılışına baktığımızda, çay tarımının yoğun olarak yapıldığı Of, Dernekpazarı ve bu bölgelere bağlı köylerde krip şeklinde ilerleme, yamaçlardan molozların akması ve çamur akışlarının sıkça görüldüğünü görüyoruz. Bazı heyelanlar ise hızlı bir şekilde ilerleyerek yerleşim yerlerine zarar verir ve ulaşımı engeller (Fotoğraf 29). Krip şeklinde ilerleyen heyelanlar, hareket hızı bakımından yavaş olduğu için etkileri zamanla ortaya çıkar. Bu tür heyelana maruz kalan konutlar, heyelan kütlesi ilerledikçe temel kaymaları ve duvar çatlakları gibi belirtiler gösterir (Fotoğraf 28). Heyelan tamamen ilerlediğinde ise konutlarda ağır hasar veya yıkım meydana gelir. Örneğin, 2001 yılında Ballıca Mahallesi'nde meydana gelen krip şeklindeki heyelan, başlangıçta hafif hasarlı olarak kaydedilmiş, ancak 2003 yılında ilerlemesiyle bu konutlardan 2'si ağır hasarlı olarak rapor edilmiştir. 2005 yılında ise 2001 tarihli etüt raporunda hafif hasarlı olarak kaydedilen 4 konut tamamen yıkılmıştır (Tablo 22).

Yukarıda da bahsedildiği gibi, yer yer 1600 mm'nin üzerinde yağışın düştüğü bölgelerde yüksek eğim ve killi toprakların bulunması, heyelanların oluşmasına uygun bir zemin oluşturur. Havzada ormanların kesilerek çay bahçelerine dönüştürülmesi de heyelan oluşumlarını artırır. Eğer çay bahçelerinin drenajı yetersizse, şiddetli ve sürekli yağmurlar veya kar erimeleri, toprağın içine bol miktarda suyun sızmasına yol açar ve bu da plastisite ve likidite sınırlarına ulaşarak tiksotropi sonucunda heyelanları tetikler (Fotoğraf 29-30). Bu durum tarım arazilerinin kaybına neden olur. Arazi çalışmaları sırasında yapılan mülakatlarda, yamaç topraklarının sürekli olarak aşağı kaydığını ve kaybedilen toprakları yeniden kazanmak için biriken toprakları yukarı taşımak zorunda kalan çiftçilerin bu sorunla sürekli mücadele ettiğini belirtmişlerdir.

Araştırma sahasında heyelanlar ile arazi kullanımı arasında yakın bir ilişki vardır. Heyelanların en sık meydana geldiği bölgeler, genellikle yoğun nüfuslu alanlara karşılık gelir (Tablo 23). Bu bölgeler aynı zamanda çay tarımının yoğun olarak yapıldığı alanlardır. Bölümlü, Ulucami, Of merkez, Ballıca, Yemişalan, Uğurlu, Bölümlü, Kondu, Güney ve Yenicami gibi nüfusun fazla olduğu mahalleler, heyelanların sıkça görüldüğü yerlerdir (Tablo 22). Bu yerleşmelerin bir kısmı, paleo-heyelanlar üzerine kurulmuştur. Örneğin, Gündoğdu Mahallesi, eski bir heyelan üzerine inşa edilmiş yerleşmelerden biridir.

Grafik 16. Coğrafi bölgelere göre (A) ölümcül heyelan sayısı ve (B) neden oldukları ölümlerin dağılımı

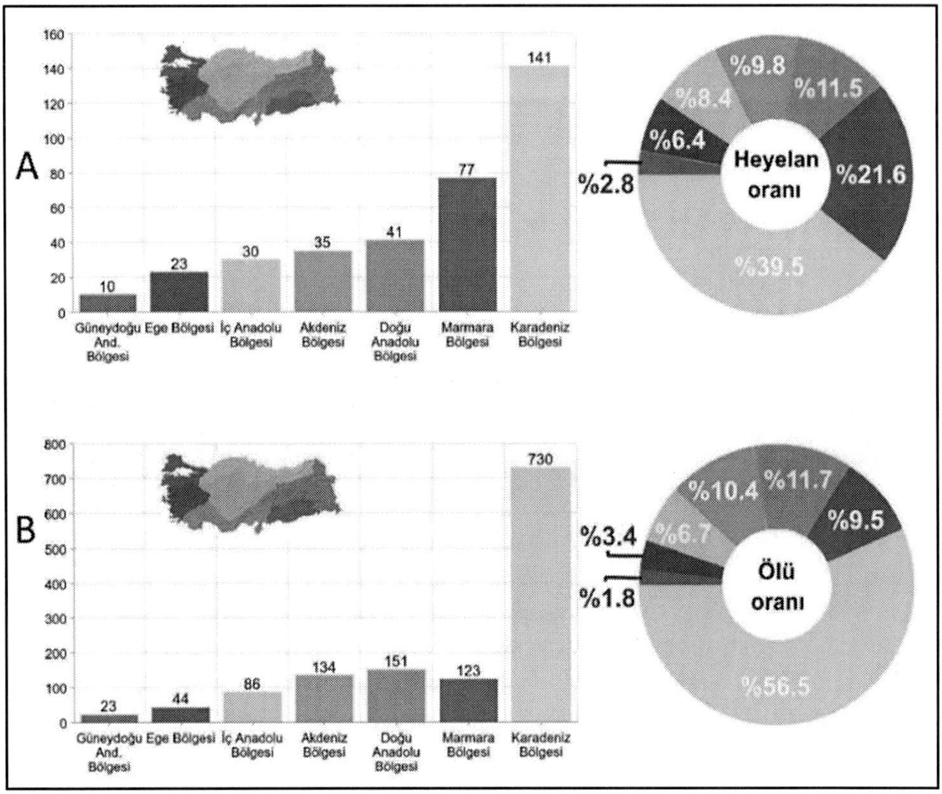

Kaynak: Fidan, 2019

Foto 28. Of/Ulucami Mahallesinde temelde meydana gelen kaymalar nedeniyle hasar gören bir ev.

foto 29. 2016 yılında of-çaykara karayolu'nun 6'ncı kilometresinde fındıkoba mahallesi mevkinde meydana gelen bir heyelan. yamaçtan kopan kütle dört şeritli yolu tamamen kapatmıştır

Kaynak: https://www.cumhuriyet.com.tr/haber/of-caykara-yolu

Foto 30. Çay bahçesinde gelişen heyelan örneği

Tablo 22. Araştırma sahasında meydana gelmiş bazı tarihsel afetler ve türleri

İLÇESİ	KÖY-MAHALLE	JEOLOJİK ÖZELLİKLERİ	AFET TÜRÜ	AFET ETÜT TARİHİ	ETKİLENEN KONUT SAYISI	HASAR DURUMU	AÇIKLAMA
OF	Yemişalan	Volkanik kayaçlardan aglemera ve andezitler yaygındır. Üst kısımda Eğime bağlı olarak 1-2 m. kalınlığında killi toğrak yer alır.	Heyelan (Krip Şeklinde)	1976	-		
OF	Bölümlü	Kratese yaşlı, dasitik lav, tüf, aglomera ve yer yer kiltaşı, kumtaşı ve çamurtaşı birimlerinden oluşur. Volkanik kayaçların tamamen ayrışması sonucu 5-10 m'lik kil alterasyon seviyeleri gelişmiştir.		09.01.1987	-	-	Olay sonrası bölümlü ile çataldere arasındaki yol ulaşıma kapanmış heyelana yakın olan 3 konut heyelan kütlesinin üst kısmında yer aldığı için olaydan etkilenmemiştir.
OF	Bölümlü (Emirgan Taksim, yıldız, büyükçam)	" "	Heyelan (Krip Şeklinde ilerleme)	23.10.1990	15		Emirgan mevkinde 12, Taksim mevkinde 1, yıldız mevkinde 1 büyükçam mevkinde 1 konut etkilenmiştir. Bu konutların nakli istenmiştir

OF	Bölümlü	" "	Heyelan (Krip Şeklinde ilerleme)	12.04.1995	19	17 Konut hafif hasarlı 2 konut ağır hasarlı	
OF	Bölümlü (Emirgan)	" "	Heyelan (Çamur Akması)	14.08.1998	23	17 konut 1 cami kayan malzeme altında kalmıştır. 5 konut ise kayma riski taşımaktadır.	
OF	Bölümlü	" "		25.11.2005	-		Heyelan olayında bazı altyapı tesisleri zarar görmüştür. O
OF	Bölümlü (Mithatpaşa ve Günaydınlar mevki)	" "	Heyelan (Krip Şeklinde)	05.10.2006	5	Ağır hasarlı	
OF	Bölümlü (Emirgan)	" "	Heyelan	01.12.2011	3	2 konut tamamen yıkılırken 1 konut hafif etkilenmiştir	Yol genişletme çalışmasında kontrolsüz kazı sonucu meydana gelmiştir.
OF	Bölümlü	" "	Heyelan	24.05.2016	1		Lokal toprak kaymasında yol kapanmıştır.
OF	Bölümlü (Fatih mevki)	" "	Heyelan (Krip şeklinde akma)	04.04.2017	7	Ağır hasarlı	

OF	Ballıca (Büyük Mahalle	Üst kratese yaşlı andezit-bazalt ve yer yer dasit-riyodasit lav ve proklastlardan oluşmuştur. Tüfler yer yer ileri derecede ayrışma göstermiştir. Bu birimlerin üzerinde siltli, kumlu, killi, çakıllı alüvyon malzeme bulunur.	Heyelan (Krip Şeklinde ilerleme)	26.06.2001	4	Hafif Hasarlı	
OF	Ballıca (Büyük Mahalle	" "	Heyelan (Krip Şeklinde ilerleme)	19.11.2002	1	Hafif Hasarlı	
OF	Ballıca (Büyük Mahalle	" "	Heyelan (Krip Şeklinde ilerleme)	.12.11.2003	2	Ağır hasarlı	2001 yılında hafif hasarlı olarak rapor edilen iki konut heyelanın ilerlemesiyle ağır hasar almıştır.
OF	Ballıca (Büyük Mahalle	" "	Heyelan (Krip Şeklinde ilerleme)	12,05.2005	-	-	Lokal kaymaların gelişme gösterdiği fakat nakli gerektirecek boyutta bir hasar bulunmadığı belirtilmiştir.
OF	Ballıca (Büyük Mahalle	" "	Heyelan (Krip Şeklinde ilerleme)	22.11.2005	4	Yıkılmıştır.	2001 tarihli etüt raporunda heyelandan etkilenen 4 konut tamamen yıkılmıştır.

OF	Uğurlu (Gündoğdu)	Temel jeolojisi andezit ve bazaltlar ile aglomera, tüf, kumtaşı ve marn ara katkılarından oluşur. Bunun üzerinde kil ve marn içeriği fazla zon ve bitkisel toprak yer alır.	Heyelan	28,03.2000	12	Hafif Hasarlı	
OF	Uğurlu (Gündoğdu)	" "	Heyelan	28.11.2005	2	Ağır hasarlı	İki konutun nakli istenmiştir.
OF	Uğurlu	" "	Heyelan (Şev Akması)	13.10.2006	1	Tamamen yıkılmıştır.	
DERNEKPAZARI	Akköse Köyü (merkez, soğuksu, dikbayır	AKKÖSE Köyünde jeolojik yapıyı, Üst Kretase yaşlı volkano-sedimanter seri ve onun üstündeki ayrışma zonu oluşturmaktadır. Ayrıca eğimin azaldığı yerlerde yamaç molozu gözlenmektedir.		19.12.1986	26		26 konutun nakli istenmiştir.
DERNEKPAZARI	Akköse Mahallesi	" "	Heyelan	08.01.1991	-	-	
DERNEKPAZARI	Akköse Mahallesi	" "	Heyelan	02.09.1998	1		nakli stenmektedir.
DERNEKPAZARI	Akköse Mahallesi	" "	Heyelan	29.11.2005	15		
DERNEKPAZARI	Gülen	Gulen Koyu ve ~evresinde1 Jst Kretase yagll volkanikler yer almaktadlr. Bu birimlerin iizerinde ise ust kotlarda 2-3 m., alt kotlara inildik~ek allnlrgr 7-8 m.yi bular~r eziduel kil ile yamap molozlarl yer almaktadlr.	Kaya Düşmesi	13.09.1967	-	-	
DERNEKPAZARI	Gülen (Yenicami Mahallesi)	" "	Heyelan (Yamaç	12.07.1995	7		Alt kotklarda 7 konutu etkilemesi muhtemel.

			Moluzu akması)				
DERNEKPAZARI	Kondu	Z.emin, Üst Kretase yaşlı volkanik formasyonlardan (andezitik tüf) ibarettir. Üzeri bitki toprağı ile örtülüdür.	Sel-Heyelan	07.09.1967	8	Ağır hasarlı	Konutların nakli istenmiştir
DERNEKPAZARI	Kondu	" "	Lokal Heyelan	11.07.1995	3		
DERNEKPAZARI	Kondu	" "	Lokal Heyelan	01.05.2006	11 konut 1 atolye		11 konut ve atolyenin nakledilmesi gerektiği bildirilmiştir. Afet alanı afete maruz bölge ilan edilmiştir.
DERNEKPAZARI	Taşçılar	Taşcılar Üst kratese yaşlı bazik karakterli volkanik birimlerden oluşur. Fiziksel ve kimyasal ayrışma sonucu bazı kayaçlar epidotlaşmış tüfler ise koolinleşmiştir. Koolinlerin su alıp şişmeleri ve içsel sürtünme açılarının zayıflaması sonucu 5-6 m ayrışmış zon çamur şekilinde akmaktadır.	Sel-Çamur Akması	14.07.1975	1		
DERNEKPAZARI	Taşçılar	" "	Sel- Çamur Akması	06.07.1995	-	-	Aşırı yağışlar sonucu bir vatandaş sele kapılarak kaybolmuştur.

DERNEKPAZARI	Çalışanlar	Tabanda paleozoik yaşlı metamorfikler yer almaktadır. Bunun üzerinde üst kratese yaşlı volkanik fasiyes mevcuttur. Daha üste ise kratese flişi ile eosen yaşlı volkanik fasiyes yer alır. En üste pliyosen yaşlı örtü bulunur.	Heyelan	04.10.1990	8		2 konut tamamen yıkılırken diğer konutlar hasar almıştır.
DERNEKPAZARI	Çalışanlar	" "	Çamur Akması	7.07.1995	16		
DERNEKPAZARI	Günebakan	Tabanda paleozoik yaşlı metamorfikler yer almaktadır. Bunun üzerinde üst kratese yaşlı volkanik fasiyes mevcuttur. Daha üste ise kratese flişi ile eosen yaşlı volkanik fasiyes yer alır. En üste pliyosen yaşlı örtü bulunur.	Çamur Akması	06.07.1995	4		
DERNEKPAZARI	Tüfekçi	Tabanda paleozoik yaşlı metamorfikler yer almaktadır. Bunun üzerinde üst kratese yaşlı volkanik fasiyes mevcuttur. Daha üste ise kratese flişi ile eosen yaşlı volkanik fasiyes yer alır. En üste pliyosen yaşlı örtü bulunur.	Çamur Akaması	06.07.1995	5		
DERNEKPAZARI	Yenice	" "	Çamur Akması	06.07.1995	8		
ÇAYKARA	Aşağıkumlu	Jeolojik yapıyı volkano-sedimanter ve onun üzerinde ayrışma zonu yer alır.	Sel	02.08.2005	3		3 konutun nakli talep edilmiş.

ÇAYKARA	Demirkapı		ÇIĞ	16.05.1989	20 yayla komu	Tamamen yıkılmış	
ÇAYKARA	Ulucami	Kratese yaşlı kireçtaşları gözlemlenmiş.	Heyelan	1957			Kısmi olarak iç iskân yapılmıştır
ÇAYKARA	Ulucami-Kabataş-Şahinkaya		Heyelan	12.12.1963			Genel bir heyelana maruz kalındığı için bu mahallelerin tümünün iç iskâna tabi tutulması önerilmiş
ÇAYKARA	Ulucami		Heyelan	22.07.1977	14	Ağır hasarlı-Hafif Hasarlı	6 konut tamamen yıkılırken bazıların hafir hasar aldığı görülmüştür.
ÇAYKARA	Ulucami		Heyelan	06.07.1993			
ÇAYKARA	Ulucami			15.12.1994	18	Hasarlı	
ÇAYKARA	Karaçam		Çığ	08.12.1984	7		
ÇAYKARA	Karaçam Seyrantepe		Çığ				29 konutun nakli önerilmiştir.
ÇAYKARA	Köknar Karaver Mahallesi		Kaya Düşmesi	23.05.1969	33		

Kaynak: Trabzon İl Afet Müdürlüğü Jeolojik Etüt Raporları

4.1.1.1. Solaklı Havzası'nın Heyelan Duyarlılığı ve Yerleşim Yeri Risk Analizi

Heyelanların verdiği zararların azaltılması, afetlere hazırlıklı olma ve heyelana eğilimli alanların belirlenmesi için heyelan duyarlılık haritaları son derece önemlidir (Dağdelenler, 2020) ve stratejik planlama için temel bir altlık oluşturabilir. Heyelan duyarlılığı yerel arazi koşullarını dikkate alarak heyelanların "nerede" meydana gelebileceğini ortaya koyan heyelan olasılığıdır (Reichenbach, Rossi, Malamud, Mihir ve Guzzetti, 2018). Bu tür haritalar politikacılar ve karar vericiler için imar planlarının yapılması ve heyelana duyarlı alanların belirlenmesini kolaylaştıracaktır (Mohammad ve dig, 2012).

Solaklı havzası'nda heyelan kaynaklı ölümler, sosyal ve ekonomik kayıpların azaltılması için birçok parametrenin (Yükseklik, Eğim, Bakı, yağış, litoloji, akarsuya uzaklık, yola uzaklık, drenaj yoğunluğu, arazi kullanımı, Topoğrafik nemlilik indeksi, yamaç profili) birleştirilerek oluşturulan heyelan duyarlılığı ve yerleşim yeri heyelan risk haritalarına ihtiyaç duyulmaktadır. Son zamanlarda heyelan duyarlılık çalışmaları oldukça yaygın olarak üretilmektedir (Çellek, Bulut ve Ersoy, 2015; Avcı, 2016; Hepdeniz ve Soyaslan, 2018; Dağdelenler, 2020; Aghlmand ve dig. 2020 ;Taşoğlu, 2020).

Heyelan duyarlılık haritalamasında, değerlendirme modellerinin seçimi heyelan duyarlılık haritalamasının doğruluğunu etkileyen önemli bir faktördür. (Liu, Li, Meng ve Liu, 2020). Heyelan duyarlılık haritalamalarında nitel ve nicel olmak üzere iki yaklaşım benimsenmektedir. (Pourghasemi, Rahmati, 2018; Huang ve Zhao, 2018) Nitel yöntemler (Bilgiye dayalı yöntemler) uzmanların bilgisi temelinde, çeşitli heyelan koşullandırma faktörlerinin ağırlıkları ve sıralanması değerlendirilir ve ardından heyelan oluşumunun mekânsal olasılığını tahmin etmek için kullanılır. Nicel yöntemler (Fiziksel ve veriye dayalı yöntemler) jeloji teorisinin benzerlik ilkesine göre, geçmişte heyelanların, jeoçevresel özelliklerini gösteren verilere, gelecekte heyelan olmasının mekânsal olasılığını değerlendirmek için başvurulur (Huang ve Zhao, 2018).

Bu çalışmada istatistiksel modele dayanan frekans oranı (FR) metodu kullanılmıştır. İstatistiksel yöntemin fiziksel temelli modellere göre daha geniş alanlarda daha az maliyetle uygunabilirliği (Pourghasemi, R.H, Rahmati, 2018) tercih sebebidir. Coğrafi Bilgi Sistemleri ve Uzaktan Algılama gibi mekânsal analizlere dayalı sistemlerin yaygınlaşması istatistiksel yöntemlerin kullanımını arttırmıştır. İstatistiksel modeller geçmiş ve mevcut heyelan veri kümelerini kullanarak heyelanı etkileyen faktörlerin analizine odaklanır (Goetz ve dig, 2015). Geçmiş geleceğin anahtarıdır (Jadda ve dig 2009; Lee et al. 2004) ilkesinden yola çıkılarak geçmiş ve günümüz heyelan sahalarının heyelan envanteri çıkarılmakta ve heyelana neden olan parametreler belirlenmektedir. Heyelana neden olan her bir parametre analiz edilerek heyelanın meydana gelmesinde bu parametrelerin etki oranları ortaya konulmakta ve sonuçları bir haritada birleştirilerek duyarlılık haritası ve yerleşim yeri heyelan risk haritası üretilmektedir.

Bu tür haritalar ilgili kurum ve kuruluşlar için heyelanların izlenmesi, risk değerlendirmelerinin yapılması heyelan tedbirlerinin alınması için önemli bir altlık oluşturmaktadır.

Bu çalışmada daha geniş alanlarda daha az maliyetle uygulanabilirliği (Pourghasemi ve Rahmati, 2018) nedeniyle istatistiksel modellerden frekans oranı metodu kullanılmıştır. Çalışma Solaklı Havzası içinde heyelana duyarlı alanların belirlenmesi ve yerleşim yeri heyelan risk alanlarının oluşturulması ve değerlendirilmesi hedeflenmektedir.

Solaklı havzası'nda geçmişte meydana gelmiş heyelan alanlarının belirlenip envanterinin çıkarılması önem arz etmektedir. Çünkü gelecekteki heyelanların şimdiki ve geçmişteki heyelanlarla benzer şartlar altında gerçekleşebileceği varsayılmaktadır (Yılmaz, 2009). Başka bir ifadeyle geçmişte meydana gelmiş heyelanlara neden olan ana kriterlerle alt kriterlerin etki derecesi şimdiki ve gelecekte meydana gelecek heyelanlara aynı derecede etki edecektir. Örneğin bir sahada heyelana neden olan ana kriter veya parametre eğim ise ve alt kriter olarak en çok $20\text{-}30^0$ lik eğimlerde heyelan gerçekleşmiş ise şimdi ve gelecekte $20\text{-}30^0$ lik eğimlerde heyelan gerçekleşme olasılığı yüksektir.

Bunun için öncelikle heyelan envanter haritalarına ihtiyaç duyulmaktadır. Heyelan envanter haritaları arazideki mevcut heyelan alanlarının alansal dağılım özelliklerini gösterdiği gibi (Çevik ve Topal, 2003) heyelanların meydana geldiği yer, tarih, tip, tetikleyici faktör, ölü ve yaralı sayısı ile ortaya çıkan ekonomik kayıplar hakkında bilgi sağlamaktadır (Fidan and Görüm, 2020). Bu çalışmada Trabzon İl Afet Müdürlüğü'nden temin edilen sayısal heyelan envanter haritası kullanılmıştır (Harita 24). 84 adet heyelan sahasından 64 âdeti analiz için kullanılmış geriye kalan 20 heyelan sahası ise doğruluk analizi için kullanılmıştır.

Harita 24. Araştırma sahasının heyelan envanter haritası

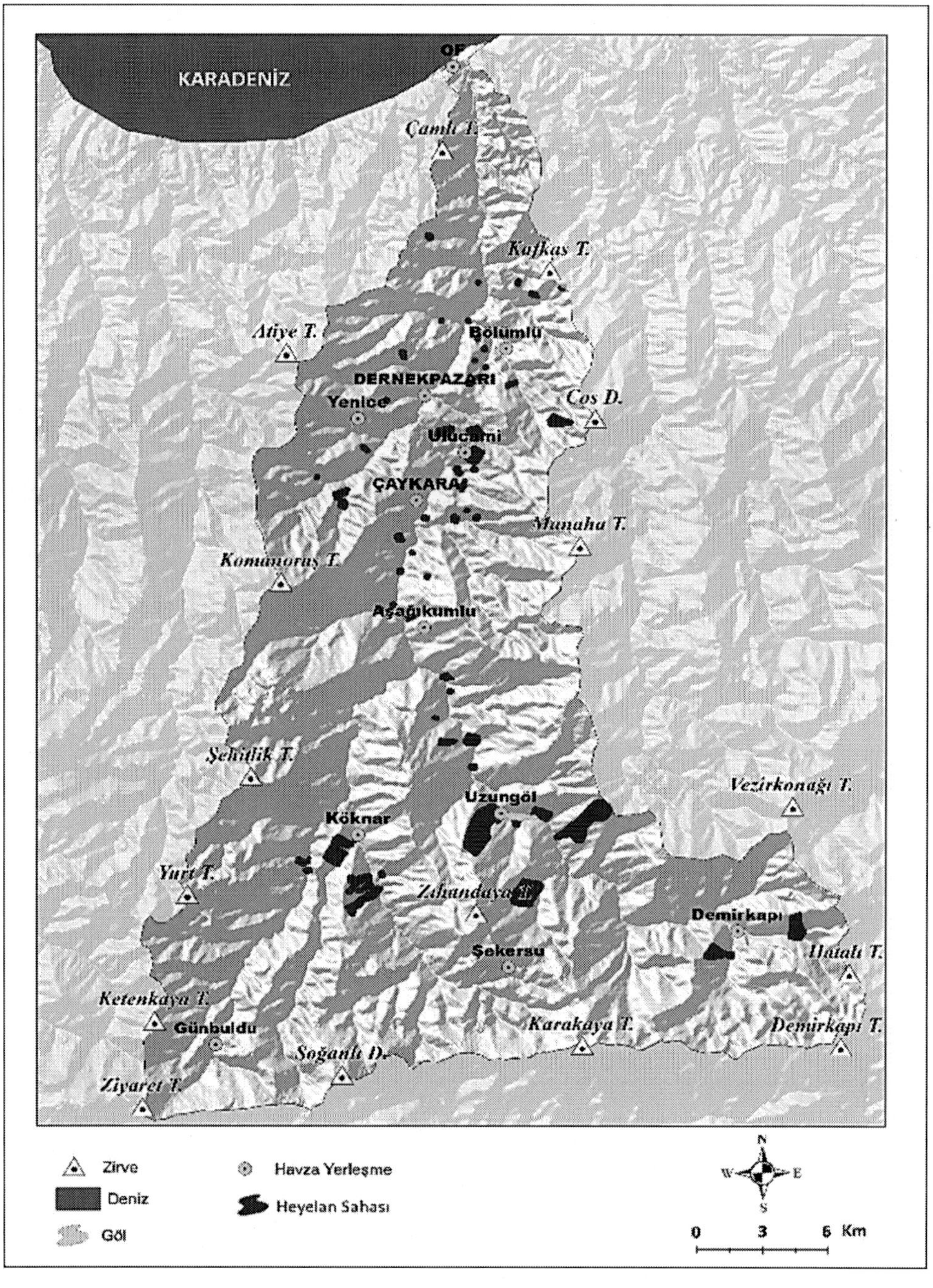

Çalışmada bir diğer aşama heyelana neden olan parametrelerin ve alt parametrelerin belirlenmesidir. Bunun için çalışma alanı da dikkate alınarak literatürde de sıklıkla kullanılan (Güney, 2018, Hepdeniz and Soyaslan,

2018,Dağdelenler, 2020) 11 parametre (Yükseklik, Eğim, Bakı, Yağış, Jeoloji, Drenaj yoğunluğu, Akarsuya yakınlık, Yola Yakınlık, Profil Eğriliği, Toprak Nemlilik İndeksi, Arazi Kullanımı) belirlenmiştir (Harita 25).

Çalışma alanına ait Harita Genel Müdürlüğü'nden temin edilen 5 m çözünürlüklü Sayısal Yükseklik Modeli (SYM) ve Sayısal Yüzey Modeli kullanılmıştır. Bu veri yardımıyla Yükseklik, eğim, bakı, topoğrafik nemlilik indeksi ve yamaç profili hesaplanmıştır. Arazi kullanımı haritasının hazırlanması dört verinin birleştirilmesiyle oluşturulmuştur. Harita Genel Müdürlüğü'nden temin edilen ortofoto, Corine 2018 arazi kullanımı, konut alanları ve arazi çalışmasından elde edilen veriler kullanılarak şimdiki arazi kullanımı haritası elde edilmiştir (Harita 25-(11)). Yağış haritasının elde edilmesi için meteorolojik veriler ve istasyon bilgileri kullanılmıştır (Şekil 18). Yağış verileri noktasal istasyon verisine işlenerek enterpolasyon yöntemiyle mekânsal dağılımı gerçekleştirilmiştir (Harita 25-(4)).

Elde edilen parametre haritaları istatistiksel bir metot olan frekans oranı metodu kullanılarak analize tabi tutulmuştur. Frekans oranı metodu daha önce meydana gelmiş heyelan sahalarında her bir parametre için piksellerin sayılması ve heyelandan etkilenmeyen alanlara oranlanmasıyla elde edilmektedir.

Şekil 18. Yöntem iş akışı

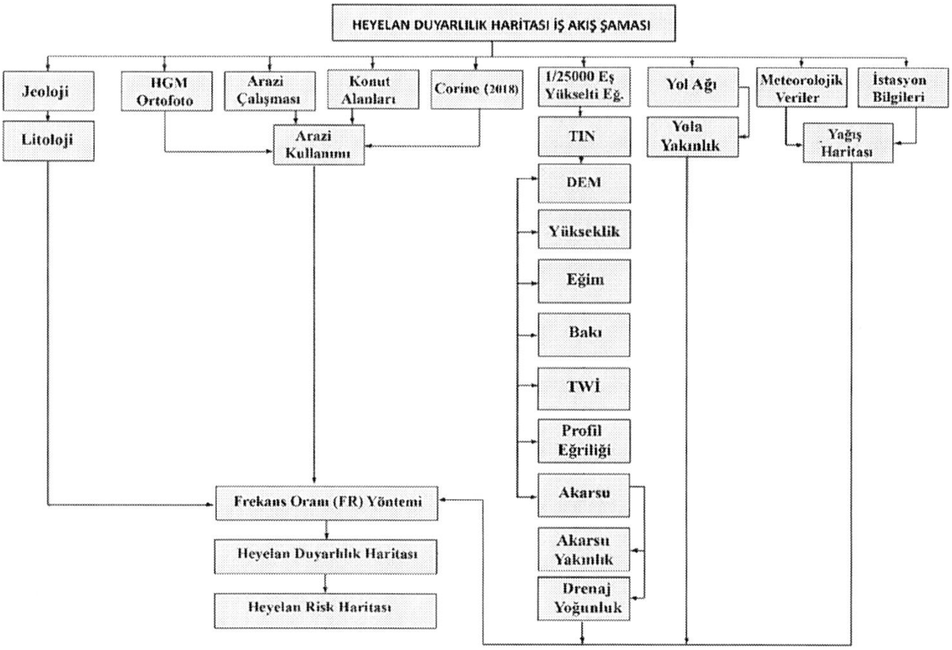

Frekans oranı için aşağıdaki formül kullanılmıştır.

FR=PLO/PIF

Burada: PLO heyelanı etkileyen faktörün her bir kategorisi içinde heyelan varlığının yüzdesi ve PIF heyelanı etkileyen faktörün her bir kategorisinin yüzdesidir. Frekans oranı hesap tablosunda PLO A/B olarak ve PIF ise C/D olarak hesaplanmıştır. Frekans oranlarının hesabı için verilen örnek tabloda elde edilen FR değerlerinden 1'den büyük değerler yüksek korelasyonu ifade etmekte, 1 den düşük değerler ise (örn: 0.85 den düşük) düşük korelasyonu göstermektedir (Erener ve Lacasse, 2007).

4.1.1.1.1. Heyelan Duyarlılığını Etkileyen Faktörler

Litoloji-Ayrışma: İnceleme alanında mesozoikten kuvaternere kadar çeşitli yaş ve litolojide birimler bulunmaktadır. Tabanda genellikle paleozoik yaşlı birimler yer alırken onun üzerinde volkanitler, volkanitlerin üzerinde ise paleosen ve eosen yaşlı kumtaşı, marn, kittaşı, killikireçtaşı bulunur (Harita 25 (5)). Bunların ayrışmasıyla yer yer 5-10 m bulan kil tabakası şiddetli yağışlarla birlikte eğim doğrultusunda akışa geçerek heyelan olayına neden olmaktadır. İnceleme sahasında Hamurkesen ve Çağlayan formasyonu heyelana karşı yüksek korelasyon göstermektedir (Tablo 23).

Yükseklik: Yükseklik basamakları ile heyelanlar arasında bir ilişki söz konusudur. Yükseklik ile birlikte yağış, eğim ve toprak koşullarının değişmesi heyelanı dolaylı olarak etkilemektedir. Ayrıca yükseklikle birlikte değişen yağış ve sıcaklık koşulları arazi kullanımını da etkilemektedir. Bunlarla birlikte yükseklikle farklılaşan arazi kullanımı heyelanı etkileyebilecektir. Havza da heyelanların 500-750 m yükseltilerde yüksek korelasyon gösterdiği görülmektedir (Tablo 23). Bunun nedeni bu yükseltilerde yağış miktarının bir hayli yüksek oluşu ve yerleşmelerin ve tarımsal faaliyetlerin yoğunlukta olmasıdır. Havzada en düşük korelasyon 2000 m'nin üzerindeki yaylalar kuşağıdır. Bunun temel sebebi bu kuşakta eğim ve yağış değerlerinin düşük olmasıdır (Harita 25 (2-4)).

Eğim: Yamaç eğimi heyelan oluşumunu doğrudan etkileyen (Dağ ve Bulut, 2012) ve heyelan duyarlılık çalışmalarında yaygın olarak kullanılan bir parametredir. Araştırmacılar genellikle eğim arttıkça heyelan duyarlılığının artacağı yönünde bir görüşe sahiptirler (Gökçeoğlu ve Ercanoğlu 2001; Avcı, 2016). Solaklı Havzası'nda 0-25^0 eğimli yerler (Harita 25 (2)) heyelana karşı düşük korelasyon gösterirken 25-40^0 eğimli (Harita 25(2)) yerler yüksek korelasyon göstermektedir (Tablo 23). Havzada Solaklı ve kollarının açmış olduğu derin vadiler eğim değerlerinin yüksek olduğu alanlara karşılık gelir. Antropojenik etkiler (inşaat faaliyetleri, madencilik, yol yapım çalışmaları) eğim değerlerinin artmasına ve yamaç stabilizesinin bozulmasına neden olmuştur. Havzada eğim kıyı şeridi ve yaylalar kuşağında düşmektedir (Harita 25(2)).

Bakı Faktörü: Sayısal yükseklik modelinden elde edilen bakı haritasında (Harita 25 (3)) güney ve güneybatı yamaçlar heyelana karşı yüksek korelasyon göstermektedir (Tablo 23). Oysaki yağış getiren hava kütlelerine açık kuzey ve kuzeybatı yamaçların heyelan duyarlılığının yüksek olması beklenirdi. Ancak kuzey ve kuzeybatı yamaçların daha sık bir orman örtüsüyle kaplı olması heyelanların daha az görülmesinin başlıca nedenidir. Güney ve güneybatıya bakan yamaçlarda daha seyrek bitki örtüsü içinde daha yoğun yerleşme ve tarımsal faaliyetler bu yönlerde heyelanların daha sık yaşanmasına neden olmaktadır.

Arazi Kullanımı: Havzada arazi kullanımı ile heyelanlar arasındaki ilişkiye baktığımıza yerleşme yeri ile tarımsal faaliyetlerin olduğu alanlarda yüksek bir korelasyon olduğu göze çarpmaktadır. Yerleşim yerleri ve tarımsal faaliyetlerin yoğunlukta olduğu alanlar Trabzon (Of) ilçe merkezi, Yemişalan, Ballıca, Fındıkoba, Saraçlı, Bölümlü ve Dernekpazarı hattında yoğunluk kazandığı görülmektedir (Harita 25 (11)). Yağış miktarının bir hayli yüksek olması ve topraktaki aşırı yıkanmaya bağlı olarak asit karakterdeki toprakların fazlalığı çay tarımına uygun ortamı sağlamıştır.

Nüfusun yoğun olduğu bu alanlarda orman degradasyonu ve antropojenik etkiler (patlatma, inşaat faaliyetleri, karayolu yapım çalışmaları vb.) nedeniyle heyelana karşı oldukça duyarlıdır. Nitekim yerleşme (2,72), ve tarımın (2,23) yüksek korelasyon gösterdiği görülmektedir (Tablo 23). Yerleşme yerlerinin bu denli yüksek korelasyon göstermesi yerleşim yerlerinde inşaat faaliyetleri ve beraberindeki arazi degradasyonu ve karayolu ulaşım ağı yoğunluğunun buralarda yüksek olması ile açıklayabiliriz.

Yola Yakınlık: Yamacın yola yakın olduğu kısımlarda yamaç dengesi bozulmakta ve eğim yönünde hareketi hızlanmaktadır. (Hepdeniz ve Soyaslan, 2018) Havzada karayolu ulaşım ağı heyelanlar üzerinde büyük rol oynamaktadır. Havzada tarım alanlarının topoğrafik koşullar ve iklimsel koşullardan dolayı çok sınırlı olması ve su sıkıntısının yaşanmaması konutların çok dağınık olmasını sağlamıştır. Bu durum her haneye yolun ulaştırılması zorunluluğunu doğurduğundan çok yoğun bir ulaşım ağına sahiptir (Harita 25 (8)). Havzada yerleşme yeri yoğunluğu ile karayolu yoğunluğunun benzerlik göstermesi bunu doğrulamaktadır. Havzada karayolu genel olarak vadileri, sırtları yer yerde dik eğimli yamaçları takip eder. Karayolunun tıpkı akarsular gibi yamacı kesmesi ve yamaçları topuktan aşındırması bu alanlarda heyelan duyarlılığının artmasına neden olmaktadır (Foto 31). Havzada heyelan sahaları karayoluna uzaklığın 0-50 m olduğu mesafelerde yüksek korelasyon (1,20) göstermektedir (Tablo 23).

Akarsuya Yakınlık: Havzada meydana gelen heyelanların akarsuya yakın yerlerde yüksek korelasyon gösterdiği görülmüştür. Drenaj ağlarının kesişme noktalarında yer alan yamaçlar akarsulardan etkilenmektedir. Akarsular yamacın topuk kısmını aşındırmakta ve yamaç akarsu seviyesine kadar suyla doygun hale gelmektedir (Gokceoglu, 2001). Akarsudan uzaklaştıkça frekans değerlerinin düştüğü ve daha düşük korelasyon gösterdiği görülmektedir (Tablo 23).

Drenaj Yoğunluğu: Heyelana neden olan parametrelerden biride drenaj yoğunluğudur. Drenaj yoğunluğu bir akarsu havzasındaki toplam akarsu uzunluğunun havza alanına bölünmesiyle elde edilir. Drenajın yoğunluğunun yüksek olması infiltrasyon derecesini düşürmekte, yüzey akışını hızlandırmaktadır. Solaklı Havzası'nda Drenaj yoğunluğu yeniden sınıflandırılarak çok az yoğun, az yoğun, orta yoğun, yoğun ve çok yoğun olmak üzere 5 sınıfa ayrılmış ve bu alanlardaki heyelanlı hücre sayıları hesaplanmıştır. Buna göre çok yoğun alanlar 2,41'lik oranla çok yüksek korelasyon gösterirken çok az yoğun alanlar 0,05'lik oranla çok düşük bir korelasyon göstermektedir (Tablo 23).

Havzada drenaj yoğunluğunun heyelana karşı frekansları drenaj yoğunluğunun çok düşük olduğu alanlardan çok yüksek olduğu alanlara doğru artış göstermesi havzada akarsuyun aşındırma faaliyetlerinin (derine ve yana aşındırma) heyelanlar üzerinde duyarlılığı artırdığı yönündedir.

Foto 31. Dernekpazarı-Çaykara ilçesi arasında meydana gelen heyelan. Heyelanın hemen altından geçen D915 karayolu yamaç stabilizasyonun bozulmasına ve yamaç eğiminin artmasına neden olmuştur. Gece boyunca yağan aşırı yağışlar heyelanın meydana gelmesinde tetikleyici faktör olarak karşımıza çıkmaktadır.

Kaynak: İHA

Yağış: Bölgede, heyelanlar gibi doğal olaylar üzerinde büyük etkiye sahip olan önemli bir meteorolojik olay şiddetli yağışlardır. Bu yağışlar, havzada yıllık ortalama yağış dağılışı haritasına bakıldığında, geniş bir yelpazede görülmektedir. Yağış miktarı genellikle 550-1400 mm arasında değişmektedir.

Özellikle kıyının hemen gerisinde bulunan ve hızla yükselen dağlık alanlar, meteorolojik olayların etkilerine açık bir konumda bulunmaktadır. Bu dağlık bölgelerin kuzey ve kuzeybatı yamaçları, yıllık ortalama yağış miktarının 1000 mm'nin üzerine çıkmasına neden olan bölgelerdir. Dağların bu yamaçları, özellikle kış mevsiminde etkili olan cephe sistemlerinin etkisi altındadır ve bu nedenle yoğun yağış alır. Ancak, kıyıdan iç kısımlara doğru gidildikçe yağış miktarı azalmaktadır. İç kısımlara doğru ilerledikçe nemini kaybetmiş hava kütleleri, bu bölgelerde daha az yağışa neden olmaktadır ve yağış miktarı yaklaşık olarak 500 mm'lere kadar düşmektedir.

Bu farklılıkların nedeni, dağların yüksekliği ve konumu ile ilgilidir. Dağların kuzeye bakan yamaçları, nemli hava kütlelerinin yükselerek soğumasına ve yağış oluşmasına neden olurken, iç kısımlar daha fazla korunaklıdır ve bu nedenle yağış miktarı daha azdır.

Havzada özellikle yağış miktarının 900-1000 mm olduğu kıyıya yakın bölgelerde, nüfusun yoğun olarak yaşadığı görülmektedir. Bu bölgelerde, heyelanlarla yüksek bir korelasyon gözlemlenmektedir. Bu, yoğun yağışların ve eğimli arazi koşullarının heyelan oluşumunu tetikleyen faktörlerden biri olarak ortaya çıkmaktadır.

Sonuç olarak, bölgedeki yağış dağılımının topografya ile yakından ilişkili olduğu ve bu meteorolojik olayların, özellikle kıyıya yakın alanlarda yaşayan nüfusa etkili bir şekilde yansıdığı söylenebilir. Bu nedenle, heyelan riskinin azaltılması ve toprak erozyonu gibi sorunların yönetilmesi için bu faktörlerin dikkate alınması önemlidir.

Harita 25. Çalışmada kullanılan parametreler (1) yükselti, (2) eğim, (3) bakı, (4) yağış, (5) jeoloji, (6) akarsu yoğunluk, (7) akarsuya yakınlık, (8) yola yakınlık, (9) profil eğriliği, (10) topoğrafik nemlilik indeksi (TWİ), (11) arazi kullanımı

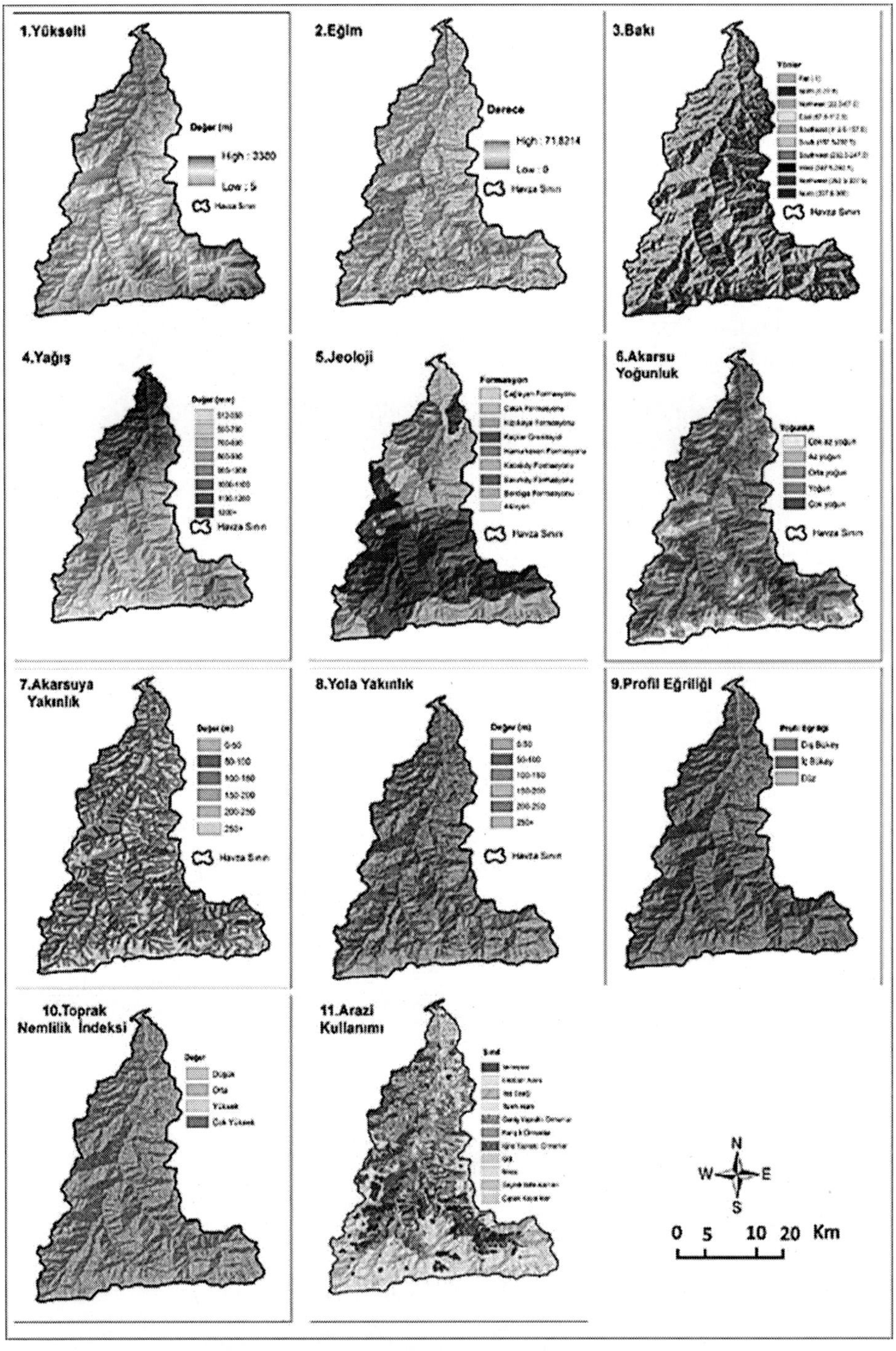

Tablo 23. Heyelanı etkileyen parametrelerin frekans oranları

Faktör	Kategori	A	PLO (%)	C	PIF (%)	FR
Yükseklik	5-250	1586	2,60	262219	3,54	0,73
	250-500	3917	6,44	572777	7,54	0,85
	500-750	**10023**	**16,48**	**618712**	**8,1**	2,03
	750-1000	4992	8,20	597899	7,87	1,041
	1000-1250	10109	16,62	633156	8,34	1,99
	1250-1500	7381	12,13	620879	8,18	1,48
	1500-1750	5252	8,63	625100	8,23	1,04
	1750-2000	3147	5,17	710267	9,35	0,55
	2000-2250	5568	9,15	1087399	14,32	0,63
	2250-2500	6746	11,09	1078620	14,21	0,78
	2500-2750	1861	3,05	521016	6,86	0,44
	2750+"""	237	0,38	261516	3,44	0,11
Eğim	0-10	1753	2,88	576707	7,59	0,37
	10-15	2151	3,53	705118	9,29	0,37
	15-20	3737	6,14	881869	11,61	0,52
	20-25	6294	10,34	1048501	13,81	0,74
	25-30	**11406**	**18,75**	**1263697**	**16,65**	1,12
	30-35	**16636**	**27,35**	**1356916**	**17,87**	1,53
	35-40	**12976**	**21,33**	**1046696**	**13,29**	1,60
	40+	5866	9,64	710056	9,35	1,03
Bakı	Düz	213	0,35	46781	0,61	0,57
	Kuzey	1777	2,92	573147	7,55	0,38
	Kuzeydoğu	9421	15,49	987255	13	1,19
	Doğu	9768	16,06	925648	12,19	1,31
	Güneydoğu	7309	12,01	782958	10,31	1,16
	Güney	**10120**	**16,63**	**760217**	**10,01**	1,66
	Güneybatı	**10492**	**17,25**	**782828**	**10,31**	1,67
	Batı	8302	13,65	1018310	13,41	1,01
	Kuzeybatı	2230	3,66	1107147	14,58	0,23
	Kuzey	1187	1,95	605269	7,97	0,24
Arazi Kulla-nımı	**Yerleşme**	**1347**	**2,21**	**61809**	**0,81**	2,72
	Endüstri Alanı	80	0,13	6838	0,09	0,12
	Taş Ocağı	0	0	2984	0,03	0
	Tarım Alanı	**23953**	**39,38**	**1337664**	**17,62**	2,23
	Geniş Yapraklı Ormanlar	3622	5,95	682159	9	0,32

	Karışık Ormanlar	5149	8,46	1496329	19,71	0,42
	İğne Yapraklı Ormanlar	8722	14,34	790251	10,41	1,37
	Göl Alanı	0				0
	Doğal Çayırlar	17568	28,88	2894978	38,14	0,75
	Çıplak Kayalıklar	0	0	42787	0,56	0
	Dış Bükey	8983	17,77	1015755	13,38	1,32
Profil eğriliği	Düz	20127	33,09	2890382	38,08	0,86
	İç Bükey	31709	52,13	3683423	48,53	1,07
	512-550	**24110**	**39,64**	**1860293**	**24,51**	1,61
	550-700	5403	8,88	1340680	17,66	0,50
	700-800	8806	0,14	1979825	26,08	0,005
Yağış (mm)	800-900	9567	15,73	1979825	26,08	0,60
	900-1000	**10671**	**17,54**	**669847**	**8,82**	1,98
	1000-1100	273	0,44	487010	6,41	0,06
	1100-1200	796	1,30	206304	2,71	0,47
	1200+	1063	1,74	179141	2,36	0,73
	0-50	**15904**	**26,14**	**1320223**	**17,39**	**1,50**
	50-100	**11695**	**19,22**	**1117560**	**14,72**	**1,30**
Akarsuya yakınlık	100-150	9598	15,78	1019954	13,43	1,17
	150-200	7810	12,84	896537	11,81	1,08
	200-250	5262	8,65	755194	9,95	0,86
	250+	10463	17,20	2450576	32,28	0,53
	0-50	**19006**	**31,25**	**1963819**	**25,87**	**1,20**
	50-100	**9747**	**16,02**	**1248698**	**16,45**	**0,97**
Yola yakınlık	**100-150**	**7868**	**12,93**	**855989**	**11,27**	**1,14**
	150-200	3166	5,20	653390	8,60	0,60
	200-250	5543	9,11	522441	6,88	1,32
	250+	15474	25,44	2568082	33,83	0,75

4.1.1.1.2. Heyelan Duyarlılık Haritası ve Yerleşim Yeri Risk Durumu

Solaklı Çayı Havzası'nda heyelana duyarlı alanların belirlenmesi ve bu alanlar içinde kalan yerleşim yerlerinin heyelan risk durumunun belirlenmesi çalışmanın analizini oluşturmaktadır. Yöntem kısmında da bahsedildiği gibi çalışmada 11 parametre kullanılmıştır (Harita 25-Tablo 23). Havzanın heyelanlı alan piksel sayıları hesaplanarak frekans oranları çıkarılmıştır. Her bir parametre yeniden sınıflandırılarak parametrelerin alt parametrelerine frekans değerleri yazdırılmış ve parametreler tek bir haritada birleştirilerek heyelan duyarlılık haritası çıkarılmıştır.

Trabzon il sınırları içinde yer alan havzada, Trabzon'un Of ilçesinin bir kısmı ile Dernekpazarı ve Çaykara ilçesi bulunmaktadır. İdari olarak mahalle statüsünde olan ancak coğrafi olarak köy diyebileceğimiz 76 yerleşme yeri bulunmaktadır. Bu köylerden 25'i Of, 31'i Çaykara, 10'u Dernekpazarı, 5'i Bayburt Merkez, 5'i de Bayburt Aydıntepe ilçesine bağlıdır.

Solaklı Çayı Havzası'nın heyelan duyarlılık haritası kullanılarak yerleşme alanları yeniden sınıflandırılmış ve yerleşme yeri heyelan risk haritası oluşturulmuştur (Harita 27). Analizde yerleşme yerinin %40'ı yüksek risk durumuna sahipken %34,47'si çok yüksek risk durumuna sahiptir. Risksiz alanlar ise %0,64'lük küçük bir orana sahiptir. Çok yüksek riskli alanlar Çaykara, Ulucami ve Dernekpazarı civarında toplanmıştır (Harita 27). Havzanın yukarı çığırında Uzungöl ve yakın çevresi çok yüksek riskli alanlara karşılık gelmektedir. Düşük ve orta riskli alanlar ise daha çok orman üst sınırında yaylalar kuşağında yer almaktadır. Eğim ve yağış değerlerinin düşük olması bu kuşakta heyelan olma olasılığını azaltmıştır. Sonuç olarak havzada yerleşmelerin %74'ü yüksek ve çok yüksek riskli alanlara karşılık gelirken %7,5 çok düşük ve düşük riskli alanlara karşılık gelmektedir.

Harita 27 incelendiğinde heyelan riski çok yüksek yerleşmelerin Dernekpazarı ilçesinde yoğunlaştığı görülmektedir. Dernekpazarı merkezi, Yenice, Günebakan, Çalışanlar, Tüfekçi ve Akköse köylerinde yüksek riskli alanların yoğunlaştığı yerlere karşılık gelmektedir. Diğer yoğunluklu alanlar ise Dernekpazarı-Çaykara ilçe sınırları yakınında yaklaşık olarak Zincirlitaş, Ulucami civarında başlamakta ve Solaklı Vadisi ve yan kollarının her iki yamacında yoğunlaşmaktadır. Tarımsal faaliyetlerin ve yerleşmelerin bu alanda yoğunlaşması ve antropojenik baskılar (inşaat faaliyetleri, patlatma, yol yapım çalışmaları) bu alanlarda heyelan duyarlılığının yüksek çıkmasının temel sebebidir. N-S istikameti boyunca Zincirlitaş, Ulucami, Kabataş, Çaykara ilçe merkezi, Taşlıgedik, Taşkıran ve Uzungöl civarları ile Köknar ve Kalınçam vadisi yamaçlarına kurulu yerleşim yerleri yüksek riskli yerlerdir. Bunun temel nedeni ise yüksek eğim, drenaj yoğunluğunun yüksek olması ve akarsuyun buralarda yatağını derine kazmış olmasıdır. Tüm bunları tetikleyen ana parametre ise hiç kuşkusuz Karadeniz ikliminin karakteristik özelliği olan şiddetli yağışlardır.

4.1.1.1.3. Duyarlılık Haritasının Doğruluk Değerlendirmesi ve Bulgular

Duyarlılık haritalarında doğruluk değerlendirmelerinin yapılması haritalarının güvenirliliği açısından önem arz etmektedir. Bu çalışmada heyelan duyarlılık haritasının doğruluğunu test etmek amacıyla literatürde sıklıkla kullanılan rastgele noktalama yaparak örneklem oluşturulmuştur. Bu amaçla daha önce doğruluk analizi için ayrılan heyelan envanter haritaları kullanılmıştır. Heyelanlı gerçek sahalar ve bunların dışında kalan alanlara rastgele 300 nokta atılmış ve bu noktalara karşılık gelen değerler yazdırılarak SPSS programına aktarılmıştır. SPSS programının ROC analiz aracı kullanılarak ROC eğrisi oluşturulmuştur.

Solaklı Çayı Havzası'nın duyarlılık haritasının doğruluğunun değerlendirmesi amacıyla ROC Eğrisi Altında Kalan Alan (EAA) yaklaşımı kullanılmıştır. ROC eğrisi, farklı eşik değerleri için dikey eksen üzerinde doğru pozitiflik (duyarlılık) ve yatay eksen üzerinde yanlış pozitiflik (1-belirlilik) oranlarının yer aldığı bir eğridir (Dirican,1991; Faraggi ve Reiser 2002; Beguería 2006).

EAA değerinin 1'e yakın olması modelin doğruluğunun yüksek, 0.5'e yakın olması ise modelin doğruluğunun oldukça düşük olduğunu göstermektedir (Fawcett, 2006; Akgün,2018). Bu çalışmada heyelan envanter haritaları kullanılarak heyelanlı sahalar ile heyelanlı sahaların dışında kalan yerlerin heyelan değerleri tespit edilerek SPSS programında ROC eğrisi çizilmiştir (Şekil 19). Çizilen eğride ROC eğrisinin 0,73 olduğu görülmüştür. Bu değer Frekans oranı yöntemi kullanılarak oluşturulan heyelan duyarlılık haritasının kullanılabilir olduğunu göstermektedir.

Şekil 19. Heyelan duyarlılık haritası ROC Eğrisi

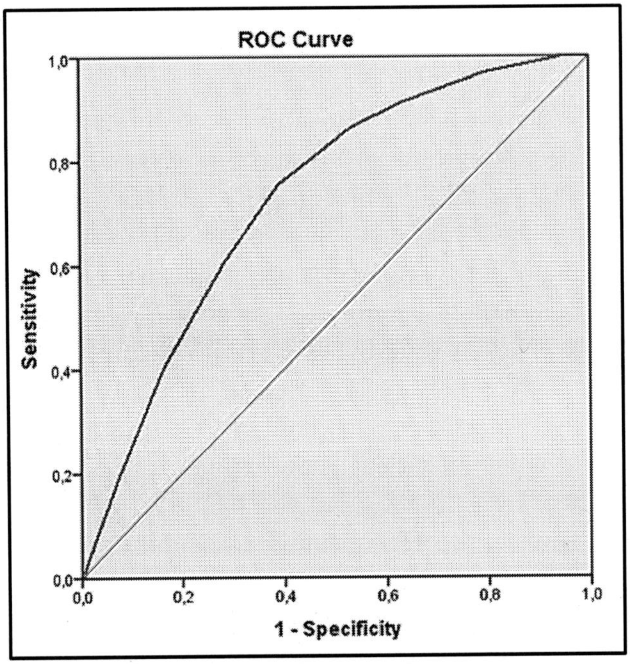

Dağlık bir bölge olan Solaklı Havzası'nda, heyelanlar insanlara ve mülklere büyük zararlar vermiştir. Bununla birlikte, topoğrafik ve jeomorfolojik koşullar ile beşeri faaliyetlerin sonucu olan heyelanlar üzerine yapılan araştırmalar hala sınırlıdır. Bu alandaki çalışmalar ya heyelan envanteri çalışmaları ya da il ölçeğinde yapılan heyelan duyarlılık çalışmalarıdır. Havza temelli çalışmaların önemi günden güne artmakta ve bilimsel çalışmaların sınırlarını genişletmektedir.

Solaklı Havzası'nda yapılacak heyelan değerlendirmeleri, yerel makamların heyelan tehlike yönetimini gerçekleştirmesine ve önleyici tedbirler almasına yardımcı olacaktır. Bu çalışmanın sonuçları, Solaklı Havzası'nda heyelan zararlarının en aza indirilmesi ve sürdürülebilir havza yönetimi için kullanılabilir.

Havzada yapılan arazi gözlemleri, heyelan analizi ve değerlendirmeleri, heyelana neden olan faktörlerin her birinin heyelan oluşumuna katkı sağladığını, ancak bazı kriterlerin daha belirgin olduğunu göstermektedir. Heyelanların eğim değerlerinin yüksek olduğu, akarsu ve yola yakın yerler ile yerleşme ve tarımsal arazi kullanımının olduğu yerlerde duyarlılığın arttığı görülmüştür. İnşaat faaliyetlerinin baskısı, binaların yamaca ek yük getirmesi, karayolunun yamaç topuğunu oyarak yamaç stabilitesini bozması ve aşırı yağışlar ile birlikte ayrışmış killi malzemenin varlığı, havzada heyelanların sık görülmesinin temel sebepleridir. Havzada son yıllarda artan ormansızlaştırma ile birlikte ormanların yerini tarımsal araziler almış, bu da bu alanlarda daha sık heyelan olayı yaşanmasına neden olmuştur.

Frekans oranı yöntemi ile oluşturulan heyelan duyarlılık haritasında %9,69'luk (72 km^2) alanın çok düşük, %25,58'lik (190,57 km^2) alanın düşük, %31,30'luk (233,18 km^2) alanın orta duyarlıkta, %23,57'lik (175,61 km^2) alanın yüksek, %9,76'lık (72,73 km^2) alanın çok yüksek duyarlılıkta olduğu görülmektedir (Harita 26).

Harita 26. Araştırma sahasının heyelan duyarlılık haritası

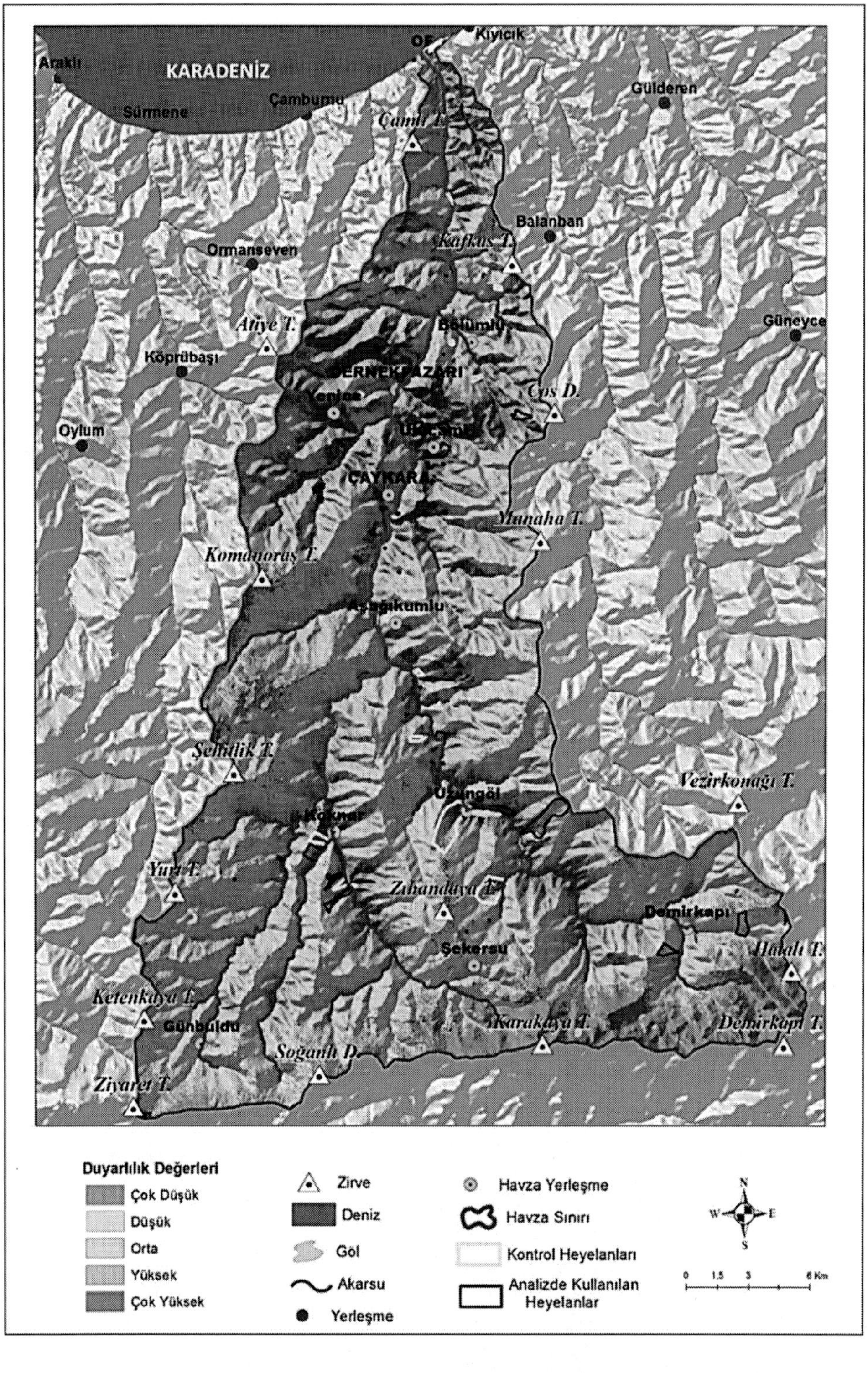

Harita 27. Araştırma sahasının yerleşme yeri heyelan risk haritası

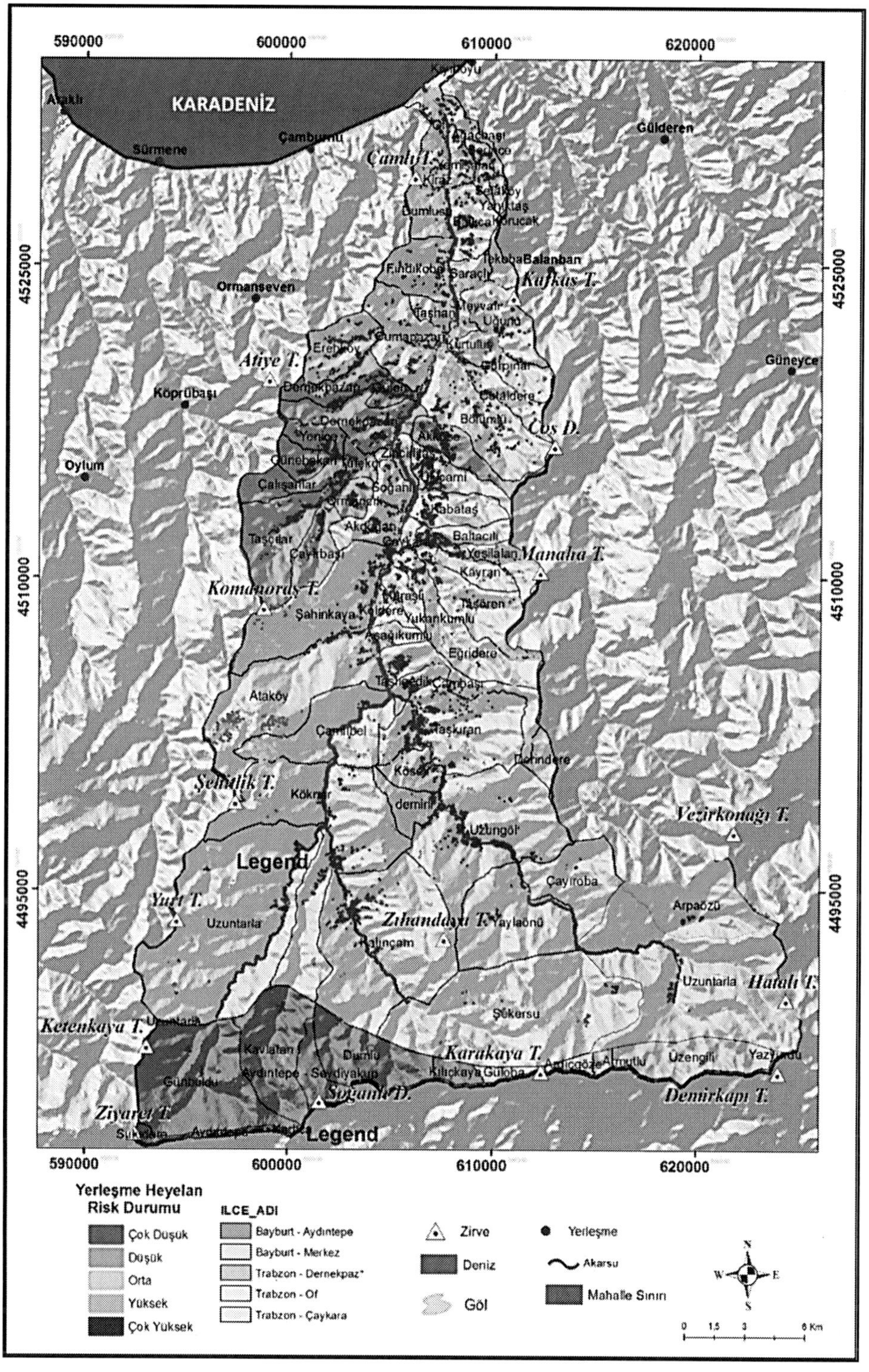

4.1.2. Kaya Düşmesi

Kaya düşmesi, kayaların yerçekiminin etkisiyle dik bir yamaç boyunca kütle veya farklı büyüklükteki parçalar halinde düşmesi olayıdır (Atalay, 2013). Sert ve yumuşak tabakaların ardalandığı eğimli yamaçlarda kaya bloklarının dengelerini yitirmesi ve eğimli yamaç boyunca aşağıya doğru yuvarlanmaları kaya düşmesi olarak ifade edilir (Polat ve Güney, 2013). Yamaçta bir denge halinde bulunan kaya ve zemin parçaları kendiliğinden, depremler veya aşırı yağışlarla harekete geçip meyil aşağı hareket edebilir (Yakar ve diğerleri, 2019).

Kaya düşmeleri genellikle dağlık, taşlık ve engebeli arazilerde, deprem, sel, heyelan gibi doğal afetlerle veya kayaların fiziksel ve kimyasal parçalanması sonucu kaya blokları ve parçalarının dengesiz kalması sonucu meydana gelir. Kaya düşmeleri dağlık alanlarda sıklıkla meydana gelir ve yerleşim alanları, kara ve demiryolları gibi altyapı tesislerini tehdit edebilir. Araştırma sahası olan Solaklı Havzası, orman örtüsü yoğunluğu dışında kaya düşmesi olayları için uygun koşulları içermektedir. Havzanın dağlık ve engebeli yapısı, yer yer 70 dereceyi aşan eğim miktarları (Harita 4) ve aşırı yağışlar, kaya bloklarının ve parçalarının düşmesi için uygun koşulları oluşturmaktadır.

Solaklı Çayı Havzası'nda kaya düşmeleri, fiziksel faktörler (aşırı yağışlar, yüksek eğim değerleri) ve antropojenik faktörlerin (yol yapım çalışmaları, kazı ve hafriyat alımları, patlatma, tünel açma) birleşimi sonucu oluşmaktadır. Tünel açma, karayolu yapım çalışmaları ve konut alanları oluşturma sırasında kullanılan dinamit ve benzeri patlatma yöntemleri, hem kaya içerisinde çatlakların büyümesine hem de denge halinde olan kaya bloklarının dengesinin bozularak yamaç aşağı hareket etmesine neden olmaktadır.

Volkanik kayaçların yaygın olduğu (Harita 2) Solaklı Havzası'nda kaya blokları ve parçaları, fiziksel ve antropojenik etkilerle dengesiz hale gelerek yamaç aşağı hareket etmektedir. Kaya düşmeleri, dağlık ve engebeli Solaklı Havzası'nda özellikle karayoluna düşerek ulaşımın aksamasına ve evlerin zarar görmesine neden olmaktadır (Foto 32).

Kaya düşmelerine karşı havzada şu önlemler alınabilir;

- Mevcut orman alanlarının muhavazası ve kaya düşmesi riskli alanlarda ağaçlandırma çalışmalarının yapılması.
- Düşme tehlikesi olan kaya bloklarının kontrollü patlatmayla riskin ortadan kaldırılması.
- Kaya düşmesine karşı çelik bariyer uygulamalarının arttırılması
- Kaya düşmesi tehlikesinin daha fazla yüksek ve eğimli sahalardan geçen karayolu boyunca uyarıcı levhaların asılması.

Foto 32. Araştırma Sahasında Kaya Düşmeleri. Uzungöl-Demirkapı arasında meydana gelen kaya düşmesi (1). Dernekpazarı'nda meydana gelen kaya düşmesi sonucu ev zarar görmüştür (2). (URL) Çaykarada vadiye düşen kaya bloğu (3)

Kaynak: DSİ atfen Çınaklı, 2008

4.2. Sel ve Taşkın

Araştırma sahası, klimatik özellikleri, toprak yapısı, arazi kullanım özellikleri, havza morfometrisi ve drenaj özellikleri gibi coğrafi özellikler bakımından sel ve taşkınlara son derece müsait bir alan oluşturmaktadır. Bu bölgede afet boyutuna ulaşan seller ve taşkınlar, can kayıplarına ve geri kazanılması mümkün olmayan doğal kaynak kayıplarına neden olmaktadır. Ayrıca, sel ve taşkınlar özellikle tarım alanları, yerleşim birimleri ve alt-üst yapı sistemlerine zarar vererek ciddi ekonomik kayıplara yol açmaktadır (Mutlu, 2020).

Sel ve taşkınlar, oluşum mekanizmaları, sebepleri ve sonuçları bakımından birbirinden farklı doğal olaylardır. Sel, su kütlesinin bir yatak içinde veya yatak kesitini aşarak eğim yönünde kontrolsüz ve büyük bir enerji ile akış halinde olduğu bir olay olarak tanımlanırken, taşkın daha çok göllenme ve çevresini suyla kaplama şeklinde gerçekleşen bir olaydır (Bayraktar, 2006; Turoğlu ve Özdemir, 2005; Turoğlu, 2011). Kısa sürelerde (birkaç saat içinde) meydana gelen seller, yüksek akım hızları ve yüksek eğimler nedeniyle taşıma kapasitesi yüksektir ve önüne çıkan her türlü malzemeyi taşıma ve yıkıcı etki yapma potansiyeline sahiptirler. Taşkınlar ise yükseltiye bağlı olmaksızın eğim değerlerinin % 0-2 arasında olduğu arazilerde su fazlası nedeniyle su basması ve göllenme şeklinde oluşur ve daha yavaş bir şekilde geri çekilirler (Bayraktar, 2006; Turoğlu, 2011).

Araştırma sahasında taşkınların olasılığının yüksek olduğu yerler, özellikle Solaklı Vadisi'nin kıyıya yakın ve geniş tabanlı olduğu bölgelerde görülmektedir. Bu bölgelerde taşkınlar, şehir merkezi gibi yerleşim alanlarını etkileyebilir. Havzanın yüksek eğimli olması ve "V" biçimli ve derin vadilerin yaygın olması, bu havzada sel karakterli afetlerin daha sık yaşanmasına neden olmuştur.

4.2.1. Solaklı Çayı Havzasında Meydana Gelen Sel- Taşkın Olayları

1929 Of-Çaykara Sel Felaketi ve Bölgeye etkileri: Doğu Karadeniz Bölgesi'nde 1929 yılından 2021 yılına kadar geçen 92 yıllık sürede meydana gelen sel, heyelan ve taşkın olaylarında toplam 690 kişi hayatını kaybetti. Bölgede en fazla sel ve taşkın olayı Rize'de yaşanırken, bu olaylardan en fazla ölümlü afet olayı ise Trabzon'da gerçekleşti.

Cumhuriyet döneminde Trabzon'daki ilk büyük sel felaketi 5-7 Temmuz 1929 tarihlerinde Çaykara, Of, Sürmene, Köprübaşı civarında meydana gelmiş ve bu olay bir hafta sonra ulusal basına yansımıştır (Başkaya 2015). Bu olay halk arasında bir tarih başlangıcı olarak kabul edilir.

Afet anında, yaklaşık bir hafta boyunca aralıklı yağan yağmurların ardından son 40 saat boyunca kesintisiz yağışlar, Solaklı vadisinin kaynak kesimlerinde büyük heyelanlara yol açtı. Bu heyelanlar, dere yatağının önünü tıkayarak heyelan setleri oluşturdu (Şekil 20, 21). Heyelan setinin arkasında biriken su, sağlam bir zemin olmayan heyelan kütlesini de önüne katarak denize doğru ilerleyen su ve çamurun yüksekliğini 30-40 metre kadar artırdı. Bu durum, vadideki yerleşim alanlarını ve tarım arazilerini yok etti. Felaketin boyutları bir hafta sonra ulusal basının manşetlerinde yer almıştır. Manşetin başlıkları olayın boyutunu gözler önüne sermesi yönünden önemlidir. 15 ve 16 Temmuz 1929 tarihli Milliyetin haberinde olayı dünyaya şu cümlelerle duyurdu. 15 Temmuz pazartesi: " Rize, Sürmene ve Of'taki feyezan çok korkunçtur. 413 ev yıkılmıştır. Halkın çoğu korkudan dağlara kaçmıştır" (URL1). 16 Temmuz Salı : " Sürmene ve Rize dağlarından sürüklenen odunlardan adalar oldu ve İzmir vapuru büyük bir tehlike geçirdi" (URL 2). Haberin devamında " Rize, Of, Sürmene havalisindeki felaketin tüyler ürperten dehşeti yeni yeni haberlerle gün geçtikçe artmaktadır. En çok sürmene ve Of'ta tahribatını yapan yağmurlar birçok köylerde ne barınacak ev, ne bir ağaç kovuğu bırakmamıştır" diye ifade edilerek felaketin boyutunu ortaya koymuşlardır.

Felaketi kamuoyuna duyuran gazetelerden biri akşam gazetesidir. 16 Temmuz 1929 tarihli sayısında felaketi "Rize civarında bir dağ yarıldı" başlığıyla vermiştir. Bölgeye gönderdikleri muhabirlerinden de teyit edilen habere göre selden 23 köyden 506 evin yıkıldığı 425 kişinin öldüğü söylenmiştir. Tahribatın en çok Of kazasında olduğu söylenmiştir (URL 3).

1929 yılı sel felaketinin gözler önüne seren sadece gazete haberleri değildir. Bu olayın canlı tanıkları felaketi resmetmişlerdir. Felaketin canlı tanıklarından biri Bakkaloğlu Asım Efendidir. Asım Efendi Görele'deki akrabalarına 21 Temmuz 1929 tarihinde yazdığı mektupta felaket hakkında bilgi verir. Bu bilgilerin bir kısmı duyumlara dayalı ve abartılı olsa da felaketin yörede yaşattığı atmosferi özetlemesi bakımından dikkat çekicidir. Muhitin Yıldırım'ın 1996 yılında ortaya çıkardığı mektubunda Bakkaloğlu şöyle der;

"...Bu dünyanın hiç hükmi yoktur. Bir hafta zarfında Of kazasını mahvu perişan etti. Of'un çok nüfusu ilm-u irfanı servetü samanı Karadeniz'de bir daha yokdi. Cenabu Allah 24 saatte mahvu perişan etti. 6 Temmuz'da bir gün bir gece yağan yağmur ve yerlerin dağ ve taşlardan çıkan sulari Nuh Aleyhisselam'ın zamanı gibi oldu. Of'un en büyük ve zengin köyleri Zisino 450 hane, Zeno 500 hane, Zeleka, Holaysa, Kadahor nahiyesi 700 haneye yakın Hopşera ve Şur 800 hane, Holo köyleri 25 muhtarlıktır. Bunların arazileri yüzde 80 gitti. Kalan 20'den de bir şey anlaşılmaz. Hane, değirmen, dükkân 2000 den çok nufus 5 altı yüz kadar boğazda hiç bir pazar kalmadı. Bildiğimiz Kadahor ve Hadi pazarları belirsiz oldu. Köprü, cami kâmilen gitmiştir. Elhasıl su, Celal Efendi'nin hanesine kadar çıktı. Merhum amcalarımızın asari olan taş köprüyü de aldı. Merkezden Hadiya kadar pazar mevkii kalmamıştır. Paçan ile Mimilos'ta çok zayiat da yok. Lehul hamd akrabamızdan nufus zayiatı yoktur, yaylalarda bulundular. Of kazası 80.000 nüfustur. Tahminen 50.000'i hicrete hazırlanıyor. Zeno köyü camii şerifi 11 kubbeli İstanbul'da emsali yok idi. Dereden camiye kadar 4 saat üstünden aşağı iki saat köyün başında yoroz dağı gibi bir dağ var idi. Yarilup cami ve köyü önüne katıp dereye indirdi. Köylerde komşudan komşuya gitmeye imkân yoktur. İrmaklar iki minare derinluğinde 20 dakika mesafede ehali birbirinden haberdar değil. Elan (hali hazırda) da olamadi. Bugün Paçan muhtarı Sürmene yoli ile Of'a geldi. İşte Paçan ve Mimilostan bir parça izahat aldım. Ekseri konak ve haneler taş üzere altından su kaynayıp haneyi uçurdi bazısı da aşağı geçdi. 11 kubbeli camide 50 kişi yatsı namazını kılıyordu bir takımları da camide kumar oynuyordu. Öylece sel onları getirdi.

Felaket gündüz saat 3'te başladı. Dağları siyah bir bulut kapladı. Kayalar yarılıp sedasını merkezden işitirdik. Saat 7 sularında şiddetli bir hareketi arz da oldu. 8 gün 8 gece dağlar mütemadiyen yarildi ve seller akar idi. İki gün güneş etti. Mimilos Anoso köyleri güneş de battı sel oldular. Abdest alınamayacak bir ırmak 150 senelik gürgen ağacını götürdü. Şinek başı mezra ve çayırlar kâmilen sel oldu. Bu köylerde hiç şenlik yok ma'siyet ve isyan bu köylerde idi. Cenabı Hakk'ın büyük bir kudreti ilahiyei azimesini gösterdi.

Kondu karşısında (Veçono adında) bir köy vardı. Gece oradan bir evi sel alıp dereye 1,5 saat bayır mevkiden evi aldı. Kopti. İçinde iki kadın çocukları kucaklarında o azim dereden karşıya haneye attı. İçinde iki kadın ve çocuklar sağ salim çıkıp Hopşera köyüne iltica ettiler. Elyevm (hâlâ) berhayattırlar (hayattadırlar). İki kadında çocuklar kucaklarında ve biri beşikte boğulmuş olarak Rize açıklarında deryada bulundiler. Ve bir da çabulaci ustasini Zisino köyinde evinden sel getirdi. 1 saat kadar getirip bir bayirda durdi. Boğaza kadar çamura gömülmüş üç gün üç gece feryat edip açlıktan bunaldı. Bir sabah namazı 15 yaşlarında bir delikanlı yanına vardı bir parça arpa ekmeği tuzsuz ve üzerine bir parça yağ peynir verip yedi. Aklı başına geldi, delikanlı gaip oldu. Elyevm o adam berhayattır.

Zisino ahalisi gece köyün ortasına toplandılar ellerinde fenerler dört taraflarından seller hücum etti. 70-80 kişi var idiler çıkamadılar, büyük bir sel geldi. Bunları önüne kattı. Allah Allah sedaları asumane çıktı karşıki köyden görürlerdi. Fenerler sönüp kelime-i şehadet kesildi. Cümlesi boğularak vefat eyledi. Bazi kimseleri de bir saatlik yola kadar sel getirip kapatti. 2 gün sonra çıkarildiler. Hali felaketten haberdar olmadılar.

Velhasil yüzde 20 dediğimiz Müslümanlar kurtardiler. Düz tarlalari metin binalari olan mütebaki (arta kalan) 80'i helak (yıkılma, bitme) oldiler. Hazreti Allah Nuh aley hisselam kavmi gibi de bu kavmi eyledi. Dere hala çamur akıyor, ceviz kadar taş dereye atsa batmaz o kadar sıkı çamur akıyor. Bayburt hududundan Of dağlari umumen yarildiler, yarilup sele giden dağlarun sedası asumana çıkardı. Geri kalan ahalilerde 40 güne varmaz. O derece korktuk!!!

Hazreti Allah Subhanehu hazretleri kudreti azametini bize gösterdi. Dere tuğyan günü iki minare derinlikte gelen dere deryaya karışmakta 40-50 adım mesafede kaldı. Denize karışmadı ve deniz bulanmadı. Of'un önüne vapur demirlediği mesafeye kadar doldurup düzeldi. Papuçte gezilir bir mahdır aheste yağıyor. Dört gündür güneş gördük. Köylerde kebristan bile kalmayıp sele gitti. Of boğazını dere şöse yoli ile beraber doldurup dümdüz toprak oldu..."(Url 4) Mektupta adı geçen ve selden en çok etkilenen yerleşim yerlerinin bugünkü isimleri şunlardır: Zisino (Bölümlü), Zeno (Ulucami), Zeleka (Taşören), Kadahor (Çaykara), Şur (Şahinkaya), Holaysa (Yeşilalan), Hopşera (Akdoğan) köyleridir.

6 Temmuz 1929 of felaketi ile ilgili olarak Mahmut Kemal Poyraz (1912-1988) tarafından 17 yaşındayken yazılan **" Of Felaketi Destanı**" adlı şiir 1929 yazında gerçekleşen ve yörenin fiziki, sosyal ve psikolojik yapısını yansıtması açısından önem taşır.

OF FELAKETİ DESTANI

Dokuzyüzyirmidokuzda
Pazar gününde, temmuzda
Saat yedide, gündüzde
Büyük bir afet olmuştur

Kabil değildir temsili
Görülmemiştir hiç misli
Yerler, dağlar oldu sisli
Hava çok vahim olmuştur

Hiç görmeyenler inanır
Elli saat yağdı yağmur
Hep yerleri etti çamur
Birdenbire sel olmuştur

Halk çok bunaldı şöyle ki
Bırakıp hem kaçar ola ki
Candan aziz bir şey yok
Bu söz akıla gelmiştir

(Devamı Url5)

Şekil 20. 1929 Of sel felaketini gösterir blok diyagram ve felaket haberleri.

Kaynak: Trabzon DSİ Müdürlüğü

Foto 33. 6 Temmuz 1929 Of sel felaketinden bir görüntü Kaynak: (Url 6)

Şekil 21. 1929 Of sel felaket sahasını gösteren harita

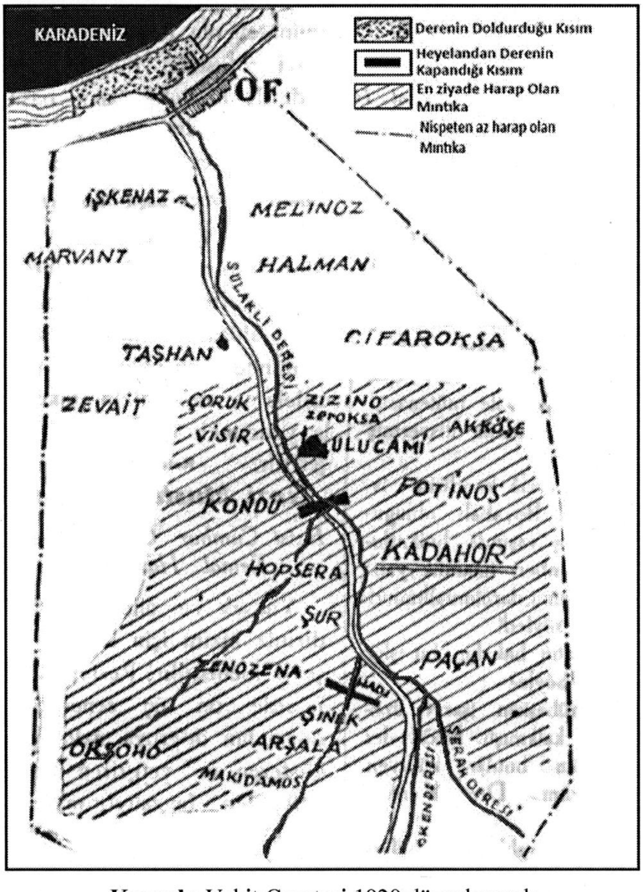

Kaynak: Vakit Gazetesi 1929 düzenleyerek

Solaklı Çayı'nın Havza Morfometrisinin Sel ve Taşkın Üzerine Etkisi

Morfometrik indislerin kullanımı, klasik jeomorfolojik yaklaşıma önemli bir katkı sağlar ve günümüz literatüründe büyük bir öneme sahiptir. Bu yaklaşımda, havzanın jeomorfolojik ve hidrografik özellikleri, sayısal arazi modeli ve sayısal yüzey modeli kullanılarak nicel olarak ifade edilir. Morfometri sayesinde elde edilen bu veriler, araştırma alanındaki drenaj sisteminin evrimi ve bu evrimin altında yatan yapısal ve litolojik kontrolün derecesi, dağılımı ve karakteri hakkında tutarlı ve hızlı bilgi sağlar. Ayrıca, bölgede meydana gelen sel ve taşkın olayları ile heyelanların nedenleri hakkında önemli bir veri kaynağı oluşturur.

Bu çalışmada, Solaklı Havzası'nın morfometrik özellikleri, 5 metre çözünürlüklü sayısal arazi modeli kullanılarak belirlenmiştir. Aynı zamanda Solaklı Havzası, 13 farklı alt havzaya ayrılarak her bir havzanın morfometrik özellikleri ele alınmış ve incelenmiştir.

Literatürde birçok morfometrik indis bulunmasına rağmen, bu çalışmada havzanın topoğrafik özelliklerini belirlemek ve sel-taşkın olayları ile heyelan nedenlerini ortaya çıkarmak için uygun indisler kullanılmıştır. Bu bağlamda, havzanın morfometrik özellikleri üç farklı morfometrik indeks (alan, çizgisel ve yüzey) kullanılarak incelenmiştir.

4.2.1.1. Alansal Morfometrik İndisler

Havzaların alansal özelliklerinin oluşturduğu morfometrik parametreler, havzaya düşen yağışların toplanması ve yüzeysel akışın birikimi açısından çok önemli bir özelliğe sahiptir (Özdemir 2016). Bu çalışmada kullanılan parametreler; Drenaj Yoğunluğu (Dd), Akarsu Sıklığı (Fs), Havza Şekli (RF), Uzunluk Oranı (Re) ve Gravelius İndeksi (KG) dir.

Drenaj Yoğunluğu (D_d): Horton tarafından formülleştirilmiş olan en önemli parametrelerden biridir. Havzadaki toplam drenaj uzunluğunun havza alanına bölünmesiyle elde edilir.

$\sum L/A$ Formülü kullanılır. Formülde **$\sum L$=** Toplam Drenaj Uzunluğu **A=** Havza alanı (Km^2)'dır.

Dd değeri, havzaların akarsular tarafından parçalanma derecesini verir. Dolayısıyla parçalanmada önemli bir etkiye sahip olan jeolojik, morfolojik, klimatik ve bitki örtüsü özellikleri hakkında bilgi vermesi açısından da önemlidir. Buna bağlı olarak, düşük Dd değerine sahip havzalar yüzeysel suların yeraltına sızdığı ve yeraltı akımlarını oluşturduğu, buna karşın yüksek Dd değerine sahip havzalar yüzeysel akışlarla aşındırmanın ve parçalanmanın hâkim olduğu bir özellik gösterir (Özdemir 2016).

Solaklı Çayının alt havzalarının drenaj yoğunluğuna baktığımızda değerlerin birbirine yakın olduğu ve oldukça yüksek bir drenaj yoğunluğuna sahip olduğunu söyleyebiliriz (Harita 28, Tablo 24). Havzanın bütününe baktığımızda drenaj yoğunluğu 1,51'dir. Bu değer oldukça yüksek bir drenaj yoğunluğunu ifade etmektedir. Havzada bitki örtüsü yoğunluğuna rağmen drenaj yoğunluğunun yüksek çıkması havzanın eğim ve yağış değerlerinin yüksek oluşu ile ilgilidir. Tüm bu değerler ile havzanın fizyografik özellikleri dikkate alındığında sel ve taşkın riskinin yüksek olduğunu söylemek mümkündür.

Akarsu Sıklığı (F_s): Havza içindeki toplam akarsu dizin sayısının havza alanına bölünmesiyle elde edilir. F_s=N/A Formülü ile elde edilir. Formülde N: Toplam dizin sayısı A: Havza alanı (km^2) dır.

Akarsu sıklığı bir bölgenin akarsu bakımından zengin veya fakir oluşunu açıklar. (Y. Hoşgören 2015). Havzalardaki yüksek Fs değerleri, geçirgen olmayan zemin özellikleri, seyrek bitki örtüsü ve yüksek relief özelliklerini gösterirken, düşük Fs değerleri ise geçirgen olan jeolojik özellikleri ve alçak relief özelliklerini ortaya koyar (Özdemir 2016), (Y. Hoşgören 2015). Akarsu sıklığı üzerinde iklim, zeminin litolojik özellikleri, jeomorfolojik özellikler, bitki örtüsünün yanında süre ve insan gibi çeşitli faktörlerinde etkisi vardır (Y. Hoşgören 2015).

Solaklı Havzası ve alt havzalarının akarsu sıklığına baktığımızda oldukça yüksek değerler göstermektedir (Tablo 24). Bunun nedeni havzanın bütününde yüksek bir relief özelliği göstermesi ve geçirimsiz zemin özelliğinden kaynaklanmaktadır. Akarsu sıklığının yüksek oluşu sel-taşkın riskinin yüksek oluşunu göstermektedir.

Dairesellik Oranı (Rc): Dairesellik oranı; havza alanının (A) 4π ile çarpılarak havzanın çevre uzunluğunun (P) karesine bölünmesi sonucu hesap edilmektedir. Değerin 1'e yaklaşması dairesellik oranını artırmaktadır. Dairesel havzalarda düşen yağışın havzanın aşağı çığırına ulaşma zamanı kısadır. Dar ve uzun havzalarda düşen yağışın aşağı çığıra ulaşma süresi uzamaktadır. Böylece dairesel havzalarda sel ve taşkın riski artarken dar ve uzun havzalarda sel ve taşkın riski azalmaktadır.

Solaklı Çayı Havzası ve alt havzalarının dairesellik oranları farklılık göstermektedir. Havzada dairesellik oranı en yüksek olan alt havza Ağrandöz Deresi Havzası'dır (0,70). Onu Holo Deresi Havzası takip etmektedir (0,63). Dairesellik oranı en düşük havzalar ise Akköse ve Islamlı Deresi Havzalarıdır. İnceleme alanında en büyük iki alt havza olan Uzungöl Deresi Havzası 0,46 ve

Karaçam Deresi Havzası ise 0,47'lik bir orana sahiptir. Tabloya baktığımızda, alt havzaların genellikle daha dairesel bir form gösterdiğini görmekteyiz. Solaklı Çayı Havzası'nın dairesellik oranı ise 0,21 olarak ölçülmüştür. Bu değer, araştırma alanının dar ve uzun bir şekle sahip olduğunu göstermektedir.

Bu değere göre, araştırma alanında sel ve taşkın riskinin düşük olduğu düşünülebilir; ancak, havzada yüksek eğim değerlerinin ve alt havzaların dairesel formunun sel ve taşkın riskini artırdığını belirtmek önemlidir. Uzun ve yoğun yağışlar, yan kollar boyunca hızla aşağıya doğru hareket ederek sel ve taşkınlara neden olabilir.

Tekstür Oranı (T): Havzanın önemli morfometrik parametrelerinden biridir. Tekstür oranını elde edebilmek için 1. derece dizinlerin sayısı havzanın çevre uzunluğunun 1'e bölümü ile çarpılmaktadır. Engebeli topoğrafyaya sahip arazilerde bu oran yüksek çıkmaktadır (Bengisu ve Türkoğlu 2020).

Solaklı Çayı Havzası alt havzalarının tekstür oranı düşük görünse de (Tablo 24), havzanın tamamı incelendiğinde 5,9 gibi yüksek bir değer elde edilmiştir. Bu değer, akışa geçen su miktarının yüksek olduğunu ve dolayısıyla sel ve taşkın riskinin yüksek olduğunu göstermektedir. Karaçam Deresi (7,24) ve Uzungöl Deresi (7,10) havzalarındaki tekstür oranı oldukça yüksek çıkmıştır. Bu durum, bu havzalarda akarsu etkinliğinin yüksek olduğunu ve engebeli bir topoğrafyaya sahip olduklarını göstermektedir.

Lemniskat Oranı (K): Havzada ana akarsu koluna paralel olacak şekilde belirlenen maksimum havza uzunluğunun (Lb) karesi ile Pi (π) sayısı ile çarpılarak havza alanının (A) dört katına bölünmesiyle elde edilen bir orandır.

Aşağıdaki formül kullanılmaktadır.

$$K=Lb2\pi/4A$$

Kelebek eğrisi de denilen lemniskat oranı 0,50-1,80 aralığı normal kabul edilmektedir. Düşük akış hızına sahip akarsularda lemniskat oranı düşük çıkarken yüksek akış hızına sahip akarsularda bu oran yüksek çıkmaktadır. Akış hızı yüksek akarsular yüksek miktarda sediment ve malzeme taşıyabilmektedir.

Harita 28. Araştırma sahasının drenaj yoğunluk haritası

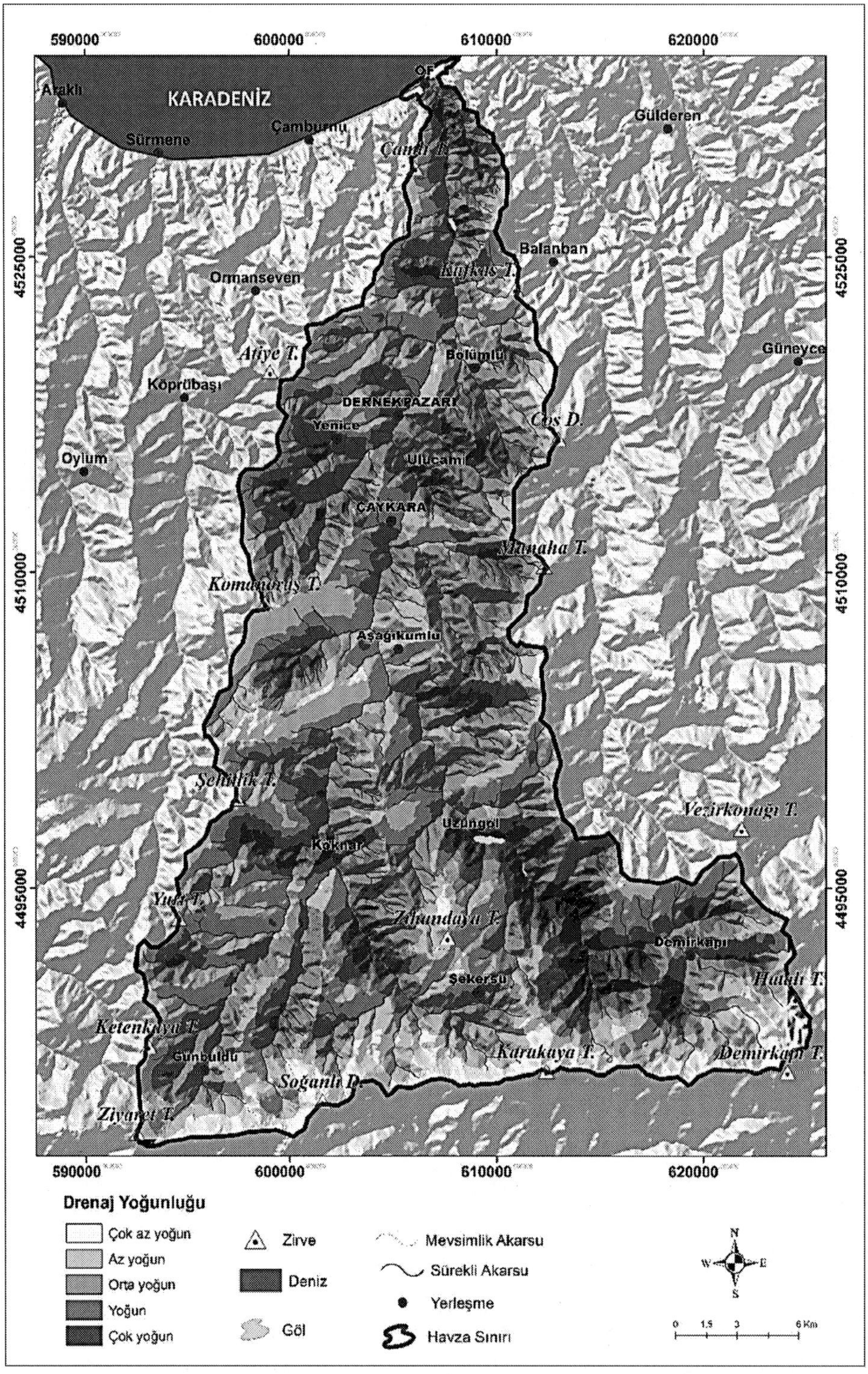

Tablo 24. Solaklı Çayı Havzası ve alt havzalarında uygulanan morfometrik indisler ve elde edilen değerler

	MORFOMETRİK İNDİSLER	Formül	Karaçam Deresi Havzası	Uzungöl Deresi Havzası	Maltepe Deresi Havzası	Yeşilalan Deresi Havzası	Holo Deresi Havzası
Alansal Parametreler	Havza Alanı (A) km^2		249,20	217,40	32,03	35,90	43,63
	Havza Çevresi (P) Km		81,48	76,96	27,52	30,01	29,30
	Havza Şekli (R_f)	R_f= A/Lb.2	0,40	0,31	0,35	0,34	0,40
	Dairesellik Oranı (Rc)		0,47	0,46	0,53	0,44	0,63
	Biçim Katsayısı (R_d)	$R^d=L^2/A$	2,46	3,1	2,8	2,8	2,4
	Akarsu Sıklığı (F_s)	F_s = N/A	4,7	5,02	4,2	4,7	4,5
	Tekstür Oranı (T)	T= Nui x(1/P)	7,24	7,10	2,47	2,83	3,41
	Drejaj Tekstürü (Rt)	Rt= Nu/P	29,2				
	Lemniskat Oranı (K)	$Lb^2\pi/4A$	1,93	2,46	2,23	2,25	1,93
	Drenaj Yoğunluğu (D_d)	D_d = ΣL/A	1,70	1,87	1,85	1,71	1,70
Çizgisel Parametreler	Havza Uzunluğu (L)		24,77 km	26,1	9,54	10,16	10,39
	Maksimum Havza Genişliği (W)		20,837 km	13,76	5,34	6,58	6,26
	Ana Akarsu Uzunluğu (L_m)		8,87 km	27,66	3,85	4,37	7,80
	Akarsu Uzunluk Oranı (R_L)	RL=Lu/Lu+1	2,0	2,4	1,9	2	1,7
	Çatallanma Oranı (R_b)	R_b=Nu/Nu+1	7,9	2,4	1,7	2,8	1,7
	Yüzeysel Akış Uzunluğu (ℓo)	ℓo= 1/2D	86,15	62	9,3	12,28	15
	Uygunluk Oranı (R_i)	$R_i=L_m/P$	0,10	0,35	0,13	1,14	0,26
	Yatak Kıvrımlığı Oranı (R_{si})	$R_{si}=L_m/L_d$	1,27	1,36			
Yüzey(rölyef) Parametreler	Havza Reliefi (B_h)	$B_h = H_{max} - H_{min}$	1847,3	1733	1845	2145	1690
	Engebelilik Değeri (R_n)	R_n= D_d x B_h	3,13	3,24	3,41	3,66	2,87
	Hipsometrik Eğri (Hc)	h/H a/A					
	Hipsometrik İntegral (Hi)	Hi = H - Hmin./Hmax. - Hmin	0,48	0,47	0,59	0,55	0,40
	Gravelius Katsayısı (indeksi) (Kg)	$P/2\sqrt{3,14 * A}$	1,44	1,47	1,37	1,41	1,25

	MORFOMETRİK İNDİSLER	Formül	Akköse Deresi Havzası	İslamlı Deresi Havzası	Bölümlü Deresi Havzası	Ahamlı Deresi Havzası	Meyvalı Deresi Havzası
Alansal Parametreler	Havza Alanı (A)		11,27	10,45	22,43	16,50	11,82
	Havza Çevresi (P)		18,61	16,96	23,81	18,87	16,79
	Havza Şekli (R_f)	R_f= A/Lb.2	0,21	0,23	0,36	0,34	0,31
	Dairesellik Oranı (Rc)		0,40	0,45	0,49	0,58	0,52
	Biçim Katsayısı (R_d)	$R^d=L^2/A$	5,5	4,2	2,7	2,8	3,15
	Akarsu Sıklığı (F_s)	F_s = N/A	4,7	6,02	4,9	4,4	4,9
	Tekstür Oranı (Rt)	Rt== Nui x(1/P)	1,45	1,88	2,39	1,96	1,78
	Drenaj Yoğunluğu (D_d)	D_d = ΣL/A	1,69	1,70	1,84	1,64	1,98
	Lemniskat Oranı (K)	$Lb^2\pi/4A$	4,3	3,2	2,16	2,25	2,48

Çizgisel Parametreler	Havza Uzunluğu (L)		7,89	6,61	7,87	6,89	6,10
	Maksimum Havza Genişliği (W)		2,28	2,7	4,26	2,86	3,25
	Ana Akarsu Uzunluğu (L_m)		6,26	3,94	3,5	4,45	4,64
	Akarsu Uzunluk Oranı (R_L)	RL=Lu/Lu+1	1,3	1,8	1,7	1,7	1,8
	Çatallanma Oranı (R_b)	R_b=Nu/Nu+1	1,8	1,5	1,9	1,5	1,5
	Yüzeysel Akış Uzunluğu (ℓo)	ℓo= 1/2D	3,95	3,61	6,63	6,15	3,02
	Uygunluk Oranı (R_i)	R_i=L_m/P	0,33	0,23	0,14	0,23	0,27
Yüzeysel (rölyef) Parametreler	Havza Reliefi (B_h)	Bh = Hmax - Hmin	1690,3	1284	1644	1200	1260
	Engebelilik Değeri (R_n)	R_n= D_d x B_h	2,85	2,18	3,00	2,20	2,49
	Hipsometrik İntegral (Hi)	Hi = H - Hmin./Hmax. - Hmin	0,46	0,44	0,41	0,43	0,37
	Gravelius Katsayısı (indeksi) (Kg)	$P/2\sqrt{3,14*A}$	1,56	1,48	1,41	1,31	1,37
	Havza Asimetrisi (AF)	AF= 100 (Ar/At)	66,70	48,6	49,3	56,2	59,3
	Aşınım ve Parçalanma Şiddet Derecelendirmesi (E_c)						

Bu oranın yüksek olduğu sahalarda sel-taşkın ve heyelan riski artmaktadır (Bengisu ve Türkoğlu 2020). Solaklı Havzası ve 13 alt havzasının lemniskat oranı tablo 24 incelendiğinde yüksek değerler çıktığı görülmektedir. Dolayısıyla Solaklı Çayı alt havzalarında sel-taşkın ve heyelan riski yüksektir. Solaklı Havzası'nın lemniskat oranı 2,37'dır (Tablo 24). Bu değer Solaklı Havzası'nın akış hızının yüksek olduğunu göstermektedir.

4.2.1.2. Çizgisel Morfometrik İndisler

Havzaların çizgisel morfometrik özellikleri havza üzerinde yer alan bir takım çizgilerin değerlendirilmesi ve yorumlanmasıyla elde edilir (Özdemir 2011). Bu özelliklerin bilinmesi sel-taşkın ve heyelanlar hakkında fikir verecektir. Çizgisel morfometrik özelliklerin başlıcaları; çatallanma oranı, uzunluk oranı, yüzeysel akış uzunluğu, uygunluk oranıdır.

Yüzeysel Akış Uzunluğu (Lo): Havza alanının (A), drenaj yoğunluğunun (Dd) karesine bölünmesi ile yüzeysel akış uzunluğu hesaplanır. Yüzeysel akış uzunluğu, suyun bir kanala girmeden yüzeyden akarak en yakın kanala ulaştığı mesafeyi ifade eder (Horton, 1945). Bu uzaklık, dairesel ve uzunlamasına şekillere sahip havzalarda farklı değerlerde ortaya çıkar. Dairesel bir havzada, suyun yavaşlayarak oyalanması daha fazla olduğundan yüzeysel akış uzunluğu genellikle düşük bir değerdedir. Öte yandan, uzunlamasına bir havzada, suyun daha az oyalanması nedeniyle yüzeysel akış uzunluğu genellikle daha yüksektir.

4.2.1.3. Yüzeysel (Rölyef) Morfometrik İndisler

Havza Reliefi (B_h): Havza reliefi, havzanın içindeki maksimum yükselti değerinden minimum yükselti değerinin çıkarılmasıyla hesaplanır. Havza reliefi yüksek olan havzalar, genellikle engebeli arazilere ve yüksek yarılma derecesine sahip bölgelere karşılık gelir. Bu tür havzalarda eğim fazladır, bu da akış hızının yüksek olmasına ve dolayısıyla sel ve taşkın riskinin artmasına neden olabilir.

Solaklı Çayı Havzası ve alt havzalarının havza reliefine baktığımızda oldukça yüksek değerler elde edilmiştir (Tablo 24). Havza reliefi kıyıdan yukarı doğru ilerledikçe artmaktadır, özellikle Uzungöl ve Karaçam gibi havzalarda daha yüksek değerler görülmektedir. Havzanın tamamına baktığımızda, havza reliefinin 3375 gibi çok yüksek bir değer olduğu görülmektedir. Bu değer, havzanın yarılma derecesinin oldukça yüksek olduğunu ve akarsu akış hızının yüksek olduğunu göstermektedir.

Engebelilik Değeri (Rn): Engebelilik değeri, havza reliefinin (Bh) kilometre cinsinden değeri ile drenaj yoğunluğunun çarpılması sonucu hesaplanır. Hesaplamaya göre, Solaklı Çayı'nın alt havzalarında engebelilik değeri 2,00'nin üzerindedir ve genellikle kıyıdan uzaklaştıkça bu değerler artar. Solaklı Havzası bütün olarak değerlendirildiğinde engebelilik değeri (Rn) 5,096 gibi yüksek bir değer elde edilmiştir (Tablo 24). Bu, havzanın yükseltisinin fazla olduğunu, akarsular tarafından parçalandığını ve dolayısıyla sel ve taşkın riskinin yüksek olduğunu göstermektedir.

Gravelius indeks (kg): Gravelius indeksi havzanın şeklini açıklamaya yardımcı bir indekstir. $Kg = P/2\sqrt{(\pi * A)}$ Formüldeki P, havza çevresini (km); π, pi sayısını (3,14); A ise havza alanını (km^2) temsil etmektedir. Kg değerinin küçük olması havzanın dairesel görünüm kazandığını ortaya koyan bir veridir (Elbaşı, E. ve dig. 2018). Havza şekilleri akarsu akımlarına etki eder. Uzunlamasına havzalarda akım düşük fakat devamlı iken, dairesel havzalarda yüksek akımlar görülmektedir (Özdemir, 2011).

Solaklı Çayı ve alt havzalarının indeks değerlerine baktığımızda alt havzaların dairesel havza özelliğine daha yakın olduğu görülmektedir. Solaklı Havzası bütün olarak değerlendirildiğinde indeks değeri alt havzalara göre daha yüksek ve uzunlamasına bir havza özelliği gösterdiği görülmektedir. Alt havzaların her birinin dairesel özelliğe daha yakın olması (Tablo 24) sel ve taşkın oluşturma potansiyellerinin daha yüksek olduğunu göstermektedir.

4.2.2. Solaklı Çayı Havzası Sel-Taşkın Risk Zonlaması

Bu çalışmada sel-taşkın duyarlılığını belirlemek amacıyla Çok Kriterli Karar Verme Yöntemi benimsenmiştir. Taşkına duyarlı bölgeleri haritalamak için hangi kriterlerin uygulanması gerektiği hususunda tam bir fikir birliğinin olmaması (Tehrany vd. 2014; Rahmati vd., 2016) nedeniyle literatürde en çok kabul gören kriterler içinde araştırma sahasına uygun olan eğim, bakı, arazi kullanımı, akarsuya yakınlık, drenaj yoğunluğu, yağış, havza şekli ve havza büyüklüğü faktörleri kullanılmıştır (Harita 29,).

Bu çalışma kapsamında uzaktan algılama verileri, yersel çalışmalar ve sel ve taşkın üzerinde etki eden faktörler (Eğim, Bakı, Yağış, Arazi kullanımı, akarsuya yakınlık, drenaj yoğunluğu, havza şekli ve havza büyüklüğü) kullanılarak sel-taşkın duyarlılık ve yerleşim yeri risk analizi yapılmıştır.

Sel ve taşkın duyarlılığını belirlemek amacıyla Çok Kriterli Karar Verme Yöntemi kullanılmıştır (Şekil 22). Bu kapsamda sel ve taşkına neden olan ana parametrelerin birbirine olan önem sıralamalarını belirlemek için Analitik Hiyerarşi Süreci (AHP) kullanılmıştır (Tablo 26). Ana parametrelerin alt kriterlerinin birbirlerine olan üstünlüklerini belirlemek için ağırlıklı çakıştırma yöntemi kullanılmıştır. Kriterlerin etki oranları, sahada elde edilen veriler ve uzman görüşleri dikkate alınarak belirlenmiştir.

Çok Kriterli Karar Verme yöntemi, genellikle farklı sayıda seçeneklerin değerlendirilmesi, sıralanması, sınıflandırılması, önceliklendirilmesi veya elenmesi amacıyla kullanılır. Bu yöntem, farklı ölçütleri içeren ve genellikle ağırlıklandırılmış ölçütlerle çalışan karar verme süreçlerini daha etkili ve sistematik hale getirmeyi amaçlar (Yoon ve Hwang, 1995). Çok Kriterli Karar Verme Yöntemi, özellikle çok sayıda alternatif ve kriterin bulunduğu karmaşık karar verme problemlerinde kullanılır (Öztürk, 2009).

Bu yöntemlerden biri de AHP (Analitik Hiyerarşi Süreci) yöntemidir. Thomas Saaty tarafından 1970'lerin sonlarında geliştirilen bu yöntem, birden fazla kritere bağlı olarak oluşan problemlerin çözümünde kriterlere ağırlık değerleri atanarak karar vericilerin daha doğru kararlar almasını amaçlar (Saaty, 1994). AHP, basit, anlaşılır ve uygulanabilir olması nedeniyle sıkça tercih edilen bir yöntemdir (Tokgözlü ve Özkan, 2018; Özcan ve diğerleri, 2009).

Bu çalışmada, sel ve taşkın alanlarının belirlenmesi hedeflenmiştir. Bu hedefe ulaşmak için öncelikle ana kriterler seçilmiş ve bu kriterlere ait alt kriterler ve alternatifler içeren bir hiyerarşik yapı oluşturulmuştur (Çellek ve diğerleri, 2015). Hiyerarşik yapı oluşturulduktan sonra, hangi kriterlerin birbirlerine göre daha önemli olduğunu belirlemek için Saaty tarafından önerilen temel önem ölçeği kullanılmıştır (Tablo 25, 26).

Şekil 22. Çok Kriterli Karar Verme Yöntemi akış şeması

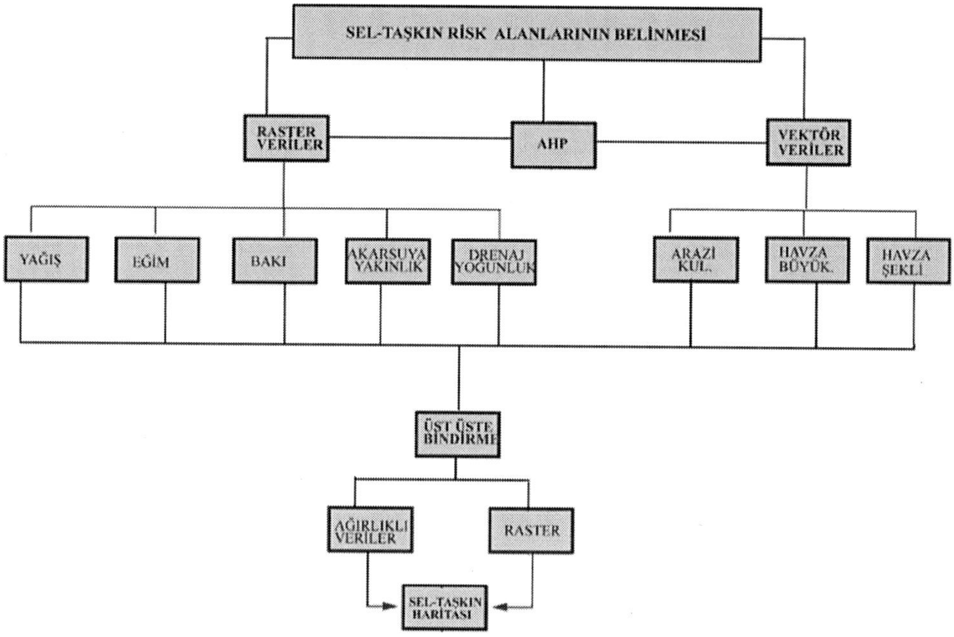

Tablo 25. AHS tekniğinde kullanılan ikili karşılaştırma ölçeği.

Önem Derecesi	Açıklama
1	Ölçütler eşit öneme sahip
3	Ölçüt 2. Ölçüte göre biraz daha önemli
5	Ölçüt 2. Ölçüte göre fazla önemli
7	Ölçüt 2. Ölçüte göre çok fazla önemli
9	Ölçüt 2. Ölçüte göre en kuvvetli (Aşırı derecede fazla) öneme sahip
2,4,6,8	Ara değerler

Kaynak: Saaty, 1994

Kriterler arasında ikili karşılaştırma yapılırken oluşabilecek tutarsızlıklar oluşabilir. Çalışmanın doğruluğunu ölçmek için bir formüle göre tutarlılık hesaplamaları yapılmaktadır (Mutlu, Emre, Y. 2020).

Formül:

$CR = CI/RI$

$CI = (\lambda max - n) / (n-1)$

Formülde;

CI: Tutarlılık İndeksi (Consistency Index)

RI: Rastgele İndeksi (Random Index)

CR: Tutarlılık Oranı (Consistency Ratio)"na karşılık gelmektedir.

Bu çalışmada iki karşılaştırmaların kendi içinde tutarlılığını ve doğruluğunu tespit etmek amacıyla uygulanan Tutarlılık Oranı (CR) değeri 0.079 olarak bulunmuştur. Bu değer çalışmanın kabul edilebilir tutarlılıkta doğru olduğunu göstermektedir.

Tablo 26. Sel-taşkın için ikili karşılaştırma matrisi

	Eğim	Yağış	Bakı	Arazi Kullanımı	Akarsuya Yakınlık	Drenaj Yoğunluğu	Havza Büyüklüğü	Havza Şekli	Yüzde %
Eğim	1	1/2	3	3	1	3	3	3	17,828
Yağış	2	1	3	5	3	4	4	4	29,052
Bakı	1/3	1,3	1	3	1/3	3	4	4	12,883
Arazi Kullanımı	1/3	1/2	1/3	1	1/3	3	5	5	8,332
Akarsuya Yakınlık	1	1/3	2	3	1	3	5	5	17,607
Drenaj Yoğunluğu	1/3	1/4	1/3	1/3	1/3	1	3	3	6,405
Havza Büyüklüğü	1/3	1/4	1/4	1/3	2	1/3	3	1	3,389
Havza Şekli	1/3	1/4	1/4	1/3	2	1/3	3	1	4,503
					CR:0.079				

4.2.2.1. Sel-Taşkın Risk Zonlamasında Kullanılan Faktörler

Yağış Faktörü: Solaklı Havzası'nda uzun süreli ve şiddetli yağışlar yüzeysel akışa geçerek sel ve taşkın oluşturmada en büyük etkiye sahiptir. Sel ve taşkın üzerinde maksimum yağışlar büyük öneme sahiptir. Araştırma sahasında Of/Fidanlık meteoroloji istasyonun uzun yıllar (1965-2019) aylık maksimum yağış miktarları verilerini incelediğimizde en fazla yağış yaz ve sonbahar aylarında görülmektedir (grafik 17). Ağustos ayında yağışın maksimum ortalaması 58 mm'dir. Eylül ayı maksimum yağış ortalaması ise 53,67 mm'dir. Haziran, Temmuz ayları maksimum yağışlara kar erimelerinin de dâhil olması sel ve taşkınları arttırıcı bir unsurdur. Özellikle hava sıcaklıkların hızla yükselmesi sonucu ani kar erimeleri sel ve taşkın olaylarını arttırmaktadır.

Grafik 17. Of/Fidanlık meteoroloji istasyonu aylık ortalama maksimum yağışlar

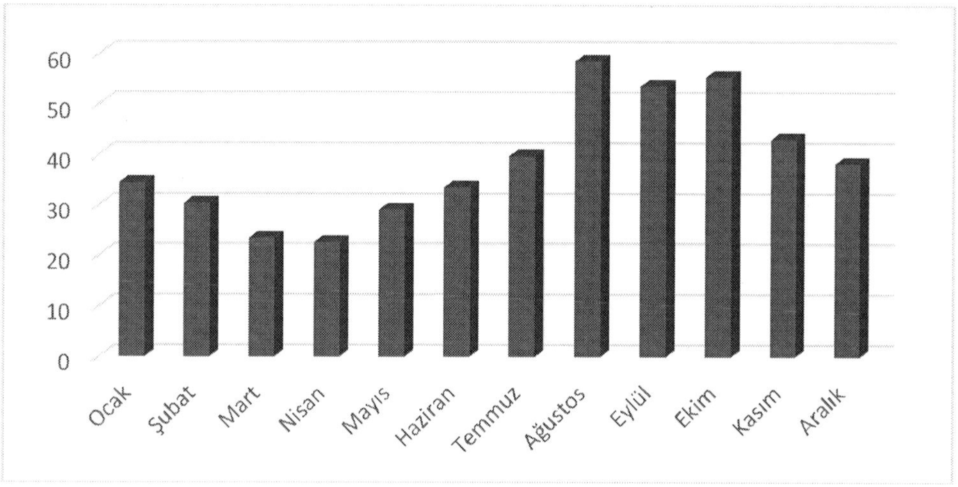

Eğim Faktörü: Eğim değerleri yerçekimine bağlı olarak gerek suyun akış hızını, buna bağlı olarak malzemelerin taşınmasını ve taşınan malzeme boyutunu gerek bunların depo edileceği gerekse suyun da birikebileceği alanlar tamamen eğim tarafından belirlenir (Dölek, 2008). Eğim faktörü havzaya düşen yağışın akarsuya kavuşma süresini de etkiler. Yüksek eğimli yerlerde yağışın akarsuya kavuşma hızı artar ve süresi kısalır. Bu nedenle yüksek eğimli yerlerde daha çok sel karakterli afetler meydana gelir. Nitekim Solaklı Havzası'nda eğimin yüksek olması daha çok sel karakterli afetlerin yaşanmasına neden olmuştur. Düşük eğimli sahalarda havzaya düşen yağış akarsuya daha geç kavuşur ve kavuşma süresi uzar. Düşük eğimli alanlarda daha çok taşkınlar meydana gelir.

Havzaya ait eğim değerleri 5 gruba ayırarak değerlendirilmiştir. Solaklı Çayı Havzası'nda alçak, düz ve düze yakın alanlar taşkın riski için en uygun alanları oluşturur. Su fazlasının yeterli düzeye ulaştığı bu eğim grubundaki alanlarda taşkınlar meydana gelir (Dölek,2008).

Araştırma sahasında eğimin sel ve taşkınlar üzerinde etkisini ortaya koyabilmek amacıyla sayısal yükselti modeli kullanılarak havza 5 farklı eğim grubunda (% 0-3, 3-8, 8-12, 12-25 ve 25> alanlar) sınıflandırılmıştır (Grafik 18). Eğimin dağılışına baktığımızda araştırma sahasının oldukça eğimli olduğu, düz ve düze yakın alanların oldukça az olduğu görülmektedir. Düz ve düze yakın alanlar daha çok vadi tabanları ile kıyıya yakın alanlarda (Of ilçe merkezi) görülmektedir. Karadeniz sahil yolunun buradan geçmesi ve uygun topoğrafik şartlar of ilçe merkezini yoğun nüfuslu bir alan haline getirmiştir. Eğimin alt kriterlerinin sel ve taşkın üzerinde etki derecesi sel ve taşkın için ayrı ayrı düşünülerek verilmiştir. Taşkın alanları için eğimin düşük olduğu alanlara daha yüksek değerler verilirken eğimin arttığı alanlara daha düşük değerler verilmiştir. Sel için durum nispeten daha farklıdır. Suyun şiddetinin arttığı yüksek eğimli yerlere sel için yüksek değer verilmiştir. Düşük eğimli yerlere daha düşük değerler verilmiştir (Tablo 28).

Grafik 18. Solaklı Havzası eğim grupları ve yüzdelik oranları

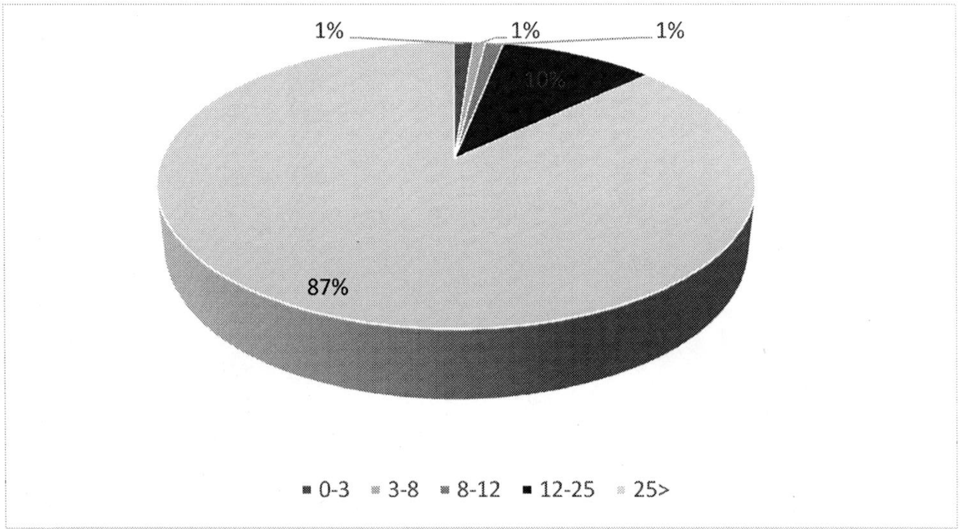

Bakı Faktörü: Bir yamacın güneş ışınlarını alma durumunu ifade eden bakı faktörü (Atalay, İ. 2013). Yağış getiren hava kütlelerini alıp almama durumunu da tayin eder. Karadeniz'den gelen nemli hava kıyı gerisinde hızla yükselen Karadeniz dağlarının kuzey ve kuzeybatı yamaçlarına bol miktarda yağış bırakır.

Sayısal Yükselti Modelinden (SYM) üretilen bakı haritası yamaçların yönelimlerini bize verir. Ana parametrelerden biri olarak ele aldığımız bakı faktörü Analitik Hiyerarşi Sürecinde uyguladığımız ikili karşılaştırma matrisinde sel ve taşkın üzerindeki etkisi % 12,883 olarak bulunmuştur (Tablo 26) . Bakı faktörünün alt kriterlerinin sel ve taşkın üzerinde etkisi değerlendirilirken yukarıda nedenini bahsettiğimiz kuzey ve kuzeybatı yamaçlara daha yüksek etki değeri verilmiştir. Güney ve güneydoğu bakılı yamaçlara daha düşük etki değerleri verilmiştir. Bu yamaçların havza içinde dağılışlarına baktığımızda kuzey bakılı yamaçların havzanın toplam alanının (758 km^2) % 43,63'ünü (327,28 km^2) oluşturur (Tablo 27 Grafik 19).

Tablo 27. Araştırma sahasının yamaç yönleri alansal ve yüzdelik miktarları

YÖNLER	Alan (Km²)	Yüzde (%)
Düz (-1)	4,6781	0,623747
Kuzey (0-22,5)	**57,3147**	**7,64196**
Kuzeydoğu (22,5-67,5)	**98,7255**	**13,1634**
Doğu (67,5-112,5)	92,5648	12,341973
Güneydoğu (112,5-157,5)	78,2958	10,43944
Güney (157,5-202,5)	76,0217	10,136227
Güneybatı (202,5-247,5)	78,2828	10,437707
Batı (247,5-292,5)	**101,831**	**13,577467**
Kuzeybatı (292,5-337,5)	**110,7147**	**14,76196**
Kuzey (337,5-360)	**60,5269**	**8,070253**

Grafik 19. Araştırma sahasının yamaç yönleri yüzdelik oranları

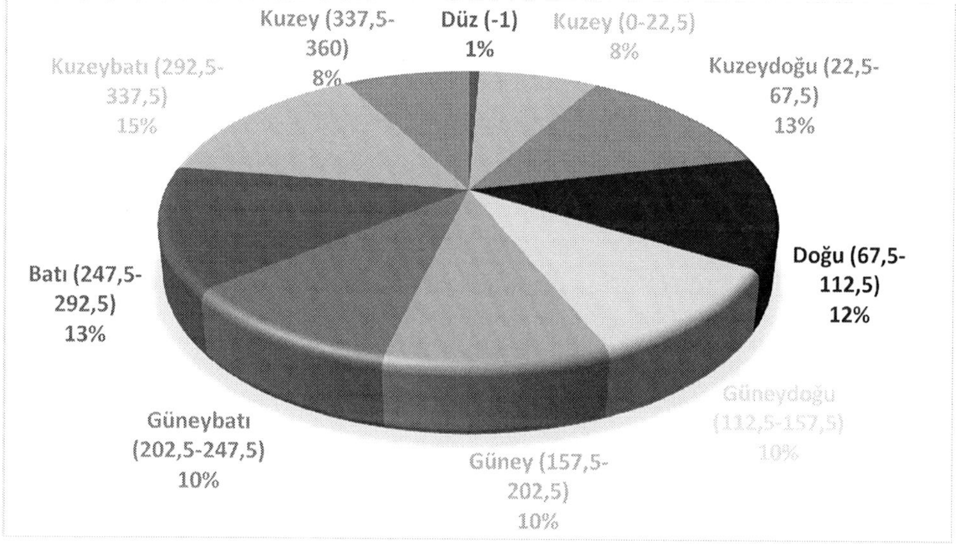

Akarsuya Yakınlık Faktörü: Sel ve taşkın riski açısından önemli faktörlerden biri akarsuya yakınlık faktörüdür (Şen, 2009). Akarsuya yaklaştıkça sel ve taşkın riski artar, uzaklaştıkça azalır. Bu çalışmada akarsuya olan uzaklık 5 farklı sınıfta değerlendirilmiştir (Harita). Bu nedenle akarsuya en yakın olan 0-250 m aralığı en yüksek risk sınıfı olarak kabul edilmiş ve sel ve taşkınlar üzerindeki etki derecesine en yüksek değer verilmiştir. Akarsudan uzaklaştıkça, sel ve taşkın riski azaldığı için akarsuya uzak alanlara daha düşük dereceler atanmıştır (Tablo 28). Ana faktörlerin birbirleri üzerindeki etkilerini belirlemek için AHP (Analitik Hiyerarşi Süreci) ile oluşturulan ikili karşılaştırma matrisinde akarsuya yakınlık faktörü %17,607 olarak hesaplanmıştır (Tablo 26).

Drenaj Yoğunluğu Faktörü: Havzadaki akarsuların toplam uzunluğunun havza alanına oranı, drenaj yoğunluğu olarak ifade edilir (Dury, 1964). Drenaj yoğunluğu fazla ise, yağışın ana akarsulara hızlı bir şekilde ulaşacağı ve taşkın şiddetinin artacağı anlamına gelir (Oğuz, K. ve diğerleri, 2016). Solaklı Havzası'nın drenaj yoğunluğu, alt havzalarla birlikte hesaplanmış ve sel-taşkın hesaplamalarında ana parametre olarak kullanılmak üzere drenaj yoğunluğu haritası üretilmiştir. Bu haritaya göre drenaj yoğunluğu 5 farklı grupta sınıflandırılmıştır: çok az yoğun, az yoğun, orta, yoğun, çok yoğun (Harita 29, Tablo 28).

Çalışmada drenaj yoğunluğunun diğer parametreler üzerindeki üstünlüğünü belirlemek amacıyla Analitik Hiyerarşi Süreci ile ikili karşılaştırma matrisi oluşturulmuş ve drenaj yoğunluğu % 6,405 olarak hesaplanmıştır (Tablo 26). Ayrıca çalışmada ağırlıklı çakıştırma yöntemi kullanılarak drenaj yoğunluğunun etki derecesi, düşük yoğunluktaki alanlardan yüksek yoğunluklu alanlara doğru artırılmıştır (Tablo 28). Bu, drenaj yoğunluğunun arttığı bölgelerde sel ve taşkın riskinin artacağı gerçeği göz önüne alınarak yapılmıştır.

Arazi Kullanımı: Sel ve taşkın oluşumu üzerinde fiziki faktörlerin yanı sıra beşeri faktörler de önemli bir rol oynar. Yetersiz drenaj, köprüler, menfezler, kanallar vb. altyapı özellikleri, sel ve taşkınların kontrol edilmesinde etkilidir. Örneğin, 11 Ağustos 2021 tarihinde Kastamonu'nun Bozkurt ilçesinde meydana gelen sel ve taşkın afetinde, sel sularıyla birlikte gelen tomrukların köprü önünde tıkanması ve biriken suyun daha büyük zararlara neden olması, beşeri faktörlerin sel ve taşkınlar üzerindeki etkisini gösteren iyi bir örnektir. Ayrıca arazi kullanımı da sel ve taşkınların oluşumu üzerinde olumlu veya olumsuz etkiler yaratabilir (Ocak ve Bahadır, 2020).

Solaklı Havzası'nda, arazi kullanımının en büyük payı (%40) orman alanlarına aittir. Ormanlar, yapraklar, dallar ve gövdeleri ile yağmur suyunu tutarak sel ve taşkın oluşmasını önleyici bir etki yaparlar. Havzada yerleşim yerlerinin büyük bir kısmı yamaçlara ve sırtlara kurulmuştur, ancak Of şehir merkezi, Dernekpazarı ve Çaykara merkezi gibi yerleşimler vadide kurulmuştur. Bu vadide kurulu yerleşimlerin sel ve taşkınlardan etkilenme olasılığı yüksektir. Bu yerleşimler, akarsu yatağının daraltılmasına neden olabilir.

Tablo 28. Sel ve taşkını etkileyen parametrelerin etki değerleri

PARAMETRELER	ALT KRİTERLER	SEL	TAŞKIN
Eğim (%)	0-2	3	9
	2-5	3	8
	5-10	5	3
	10-15	8	3
	15 >	9	1
Yağış	512-550	3	3
	550-750	3	3
	750-1000	3	3
	1000-1250	8	8
	1250-1500	8	9
	1500>	9	9
Bakı	Düz	5	9
	Kuzey (0-22,5)	9	9
	Kuzeydoğu (22,5-67,5)	8	8
	Doğu (67,5- 112,5)	6	6
	Güneydoğu (112,5-157,5)	4	4
	Kuzey (157,5-202,5)	7	9
	Güneybatı (202,5-247,5)	6	6
	Batı (247,5-292,5)	7	7
	Kuzeybatı (292,5-337,5)	9	9
	Kuzey (337,5-360)	9	9
Arazi Kullanımı	Endüstri Alanı	9	9
	Taş Ocağı	2	2
	Tarım	8	8
	Mera	5	3
	Geniş Yapraklı Orman	4	3
	İğne Yapraklı Orman	4	3
	Karışık Orman	4	3
	Çıplak Kayalık	1	1
	Seyrek Bitki Alanı	7	7
	Yerleşim Alanı	8	8
Drenaj Yoğunluğu	Çok az yoğun	1	1
	Az yoğun	3	3
	Orta	4	4

	Yoğun	8	8
	Çok Yoğun	9	9
Havza Şekli	0,21	3	3
	0,22	3	3
	0,23	3	3
	0,31	4	4
	0,34	4	4
	0,35	5	5
	0,36	5	5
	0,40	7	7
	0,70	8	8
Havza Büyüklüğü (km2)	6	2	2
	7	2	2
	7	2	2
	11	2	2
	7	2	2
	217	5	5
	249	6	6
Akarsuya Yakınlık	0-250 m	9	9
	250-500 m	8	8
	500-750 m	6	6
	750-1000 m	2	2
	1000>	1	1

Harita 29. Sel-taşkın duyarlılığında kullanılan parametreler

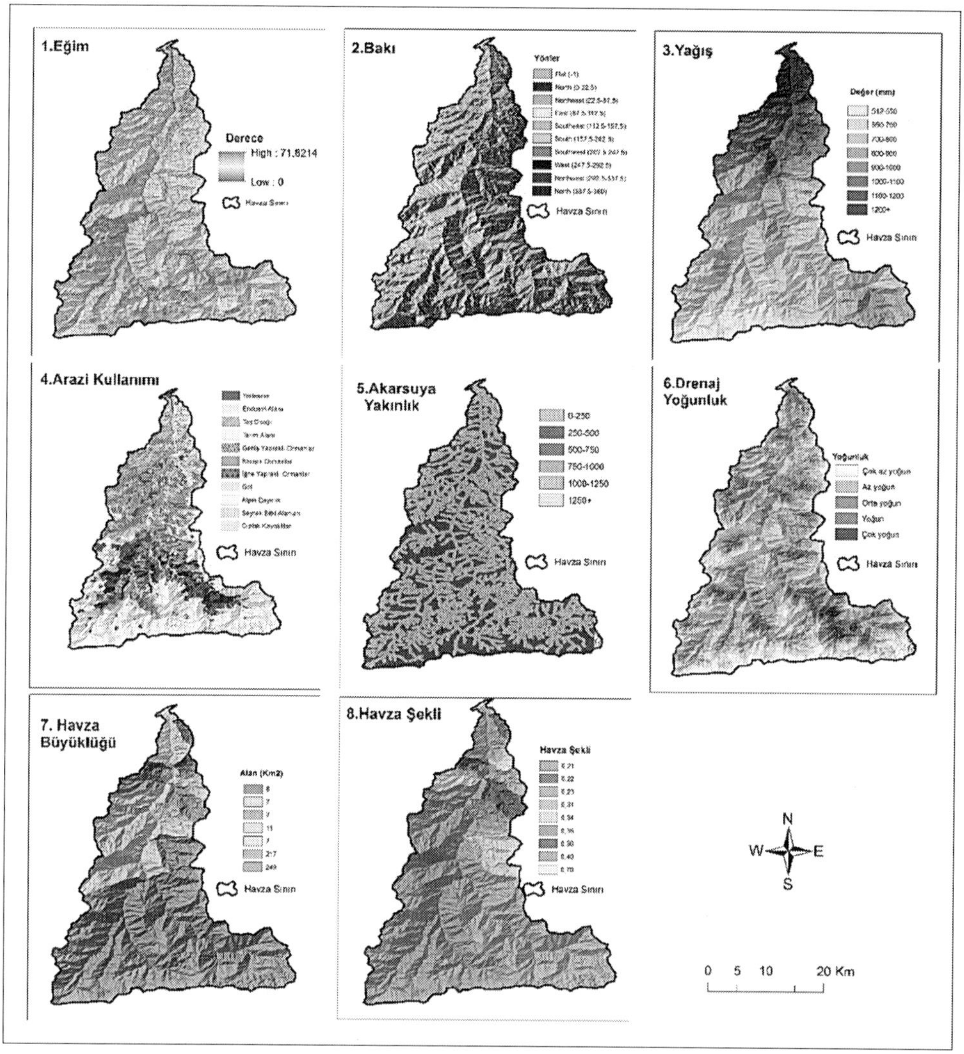

Havza Şekli: Havzaya düşen yağışın akarsuya ulaşma hızı ve süresi üzerinde etkisi vardır. Dairesel şekle sahip havzalarda düşen yağışın akarsu yatağında birikeceği süre, diğer havzalara göre daha kısa olacaktır. Bu nedenle dairesel havzalarda akarsu debisi daha hızlı bir şekilde artar. Uzunlamasına havzalarda ise suyun kaynaktan menbaya kadar olan mesafeyi kat etmesi daha uzun sürer, bu da bu tür havzalarda sel ve taşkın oluşma potansiyelinin daha düşük olacağı anlamına gelir.

Solaklı Havzası'nın alt havzalarının şekli, dairesellik oranı hesaplanarak belirlenmiştir. Bu analize göre, dairesellik oranı en yüksek olan alt havza Ağrandöz Deresi havzasıdır. Dairesellik oranının en düşük olduğu ve uzunlamasına havza şekline daha yakın olan havza ise Akköse Deresi havzasıdır (Harita 29).

4.2.2.2. Solaklı Çayı Havzası Sel Riski Alanların Değerlendirilmesi

Solaklı Çayı Havzası ve alt havzaları, sel riski açısından etkileyen faktörler (yağış, eğim, bakı, akarsuya uzaklık, drenaj yoğunluğu, havza şekli, havza büyüklüğü ve arazi kullanımı) dikkate alınarak, sel tehlikesine maruz kalabilecek riskli alanlar belirlenmiştir (Harita 32, Tablo 29). Buna göre, Solaklı Havzası'nın toplam alanının %44'ü (339,19 km^2) yüksek ve çok yüksek riskli alanlar olarak sınıflandırılmıştır. Çok düşük ve düşük riskli alanlar ise havzanın toplam alanının (%20) 151 km^2'sini oluşturmaktadır (Tablo 29, Grafik 20).

Solaklı Havzası, sel riski açısından oldukça riskli bir bölgedir. Özellikle Solaklı Çayı'nın yan kolları, sel üretme potansiyeli daha yüksek olan havzalardır. Bu havzalar, yoğun nüfuslu yerleşim alanlarına sahiptir. Holo, İslamlı, Ahamlı, İspele, Ağrandöz, Meyvalı ve Akköse alt havzaları, sel oluşturma potansiyeli en yüksek olan havzalardır ve bu havzalarda yaşayan nüfus sel riski altındadır.

Solaklı Havzası'ndaki konutların sel riski açısından durumu incelendiğinde yaklaşık 18,000 konut yüksek ve çok yüksek sel riski altındadır (Harita 31, Grafik 21). Havzanın belirgin relief özellikleri, yüksek eğimli yamaçların fazlalığı ve neredeyse düz olmayan alanların az olması, vadi tabanları ve vadi tabanlarına yakın yamaçlarda yerleşmeyi zorunlu hale getirmiştir. Solaklı Havzası'nın yan kollarının yüksek ve çok yüksek sel riski taşıması, vadi tabanları ve vadi tabanlarına yakın yamaçlardaki konutları tehlikede bırakmaktadır (Foto 34). Sel riski açısından düşük riskli yerleşimler ise yüksek aşınım düzlüklerinde yer alan yayla yerleşimleridir.

Tablo 29. Solaklı Havzası'nın sel risk değerleri

Risk Dereceleri	Alan (Km^2)	Yüzde (%)
Çok Düşük	4,5445	0,599538
Düşük	147,7653	19,494103
Orta	259,6059	34,248799
Yüksek	251,7638	33,214222
Çok Yüksek	87,4373	11,535264

Grafik 20. Araştırma sahasının sel riski alanların yüzdelik değerleri

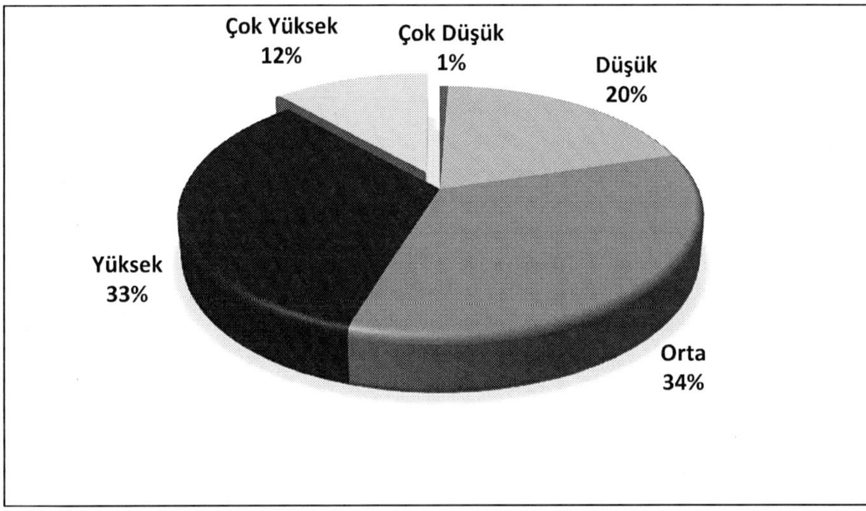

Grafik 21. Araştırma sahasında konutların sel risk durumuna göre dağılışı

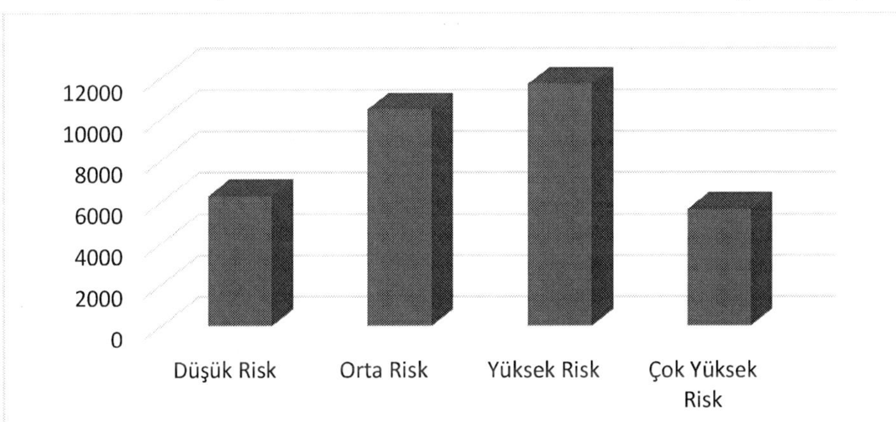

Foto 34. Ahamlı Deresi vadi tabanına yakın konutlar sel riski açısından yüksek risk taşır.

Araştırma sahasının taşkın risk durumunu incelediğimizde, taşkın riskinin ana kol olan Solaklı Çayı üzerinde yoğunlaştığını görmekteyiz (Harita 33). Solaklı Çayı'nın kıyıya yakın kesimleri çok yüksek taşkın riskine sahiptir. Bu bölgelerde, Of ilçe merkezi gibi yoğun nüfuslu yerleşimlerin bulunması, olası taşkın durumunda bu bölgelerin daha fazla etkilenebileceği anlamına gelmektedir. Ayrıca taşkın alanlarının su yüksekliğinin yer yer 5 metrenin üzerinde olması (Harita 30), geniş bir alanın taşkın etkisine maruz kalabileceğini göstermektedir.

Üzerinde durulması gereken konulardan biri de köprülerdir. Son dönemlerde Türkiye'de yaşanan sel ve taşkın olaylarının etkisinin büyümesinde köprülerin ağaç kütükleri ve çeşitli malzemelerle tıkanması ve ardından hızla biriken suyun etrafa taşarak sel ve taşkının boyutunu arttırması etkili olmaktadır. Son olarak, Kastamonu/Bozkurt'ta yaşanan olaylar bu durumu doğrulamaktadır.

Solaklı Çayı üzerinde vadilerin her iki yakasını birbirine bağlayan çok sayıda köprü bulunmaktadır. Bu köprülerin tıkanması durumunda, arkasında su birikerek etrafa yayılabilir ve sel ve taşkının boyutunu artırabilir.

Harita 30. Solaklı Çayı taşkın alanları su yükseklikleri haritası

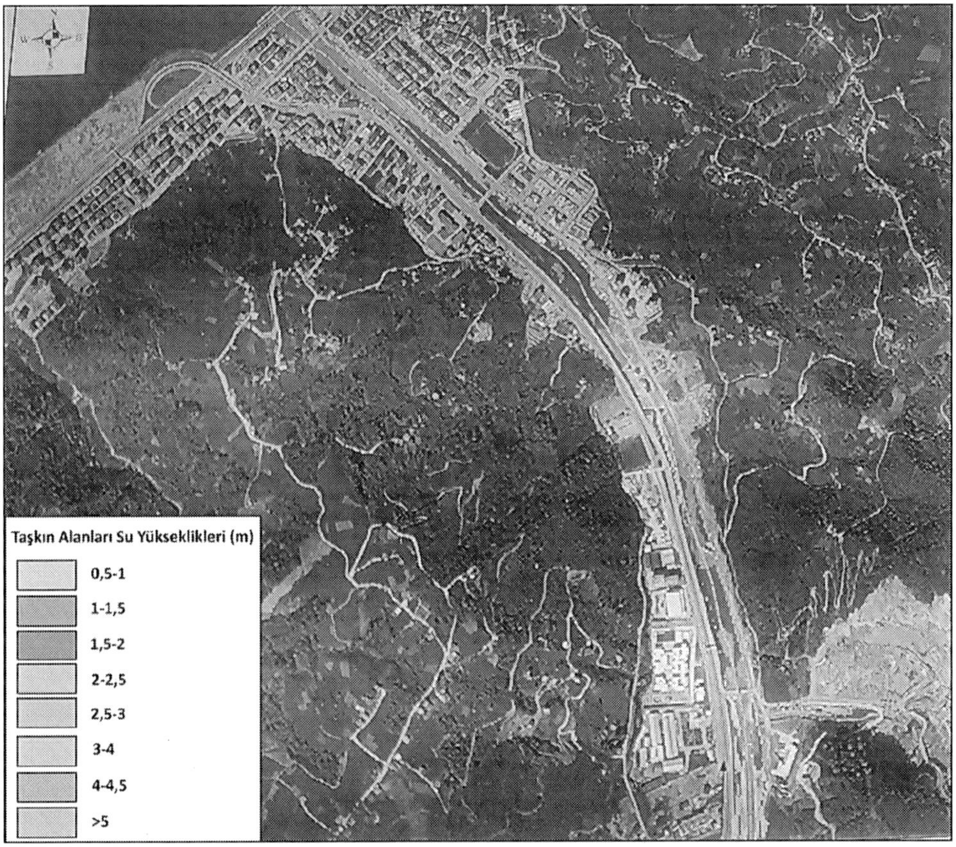

Kaynak: DSİ 22. Bölge Müdürlüğü

Harita 31. Araştırma sahasının sel risk haritası

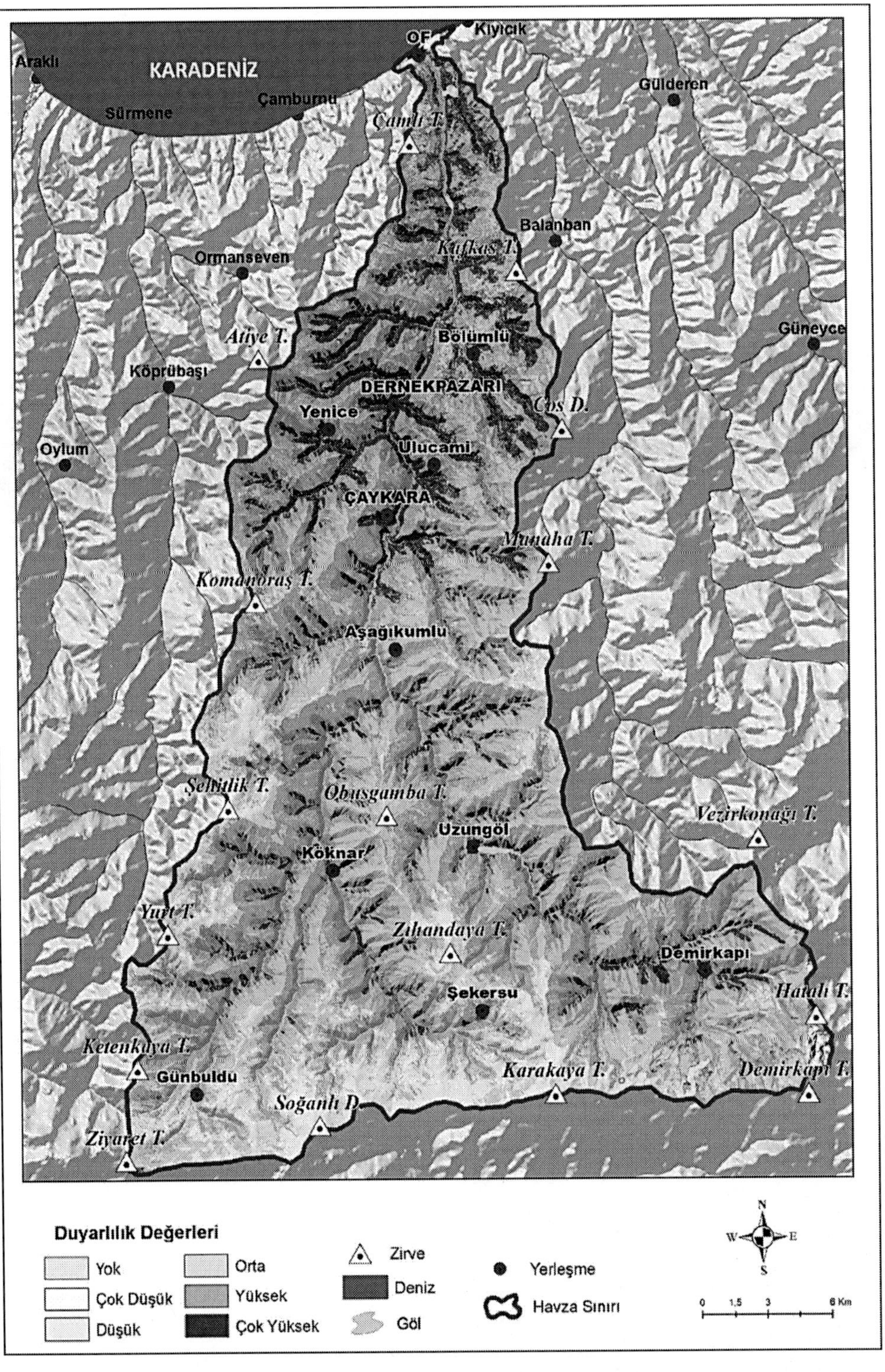

Harita 32. Araştırma sahasının yerleşme yeri sel risk durumu haritası

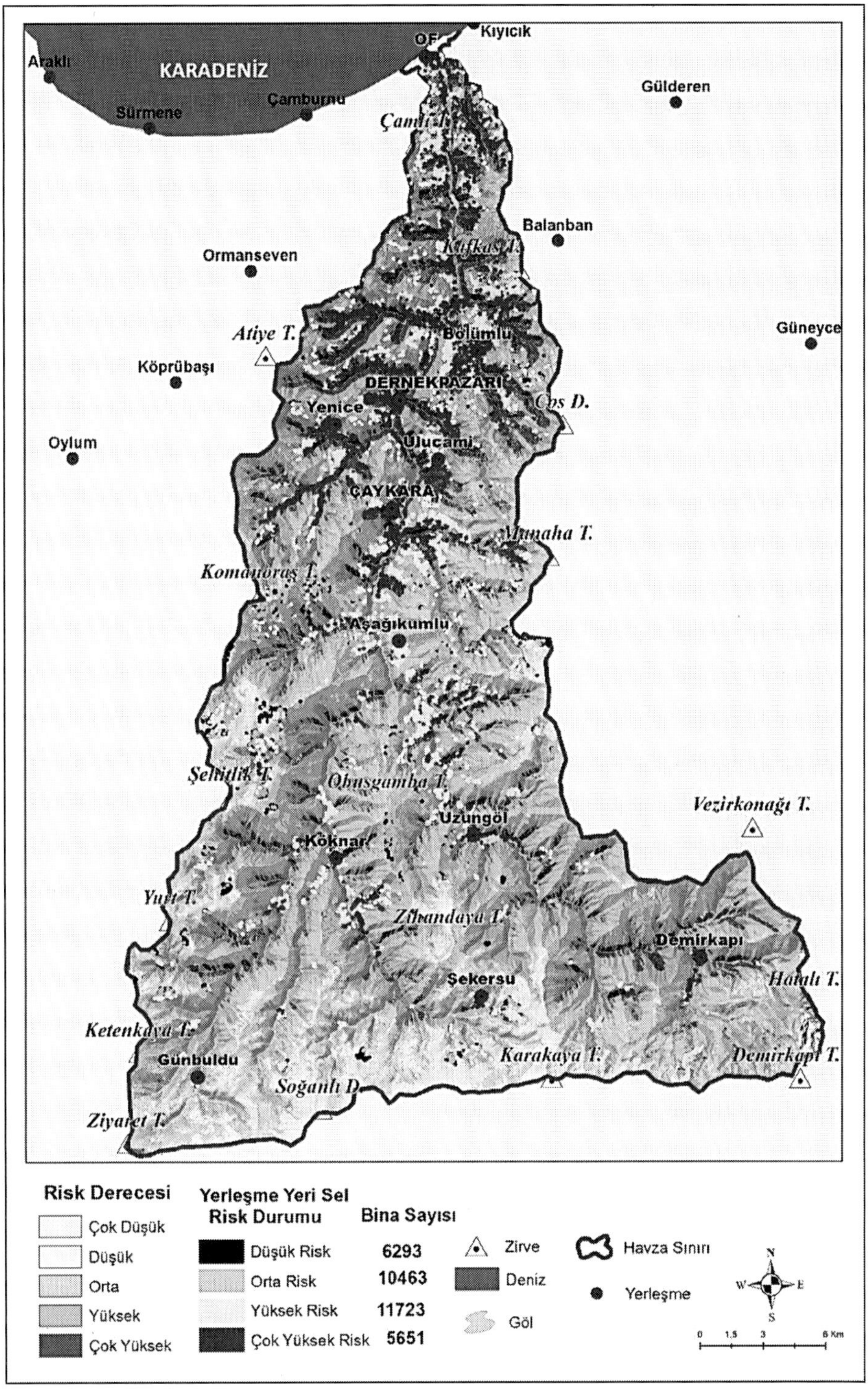

Harita 33. Araştırma sahasının taşkın risk haritası

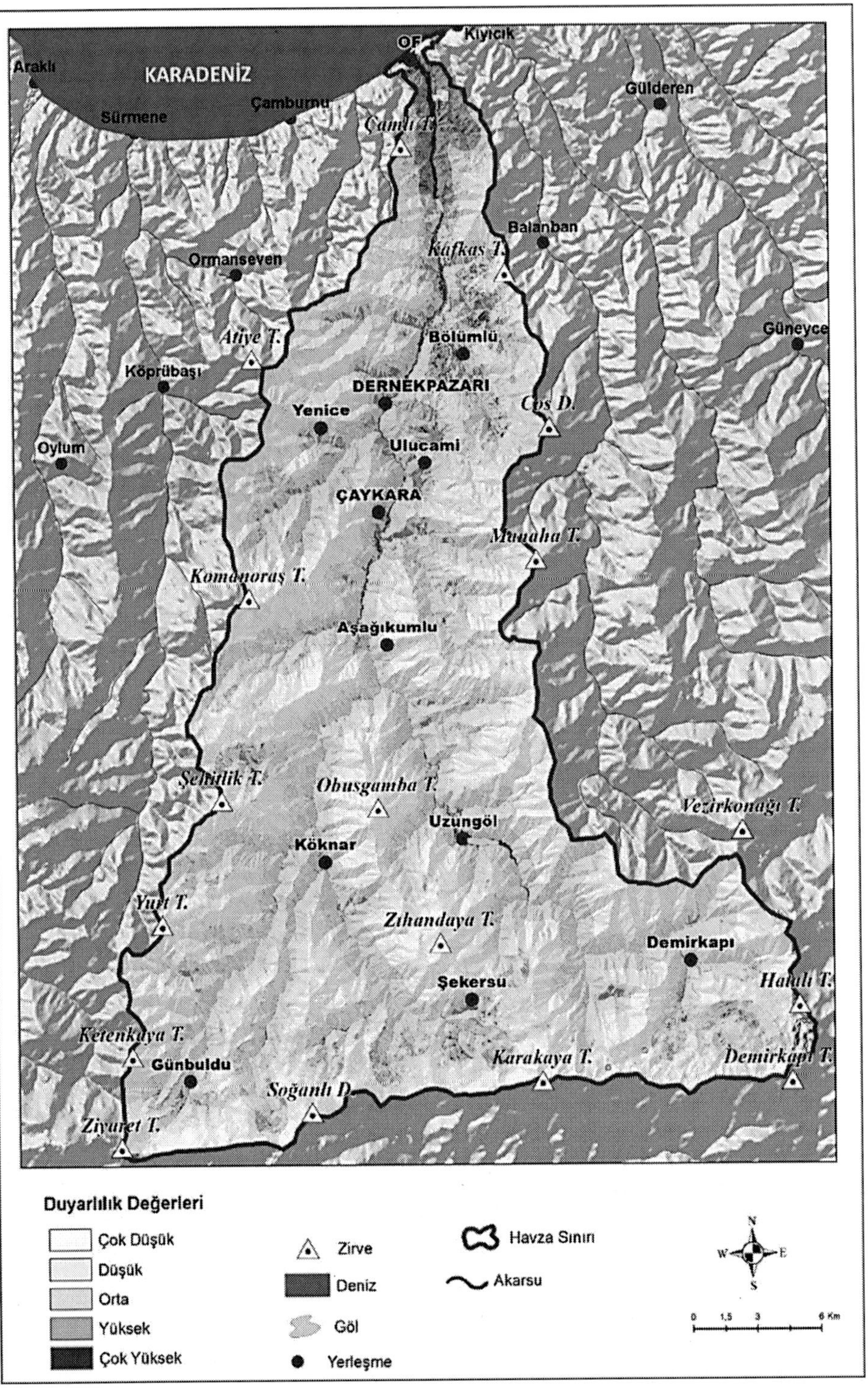

4.3. ÇIĞ

Çığlar, genellikle kar yağışının fazla olduğu orta ve yüksek enlemlerin dağlık alanlarında, bitki örtüsünden yoksun, eğimli, engebeli ve dağlık arazilerde tabakalar halinde birikmiş kar kütlesinin harekete geçmesine "kar çığları" denir (Göl, C. 2005; Kızıloğlu, M.F. 2006; Avşin, N. ve Çakı, T.D. 2021). Çığ, kısaca kar tabakası veya tabakalarının iç ve dış kuvvetlerin etkisiyle yamaç eğim yönünde hareket ettiği bir olgudur. Kar tabakaları farklı özelliklere sahip olabileceğinden, çığ bazen bir tabaka veya tabakaların diğer bir tabaka üzerinde kayması veya tüm tabakaların zemin üzerinde topluca kayması sonucu meydana gelir.

Doğal afetler arasında sınıflandırılan çığlar, ülkemizde can veya mal kaybına neden olan diğer afetlere kıyasla daha az sıklıkta meydana gelse de (Öcal, K. ve diğerleri, 2019), ülkemizde kış turizmi ve kış sporlarına olan yerli ve yabancı turist ilgisi arttıkça, çığa duyarlı alanların belirlenmesinin can kaybı açısından önemi artmaktadır. Ayrıca çığlar, dağlık bölgelerde kırsal yaşamı, yerleşim alanlarını, turistik tesisleri, enerji nakil hatlarını ve ulaşım yollarını tehdit edebilir (Göl, C. 2005).

Çığların oluşum nedenleri arasında iklim özellikleri, yamaç eğimi, yamaç bakış açısı, kar tabakasının yapısı, bitki örtüsü özellikleri, yamaçların jeolojik ve toprak özellikleri gibi faktörler sayılabilir (Bayraktar, C. 2006; Göl, C. 2005).

Şekil 23. Çalışmada kullanılan iş akış şeması

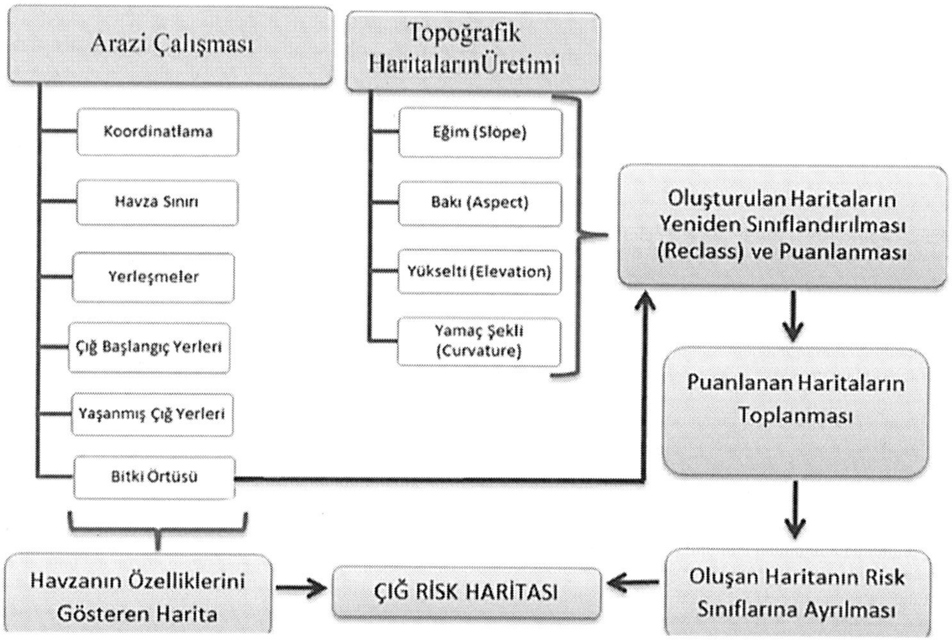

Kaynak: Işık ve dig. Değiştirilerek

Tablo 30. Çığ duyarlılık haritası üretiminde kullanılan puanlama biçimi

PARAMETRE	SINIFLAR	PUAN	AĞIRLIK (%)	TOPLAM PUANI
Yükseklik (m)	<1000	0	15	0
	1000-1500	1		15
	1500-3000	2		30
	>3000	3		45
Eğim	0-10o	0	30	0
	10-28o	1		30
	28-45o	3		90
	45-55o	2		60
	>55o	1		30
Bakı	Düz	0	20	0
	Kuzey (0-45: 315-360)	3		60
	Doğu (45-135)	2		40
	Güney (135-225)	1		20
	Batı (225-315)	2		40
Yamaç Şekli (Eğrisellik)	İç Bükey	3	20	60
	Düz	2		40
	Dış Bükey	1		20
Arazi Kullanımı Bitki Örtüsü	Ormanlık Alan	0	15	0
	Seyrek Orman	1		15
	Bodur Bitki-Çalı-Ot	2		30
	Çıplak Kayalık	3		45

Kaynak: AFAD,2015

Çığa duyarlı alanların belirlenmesi için arazi çalışmaları (muhtemel çığ patikalarının belirlenmesi) ve topoğrafik haritaların üretilmesi işlemiyle başlanmıştır. Oluşturulan topoğrafik haritalar, yeniden sınıflandırılmış ve puan değerleri atanmıştır. Son aşamada, yeniden sınıflandırılmış haritalar çakıştırılarak sonuç haritaları elde edilmiştir (Harita 35, Şekil 23).

Bu çalışmada çığ başlama bölgelerinin tespiti için iklim ve topoğrafik veriler ve bitki örtüsü envanter haritalarına ihtiyaç vardır. Bu bağlamda çalışma sahasının 1/25000 ölçekli topoğrafik haritalarından havzanın 5 metre çözünürlüğündeki sayısal arazi modeli üretilmiştir. Bu model sayesinde havzanın topoğrafik parametreleri (yükseklik, eğim, bakı, yamaç eğriselliği) elde edilmiştir.

Ayrıca, arazi kullanımını temsil eden bitki örtüsünü tanımlayabilmek için çalışma sahasının Landsat 8 uydu görüntüleri kullanılarak Normalleştirilmiş Bitki İndeksi (NDVI) oluşturulmuş ve bu indekse dayalı yeniden sınıflandırma yapılmıştır. Topoğrafik parametreler ve NDVI, AFAD'ın 2015 Çığ Duyarlılık haritası üretiminde kullanılan puanlama sistemine (Tablo 30) dayalı olarak yeniden sınıflandırılmıştır. Solaklı Havzası'nın dağlık ve engebeli yapısı nedeniyle bu sınıflandırmanın doğru sonuçlar vereceği düşünülmüştür. Bu puanlama sistemi, çeşitli çalışmalarda yaygın olarak kullanılmaktadır (Avşin ve Çakı, 2021).

Oluşturulan topoğrafik parametrelerin (Yükseklik, Eğim, Bakı, Yamaç Eğriselliği) yeniden sınıflandırmaları yapılırken her bir parametrenin alt değerlerinin puan değerleri ana parametrenin ağırlıklı puan değeriyle çarpılmıştır (Tablo 30). Raster haritalar raster calculater aracıyla formülüze edilerek çığ duyarlılık haritası üretilmiştir. Üretilen bu haritanın doğruluğunu teyit etmek amacıyla daha önce meydana gelen çığ patikaları çığ duyarlılık haritasıyla çakıştırılmış ve çığ patikalarının üzerinde yüksek ve çok yüksek duyarlılıkta alanlar olduğu görülmüştür.

4.3.1. Solaklı Çayı Havzası Çığ Duyarlılığı ve Yerleşim Yeri Risk Analizi

Çığ alanlarına duyarlı yerleşim yerleri risk analizi, çığların potansiyel tehlikelerini ve bu tehlikelerin insanlar, mülkiyetler ve çevre üzerindeki etkilerini incelemeyi amaçlar. Bu tür bir analiz, çığların neden olduğu riskleri belirlemek, bu riskleri azaltmak ve toplulukları daha güvenli hale getirmek için önemlidir.

Bu analiz, potansiyel çığ olaylarını tanımlar, çığların olasılığını ve şiddetini değerlendirir ve bu bilgileri yerleşim yerlerinin planlanması, altyapının güçlendirilmesi ve acil durum hazırlıkları gibi konularda kullanır. Aynı zamanda, yerel halkın çığların tehlikeleri konusunda bilinçlenmesine de katkı sağlar.

Sonuç olarak, çığ alanlarına duyarlı yerleşim yerleri risk analizi, insanların can güvenliği, mülkiyet koruma, altyapı zararlarının önlenmesi ve ekonomik kayıpların azaltılması gibi önemli konularda rehberlik sağlar ve çığların neden olduğu tehlikelere karşı korunmayı amaçlar.

4.3.1.1. Çığ Duyarlılığında Kullanılan Faktörler

Yükseklik: Araştırma sahasında çığ duyarlılık haritasının oluşturulmasında kullanılan ilk parametrelerden biri yüksekliktir. Yükseltiye bağlı olarak kar yağışı, sıcaklık, rüzgâr gibi faktörler değişiklik gösterir (McClung ve Schaerer, 1993). Çığlar büyük bir kısmı 1700-1950 m yükselti aralığında meydana gelir

(Avşin, N. ve Çakı, D. T., 2021). Marek ve İvan (2010) yaptıkları çalışmada çığlar ile yükselti arasındaki ilişkiyi ortaya koyarak, 1200-2200 m yükselti aralığında olan 571 çığın 339 tanesinin (%59,37'si) 1700-1950 m yüksekliklerinde meydana geldiğini ifade etmişlerdir. AFAD 2015'te yaptığı "Bütünleşik Tehlike Haritalarının Hazırlanması: Çığ Kılavuzu" adlı çalışmasında yükseltiyi bir parametre olarak ele almış ve 1500 m'den yüksek alanlara daha yüksek bir puan değeri atanmıştır (Tablo).

Bu çalışmada, AFAD'ın 2015'te çığ için önerdiği puanlama tablosu kullanılarak çığ duyarlılık haritası oluşturulmuştur. Buna göre, araştırma sahasının yükselti basamaklarının dağılışına baktığımızda, 1500 m'den yüksek alanların oranının yaklaşık %56 olduğunu görmekteyiz. Çığa etkinin sıfır olduğu 1000'den düşük olan alanlar ise %27'lik bir orana sahiptir (Tablo 31, Grafik 22).

Tablo 31. Araştırma sahasının yükselti basamaklarına göre alan ve yüzde miktarları

Yükselti (m)	Alan (Km^2)	Yüzde (%)	Etki Puanı
<1000	205,1607	27,066055	0
1000-1500	125,4035	16,543997	1
1500-3000	420,2495	55,441887	2
>3000	8,1423	1,074182	3

Grafik 22. araştırma sahasının yükselti basamaklarının yüzdelik dağılışı

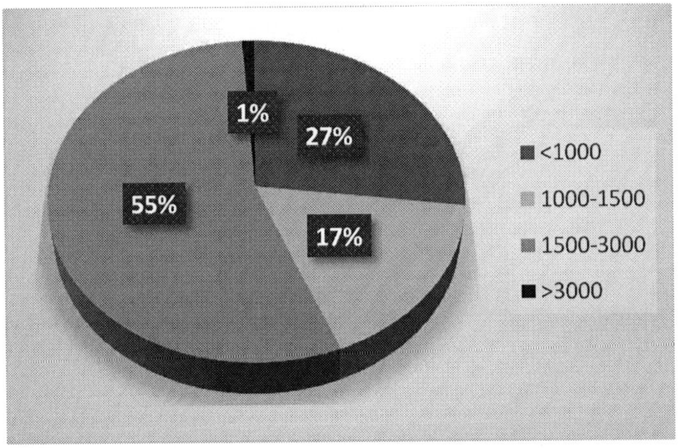

Eğim: Çığ duyarlılık haritasının üretiminde kullanılan ikinci parametre yamaç eğimidir. Bir alanda çığ meydana gelebilmesi için gereken en önemli topoğrafik parametrelerden biri eğimdir. Çığlar genellikle 28°-55° eğim aralığında meydana gelir (Şekil 24 (sol)) ve eğimin 28°'den küçük olduğu alanda kar stabilitesinin bozulacağı kırılma kuvveti oluşamaz. Eğimin 55°'yi aştığı bir yamaçta ise kar örtüsü yamaca yeterince tutunamaz ve çığ oluşma ihtimali azalır (Aydın ve Eker, 2014). AFAD 2015'te çığa duyarlı alanların oluşturulmasında kullanılan puanlama biçiminde 28-45° eğimli araziler en yüksek puan değerine sahiptir (Tablo 32, Grafik 23).

Araştırma sahasının eğim gruplarının alan ve yüzde dağılımlarına baktığımızda, çığların daha sık meydana geldiği eğim sınıfının 28-45 derece eğim aralığı olduğunu görüyoruz. Bu eğim aralığı, havzanın toplam alanının %16,98'ini (128,77 km^2) kaplar (Tablo 32). İkinci en yüksek etki puanına sahip olan 45-55 derece eğim aralığı ise havzanın toplam alanının (%19'u) 144,81 km^2'sini oluşturur (Tablo 32).

Şekil 24. Yamaç eğimine bağlı çığ tehlikesi sınıflandırması (sol)-bakı faktörüne bağlı olarak çığın en fazla görüldüğü yamaç (sağ)

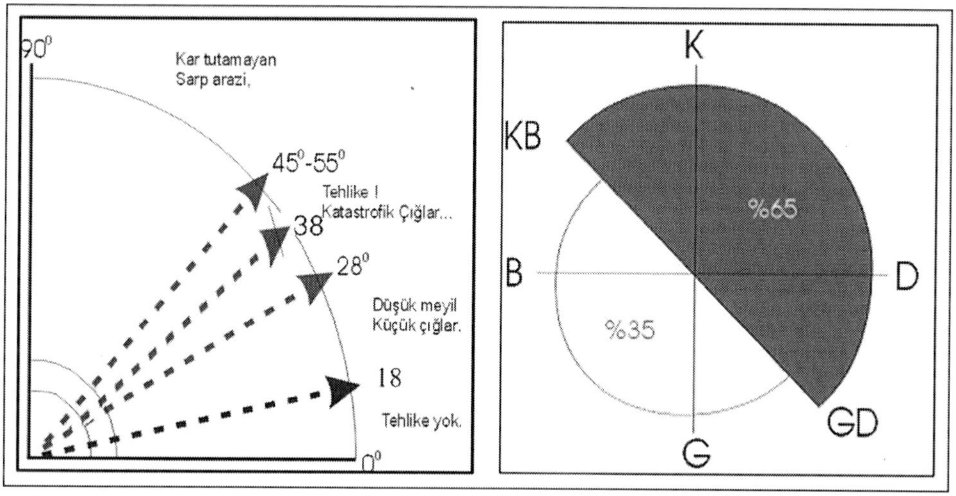

Kaynak: Elmastaş ve Özcanlı, 2011

Tablo 32. Araştırma Sahasının eğim gruplarının alansal ve yüzde dağılımları

Eğim (Derece)	Alan (Km2)	Yüzde (%)	Etki Puanı
0-10	13,2116	1,742955	0
10-28	45,0551	5,943945	1
28-45	128,7785	16,989248	3
45-55	144,8192	19,105435	2
>55	427,0916	56,344538	1

Grafik 23. Araştırma sahasının eğim gruplarının yüzde dağılımları

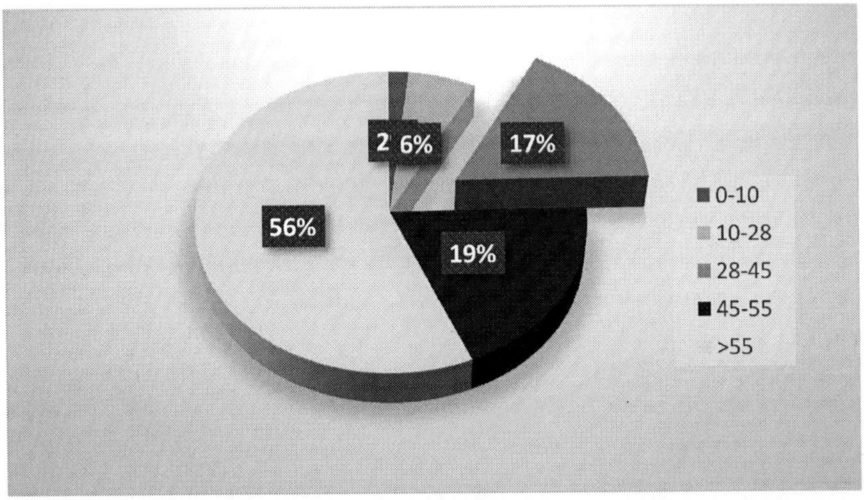

Bakı: Araştırma sahasının çığ duyarlılık haritasının üretiminde üçüncü faktör olarak bakı (yamaç yönelimi) dikkate alınmıştır. AFAD'ın 2015 puanlama sistemi ve yapılan çalışmalara göre, çığlar en fazla kuzey ve kuzeydoğu yönelimli yamaçlarda gerçekleşir. Farklı bakılarla ilgili olarak, yamaçlar her ne kadar aynı gibi görünse de, kar yüzeyinin altında birçok temel farklılık bulunmaktadır. Daha sık çığ oluşumu ve en yıkıcı etkiyi gösterme potansiyeline sahip olan yamaçlar, kuzeybatı ve güneydoğu bakıları arasındaki yamaçlardır (Elmastaş ve Özcanlı, 2011).

Araştırma sahasının bakı özelliklerine baktığımızda, çığların en fazla meydana geldiği yamaçların oranının %52 olduğunu görüyoruz (Tablo 33, Grafik 24).

Tablo 33. Araştırma sahasının bakı (yamaç yönü) alan ve yüzde dağılımları

YÖNLER	Alan (Km^2)	Yüzde (%)
Düz (-1)	4,6781	0,623747
Kuzey (0-22,5)	57,3147	7,64196
Kuzeydoğu (22,5-67,5)	98,7255	13,1634
Doğu (67,5-112,5)	92,5648	12,341973
Güneydoğu (112,5-157,5)	78,2958	10,43944
Güney (157,5-202,5)	76,0217	10,136227
Güneybatı (202,5-247,5)	78,2828	10,437707
Batı (247,5-292,5)	101,831	13,577467
Kuzeybatı (292,5-337,5)	110,7147	14,76196
Kuzey (337,5-360)	60,5269	8,070253

Grafik 24. Araştırma sahasının bakı (yamaç yönü) yüzde grafiği

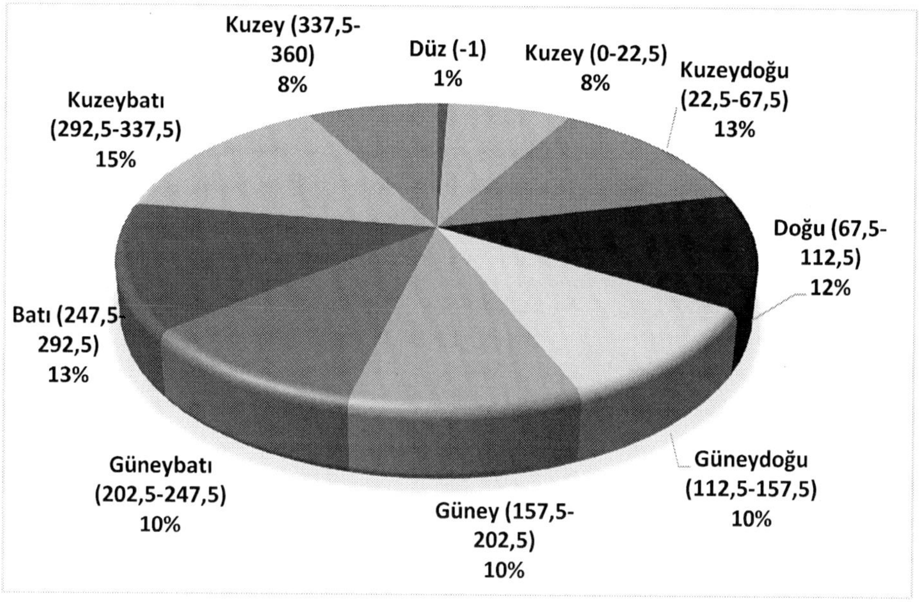

Yamaç Şekli (Eğrisellik): Yamaç şekli yamacın iç bükey, düz ve dış bükey durumunu ifade eder. AFAD'ın modeline göre her yamaç şeklinde çığlar rastlansa da Türkiye'de en fazla çığlar iç bükey yamaçlarda gerçekleşir (Tablo 30). Sayısal Arazi Modeli kullanılarak ArcMap ortamında Curveture (Eğrisellik) aracı kullanılmış ve havzanın yamaç eğriselliği çıkarılmıştır. Sınıflandırmada Sıfır (0) değer düz alanlara, eksi (-) değerler iç bükey yamaçlara, artı (+) değerler ise dış bükey yamaçlara karşılık gelir (Harita 34).

Araştırma sahasının yamaç şeklinin havza içindeki dağılımına baktığımızda çığın en fazla görüldüğü iç bükey yamaçlar % 48'lik (368,35 km^2) bir değere sahiptir. Etki puanın daha düşük olduğu dış bükey yamaçlar ise % 13'lük (101,5 km^2) bir değere sahiptir (Tablo 34). İç bükey yamaçların çoğunlukta olması Solaklı Havzası'nın çığ riski açısından yüksek olduğunu gösterir.

Harita 34. Çığ duyarlılık haritasında kullanılan parametreler

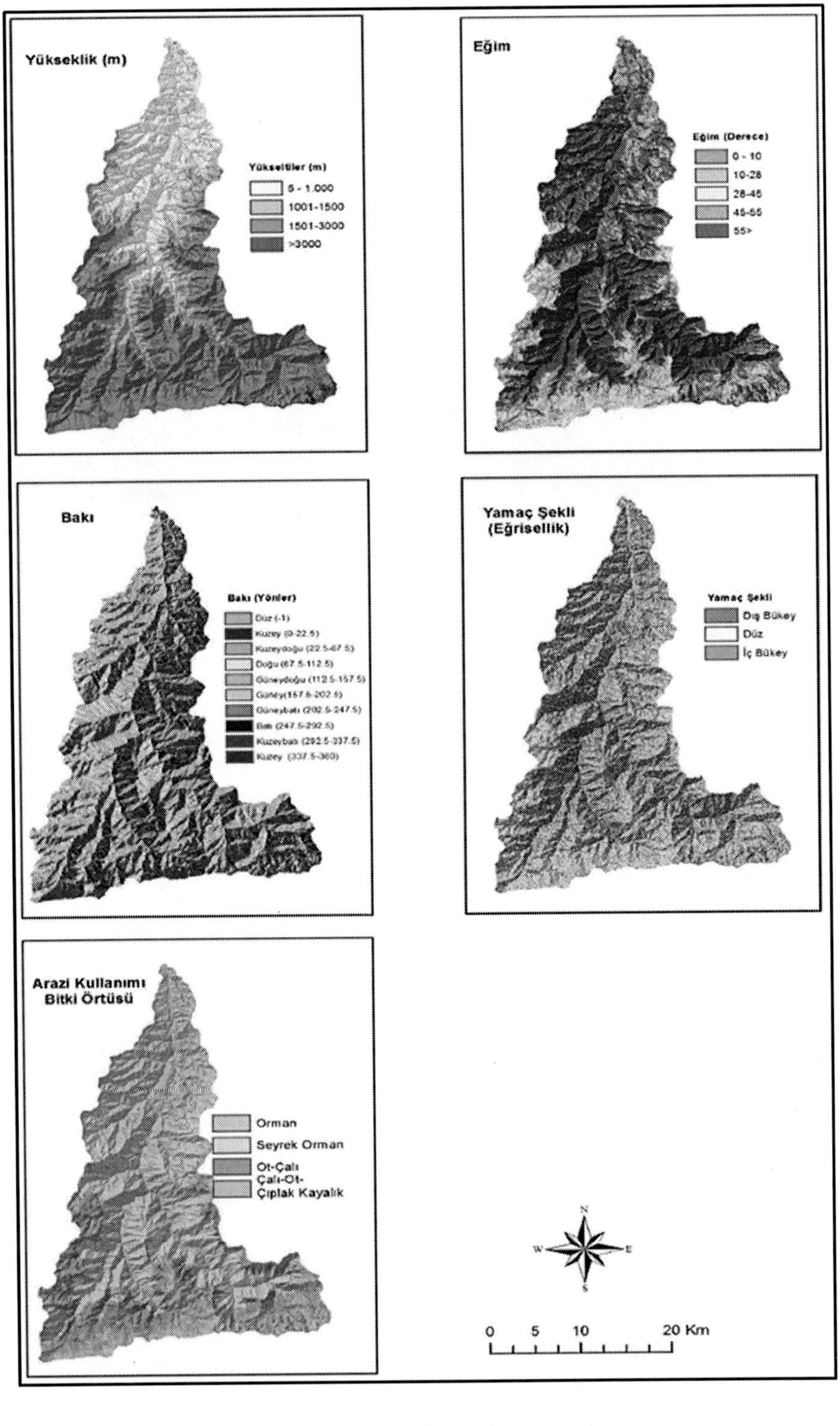

Tablo 34. Yamaç şeklinin alan (km^2) ve yüzde (%) miktarları

Yamaç Şekli (Eğrisellik)	Alan (Km^2)	Yüzde (%)	Etki Puanı
İç Bükey	368,3574	48,595963	3
Düz	289,032	38,130871	2
Dış Bükey	101,5666	13,399288	1

Grafik 25. Araştırma sahasında yamaç şeklinin yüzdelik oranları

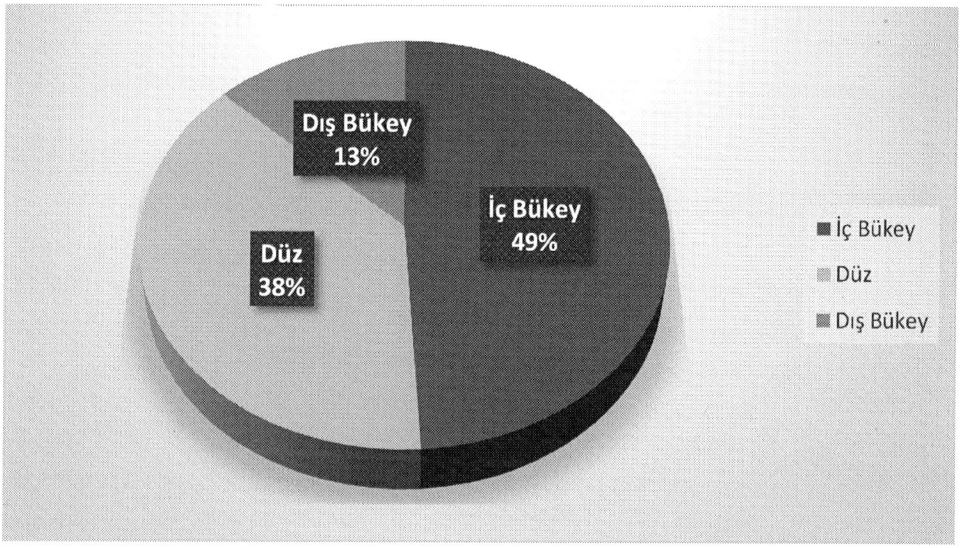

Bitki Örtüsü: Düz ve otlu yamaçlar, çığ oluşumunu kolaylaştırır. Nemli ot vejetasyon, çığların hareketini hızlandıran bir kayma düzlemi oluşturabilir. Çığı önlemede en büyük görevi yüksek boylu ağaçlar üstlenir. Bu ağaçlar, çığın başlamadan hareket etmesini önler (Göl, 2005).

Araştırma sahasında Karadeniz ikliminin hâkim olması, arazi kullanımının büyük ölçüde orman alanlarına ağırlık vermesine neden olmuştur. Solaklı Havzası'nın toplam alanının (%39'u) 758 km^2'si ormanlarla kaplıdır (Grafik 26). Ormanlar, kıyıdan başlayarak (Of ilçe merkezi çevresinde) 2000 m'ye kadar yükselir (Harita 16). Bu yükselti, ormanların üst sınırını oluşturur ve üzerindeki alanlar yayla kuşağıdır. Bu kuşak, kar kalınlığının yüksek olduğu alanlara denk gelir. Çığ oluşumunu engellemekte en etkili orman yapısı; yaşlı olmayan, sık ve alt dallanması kuvvetli, alt ve ara tabakaları olan, kazık kök sistemine sahip, seçme kuruluşunda iğne yapraklı ormanlardır (Göl, 2005).

Grafik 26. Araştırma sahasının arazi kullanım oranları

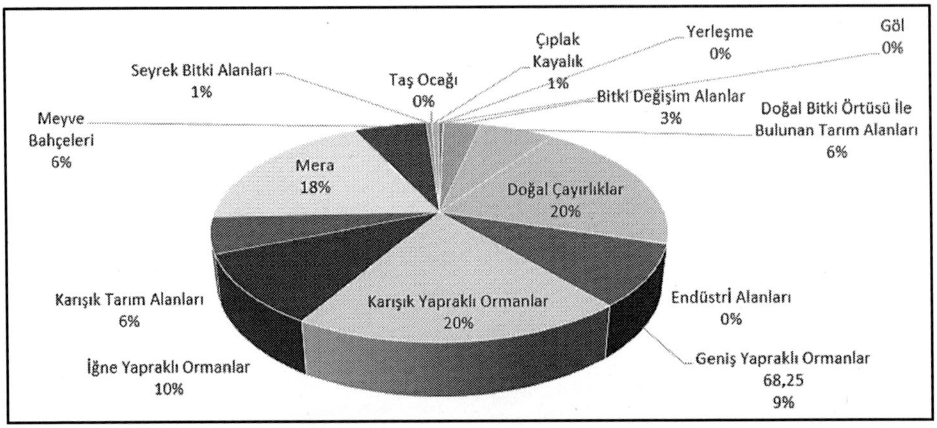

4.3.1.2. Çığ Duyarlılık Haritası ve Yerleşim Yeri Risk Durumu

Solaklı Çayı Havzası, deniz kıyısından başlayıp kısa mesafelerde 3000 metrenin üzerine çıkan ve akarsular tarafından derinlemesine yarılmış ve oldukça eğimli bir havza özelliği gösterir. Çığ oluşumuna neden olan parametreler (Yükselti, eğim, bakı, yamaç şekli, bitki örtüsü) birlikte değerlendirildiğinde, denizel iklimin hâkim olduğu kıyı alanlarında çığ duyarlılığı düşüktür. Denizel iklimin neredeyse ortadan kalktığı ve daha çok karasal iklimin hâkim olduğu iç kesimlerde, özellikle dağların yüksek kesimlerinde, topoğrafik koşulların çığ için uygun olduğu ve bitki örtüsünden yoksun alanlarda çığ oluşumuna duyarlı alanlarda bir artış gözlenir.

Araştırma sahasında yüksek ve çok yüksek duyarlı alanların, havza toplamının yarısına karşılık geldiği görülmektedir (Tablo 35, Grafik 27). Araştırma sahasında Çaykara ilçesi, çığ olaylarından en çok etkilenen ilçe konumundadır (Foto 35, 37). İlçe sınırları içinde yer alan Karaçam ve Uzungöl havzaları, yüksek ve çok yüksek çığ riski taşıyan bölgelerdir. Karaçam ve Uzungöl havzalarında çığ patikalarına yakın yerleşimler yüksek risk taşır (Şekil 25). Karaçam Havzası'nda Köknar, Uzuntarla, Karaçam (Foto 36), Dumlu ve Şekersu yerleşimleri çığ riskinin yüksek olduğu yerleşimlerdir. Uzungöl Havzası'nda ise Uzungöl ve Demirkapı yerleşimleri çığa maruz kalabilecek yerleşimlerdir (Şekil 25, Harita 35).

Tablo 35. Araştırma sahasının çığ duyarlı alanların alan ve yüzde miktarları

Duyarlılık Derecesi	Alan (Km²)	Yüzde (%)
Düşük	133,118	17,56
Orta	238,08	31,40
Yüksek	248,61	32,79
Çok Yüksek	138,53	18,27

Grafik 27. Araştırma sahasının çığ duyarlı alanların yüzde dağılımlar

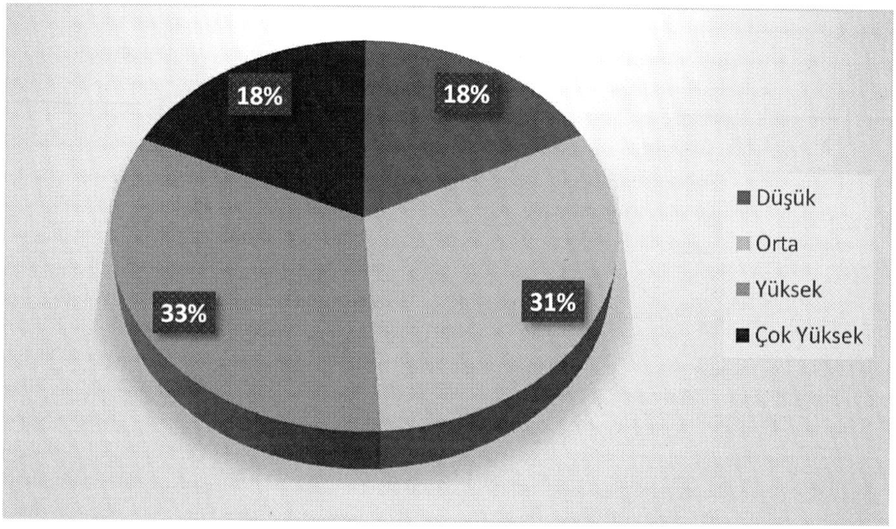

Şekil 25. Çığ patikaları üzerinde yer alan bazı yerleşim yerlerinin görüntüleri

Harita 35. Araştırma sahası çığ duyarlılık haritası

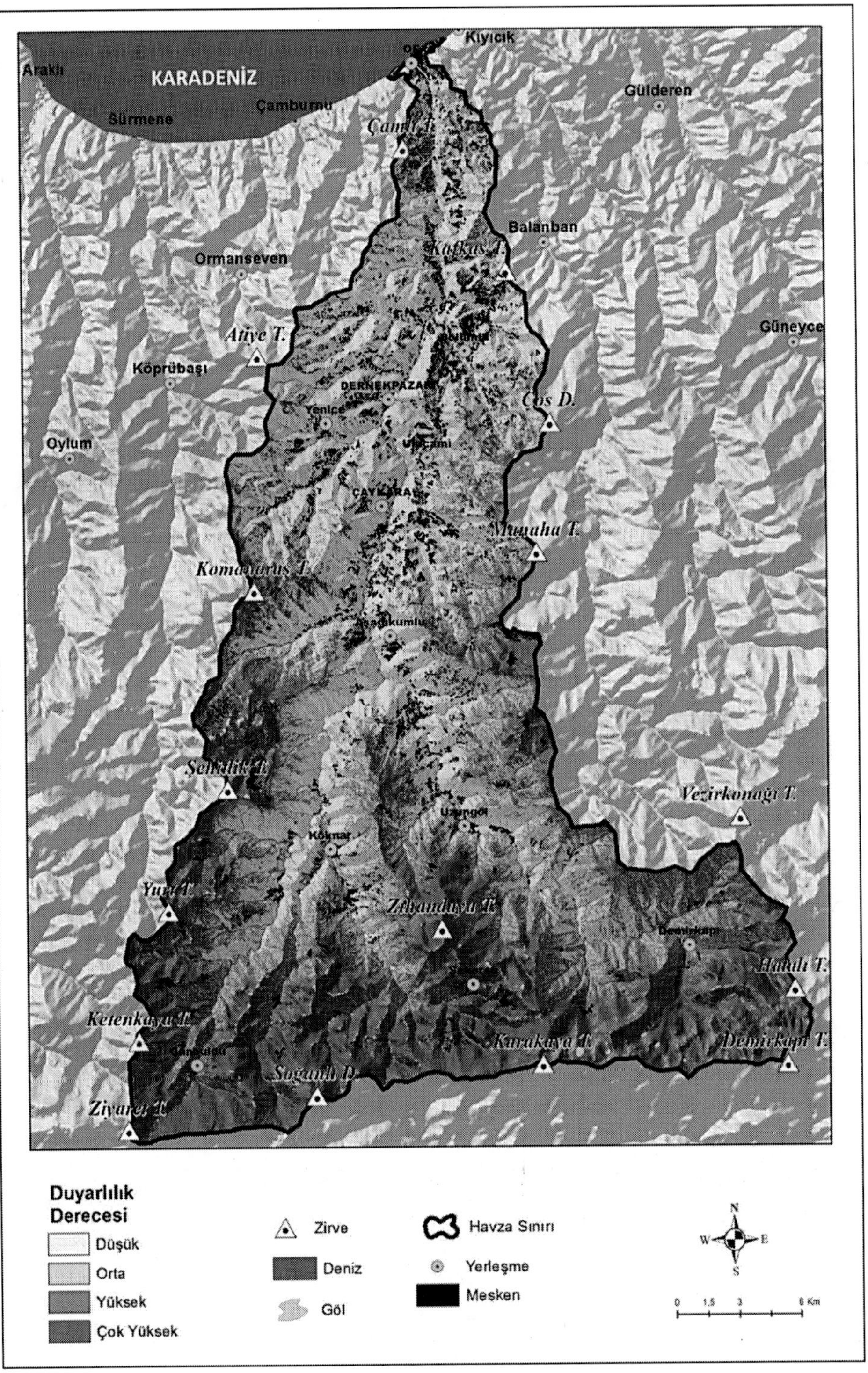

Foto: 35. Çaykarada meydana gelen çığ sonucu yıkılan ev

Kaynak: https://caykaragundem.com

Foto 36. Karaçam-Seyrantepe mahallesinde geçmiş yıllarda yaşanan çığ afet yeri ve potansiyel çığ alanı (batıya bakış).

Kaynak: Işık, 2017

Foto 37. Trabzon'un Çaykara İlçesi'nin Kavlatan Mevkisi'nde 10 Ocak 2015 meydana gelen çığ afeti

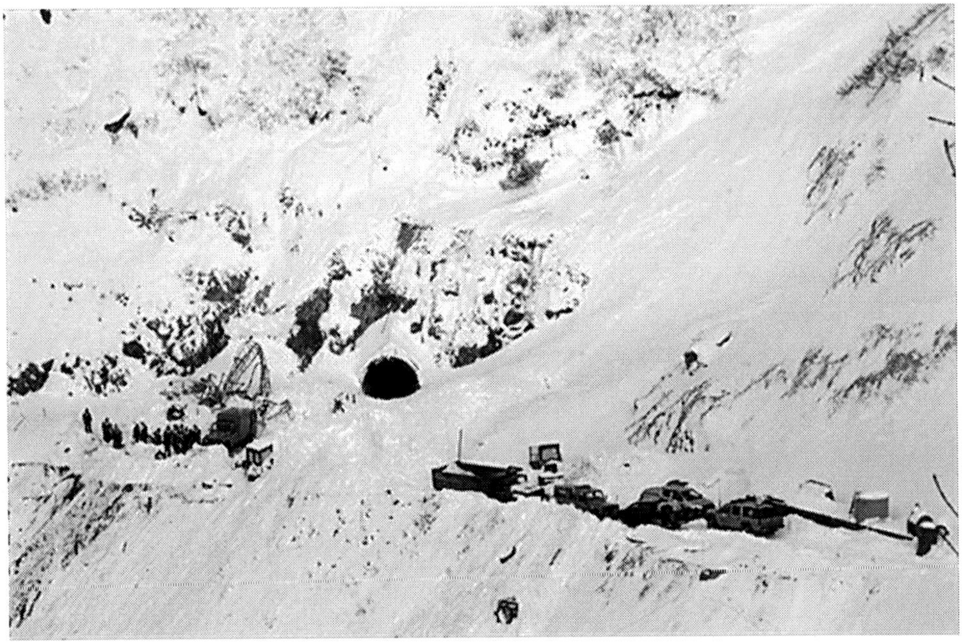

Kaynak: http://caykaragundem.com

Son yıllarda gerek kış turizmi ve sporlarındaki artış kırsal yerleşim alanlarının daha çekici hale getirmiştir. Bu tür alanlarda çığa duyarlı alanların ve çık yollarının tespiti çığ afetine bağlı can kaybını azaltmanın yanında yerleşim yerleri ve alt yapı tesis ve hizmetlerinin zarar görmemesi bakımından önem arz eder. Yapılan bu çalışmada özellikle yukarı havzalarda çığ duyarlılığının çok yüksek olduğu görülmüştür. Denizel iklim özelliklerinden uzak olmanın yanında topoğrafik koşulların uygun olması bu alanları çığa karşı duyarlı hale getirmiştir. Kış aylarında Karaçam ve Uzungöl havzaları ile yayla yerleşmelerinde (Demirkapı, Şekersu, Dumlu, Sultanmurat ve dig.) kar yağışının ve buna bağlı olarak kar kalınlığının fazla olması bu yerleşmelerde sık sık çığ olaylarının görülmesine neden olmuştur. Yukarıda da bahsedildiği üzere özellikle çığ yollarına yakın yerleşmeler çığdan en çok etkilen yerlerdir.

Çığ afetinin etkilerinin en aza indirilmesi için havzada çığa duyarlı alanlarda bazı önlemlerin alınması gereklidir. Bu önlemler şu şekilde özetlenebilir.

Çığa duyarlı yerleşmeler olan Uzungöl, Demirkapı, Taşhan, Karaçam-Köknar yerleşim yerlerinde çığ duvarlarının yapılması (Foto 38) böylece yerleşim yerleri olası bir çığ afetinden korunmuş olacaktır (Işık ve dig,2019).

Kontrollü çığlar oluşturulabilir. Dışarıdan çığı başlatacak bir yapay tetikleyici ile özellikle yerleşimlerin yoğun olduğu bölgelerde kontrollü çığlar başlatılabilir.

Ağaçlar daha geniş manada orman örtüsü çığı engelleyen (Göl, 2005) en önemli arazi kullanım biçimidir. Havzada mevcut ormanların korunması, çığa duyarlı alanlarda ağaçlandırma yapılması çığ daha başlamadan engelleyecektir.

İlkbahar ve kış aylarında daha önce belirlenmiş çığ yolları kullanılmamalı, yeni alternatif yollar kullanılmalıdır (Işık ve dig. 2019).

Çığ afeti ve diğer afetler için belki de alınacak en önemli tedbir çığ öncesi, çığ anında ve çığ sonrası adımlar için yöre halkının çığa karşı bilinçlendirilmesidir.

Foto 38. Karaçam-Seyrantepe'de çığ önleme çitlerinden bir görüntü. Bu çitler çelikten imal edilmektedir. Pahalı olmasına karşın dünyada uygulanan en güvenli ve en uzun ömürlü (100 yıl) çığ önleme yapılarıdır

Kaynak: Işık ve dig. 2019

5. BULGULAR VE TARTIŞMA

- Solaklı Çayı Havzası, Karadeniz kıyısından (Trabzon'un Of ilçe merkezi yakınları) başlayıp kabaca kuzey-güney doğrultusunda uzanan hidrografik bir havzadır. Solaklı Çayı ve kolları tarafından derince yarılmış havza flüviyal ve glasyal süreçlerin etkisi ile şekillenmiş ve bugünkü görünümünü almıştır. Havzanın jeomorfolojik görünümü, topoğrafik özellikleri (yükselti, eğim, bakı), Karadeniz iklim özelliğinin yansımaları, zengin bitki örtüsü çeşitliliği ve alansal dağılışı ile birlikte zengin bir doğal potansiyel ve kompozisyon sunar. Tüm bu zenginlikle birlikte doğal karakterinden (jeolojik-jeomorfolojik ve topoğrafik özellikleri, iklim özellikleri vb.) kaynaklı risk ve tehlikelerle (kütle hareketleri, sel ve taşkınlar, kar çığları) karşı karşıyadır. Bu çalışmada aşağıdaki bulgulara ulaşılmıştır:
- Solaklı Havzası büyük bir doğal potansiyele sahiptir ve bu potansiyelde en büyük faktör doğal özelliklerdir. Havzanın doğal ortam özellikleri (jeoloji-jeomorfoloji, hidrografya, bitki örtüsü özellikleri) yerli ve yabancı turistlerin ilgisini çekmeyi başarmıştır.
- Tüm bu doğal ortam potansiyeline rağmen havzada bu doğal ortam potansiyelin değerlendirilmesi noktasında eksiklerin olduğu görülmüştür. Son yıllarda Demirkapı köyünde Avrupa Birliği kırsal kalkınma destekli turizm otellerinin yapılmış olması iyi bir gelişmedir.
- Havzada yerleşim yerleri özelliklede ilçe merkezleri (Dernekpazarı, Çaykara) havzanın doğal güzelliklerinden uzak bir görüntü sunmaktadır. Ayrıca bu alanda turizm hizmet tesisleri (konaklama, yeme-içme yerleri vb.) yetersizdir.
- Solaklı Havzası'nda kütle hareketleri Çaykara'nın güneyi ve kuzeyinde farklılaştığı görülmüştür. Çaykara ilçe merkezinin güneyinde Demirkapı ve Karaçam derelerinde daha çok kaya düşmeleri görülürken, Çaykara ilçe merkezinin kuzeyinde kayma ve göçme tipi heyelanlar daha sık görülür.

- ❖ Havzada heyelanlar yerleşim yerleri ve tarım alanlarında daha sık görüldüğü tespit edilmiştir. Konut yapımı için yamaçların tercih edilmesi, Orman alanlarının kesilerek çay tarımına dönüştürülmesi, karayolu yapım çalışmaları ile yamaçların duraylılığının bozulması bu alanları kütle hareketlerine karşı hassas hale getirmiştir.
- ❖ Havzada kütle hareketleri özelliklede heyelanlar yaşanmaya devam edecektir. Bu durum yöre halkı için büyük bir risk oluşturur.
- ❖ Havzada sellerin meydana gelmesinde özellikle yan kolların etkisinin daha fazla olduğu görülmüştür. Bu durum üzerinde yüksek eğim değerleri daha fazla rol oynamıştır. Yüzeysel akışa geçen yağmur suları yüksek eğim değerleri nedeniyle çok hızlı bir şekilde sel karakterine dönüşmektedir.
- ❖ Havza hayvancılık açısından da son derece elverişlidir. Yaylalarda küçük ve büyükbaş hayvancılığın yanında arıcılık faaliyetlerinin teşvik edilmesi yöre halkının ekonomik yaşamına katkı sunabilir.
- ❖ Havzanın şekillenmesinde tektonik, flüviyal ve glasyal sürçler birlikte rol oynamıştır. 2000 m'nin üstünde glasyal ve flüviyal süreçler havzayı şekillendirirken bu yükseltinin altında flüviyal süreçler egemen durumuna geçerek 400-500 m derinliklere ulaşan dik vadiler meydana getirmiştir. Bu vadiler aynı zamanda doğal ulaşım koridorlarıdır. Havzada kuzey-güney yönlü ulaşım Solaklı çayı vadisini takip ederek devam eder.
- ❖ Havzada topoğrafik faktörler nüfus ve yerleşme, ekonomik faaliyetler (tarım, hayvancılık), ulaşım özellikleri üzerinde belirleyici olmuştur. Solaklı vadisi havzada kabaca kuzey-güney doğrultulu doğal bir koridor oluştururken yükselti ve eğim değerlerinin arttığı Soğanlı dağlarında ulaşım bütünüyle zorlaşır. Dünyanın en zor yollarından biri olarak gösterilen derebaşı virajları bu durumu kanıtlar nitelikte ulaşılması zor bir yoldur.
- ❖ Solaklı Havzası'nda jeomorfolojik birimler yerleşme üzerinde etkili olan önemli faktörlerden biridir. Tüm jeomorfolojik ve topoğrafik faktörlerin zorluğuna rağmen yöre halkı doğal mekânı en iyi şekilde kullanmayı bilmiştir.

6. SONUÇ VE ÖNERİLER

Bu çalışmada, Karadeniz Bölgesi'nin Doğu Karadeniz Bölümü içerisinde yer alan ve kabaca kuzey-güney uzanan karakteristik bir akarsu havzası olan Solaklı Çayı Havzası'nın jeomorfolojik ve uygulamalı jeomorfolojik özellikleri ile bu özelliklerden kaynaklanan problemler (kütle hareketleri, sel-taşkın, çığ) değerlendirilmiştir. Solaklı Çayı Havzası, Karadeniz kıyısından başlayıp yaklaşık 60-70 km boyunca uzanırken 3000 metrenin üzerine çıkan yükseklikleri, yer yer 500 metrenin üzerinde derin vadileri ve bunların oluşturduğu belirgin relif özellikleri ile dikkat çeker. Bu bölgedeki Karadeniz iklimi, ekonomik faaliyetler (tarım, hayvancılık), yerleşim dokusu ve günlük yaşamı etkileyen temel faktörlerden biridir.

Ancak, bu özelliklerden kaynaklanan problemler, özellikle heyelanlar, sel-taşkınlar ve çığlar, yöre halkını ekonomik, psikolojik ve sosyolojik olarak olumsuz etkilemektedir. Bu nedenle, bu problemlerin çözümü için jeomorfoloji ve doğal çevre faktörlerinin dikkate alınması önemlidir.

Heyelanlarla İlgili Öneriler:

1. Yollar ve konutlar, yamaçların dengesini bozabileceğinden, bu alanlarda istinat duvarları inşa edilmelidir.
2. Yüksek eğimli bölgelerde teraslamaya gidilmeli ve çay tarımı gibi faaliyetler için drenaj sistemleri iyileştirilmelidir.
3. Orman alanları, heyelanların artmasını engellemek için korunmalı ve ağaçlandırma çalışmaları yapılmalıdır.
4. Kazı ve patlatma çalışmaları sırasında kontrollü kazı ve patlatma teknikleri kullanılmalıdır.
5. Heyelan riski taşıyan bölgelerde mümkünse yapılaşmadan kaçınılmalı veya konut yapılacak alanlarda ek mühendislik önlemleri alınmalıdır.

Çığlarla İlgili Öneriler:

1. Çığ oluşturma ihtimali yüksek olan yamaçlar, çığ önleme çitleriyle desteklenmelidir.

2. Kış aylarında çığ patikalarından geçen karayolları üzerine uyarıcı levhalar asılmalı ve çığ önleme çitleri inşa edilmelidir.
3. Kış sporları ve dağcılıkla uğraşan sporcuların faaliyetleri için valilik izni alınmalı ve güzergâhları belirlenmelidir.
4. Çığın daha sık yaşandığı iç bükey (konveks) profilli alanlardan kaçınılmalı ve bu tür bölgelere uyarıcı levhalar konulmalıdır.
5. Çığ riski olan bölgelerde çığ önleyici bitki örtüsü korunmalı ve ağaç varlığı az olan bölgelere ağaçlandırma yapılmalıdır.

Duyarlılık Haritaları:

- Jeomorfoloji ve doğal afet riskleri göz önüne alınarak hazırlanan duyarlılık haritaları, afet riski yüksek alanların belirlenmesinde ve tedbirlerin geliştirilmesinde önemlidir.
- Bu haritalar, yerel yönetimlere ve ilgili kurumlara afet riski taşıyan bölgelerin bilinmesi konusunda yardımcı olabilir ve tedbirlerin alınmasına katkı sağlayabilir.
- Solaklı Çayı Havzası'nda duyarlılık dereceleri yüksek ve çok yüksek riskli alanların vadilerde yoğunlaştığı görülmektedir.
- Bu alanlarda yerleşim yerlerinin afet riskine karşı daha dikkatli bir şekilde planlanması ve mevcut konutların güçlendirilmesi gerekebilir.

Yazım ve imla kurallarına uygun olarak hazırlanan bu öneriler ve sonuçlar, Solaklı Çayı Havzası'nın doğal afetlerle başa çıkma kapasitesini artırmak için kullanılabilir.

Harita 36 Araştırma sahası afet risk haritası

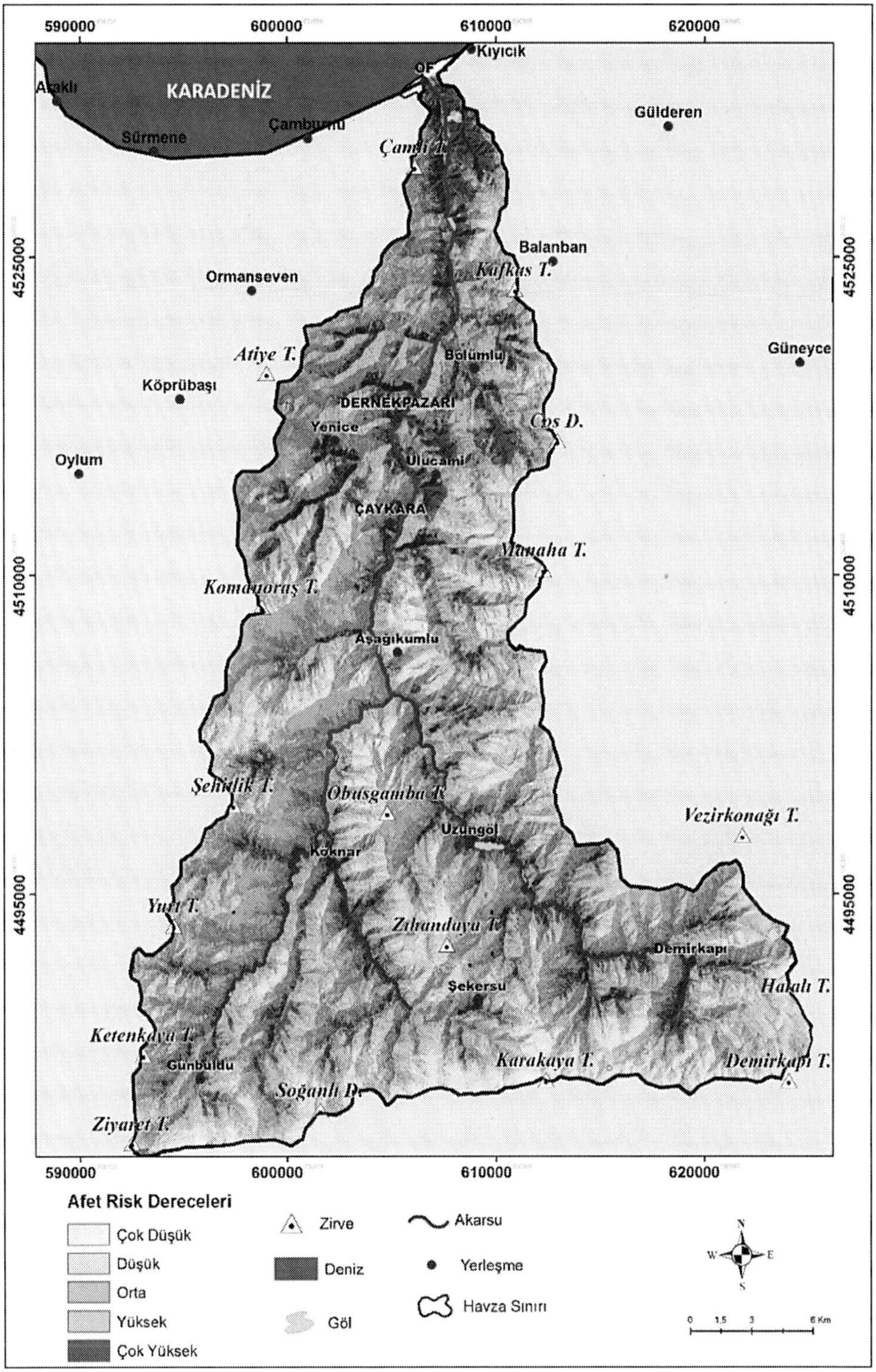

Sel ve taşkından korunma önerileri:

1. Su Yollarının Rehabilitasyonu: Sel ve taşkınların sıkça yaşandığı bölgelerde, su yollarının rehabilitasyonu ve bakımı önemlidir. Dere yataklarının temizlenmesi, suyun serbestçe akmasını sağlar ve tıkanmaları önler.
2. Su Depolama Alanları: Sel sularının yönlendirilmesi ve depolanması için su havuzları veya set göletleri inşa edilebilir. Bu tesisler, suyun hızını azaltır ve sel sularının kontrol altına alınmasına yardımcı olur.
3. Uygun Altyapı: Sel riski taşıyan bölgelerde inşa edilen altyapı, sel ve taşkınları dikkate alarak tasarlanmalıdır. Özellikle köprüler ve yollar, sel sularının altında kalmayacak şekilde yüksek inşa edilmelidir.
4. Sel Sigortası: Sel ve taşkın sigortası, mülkiyet kaybını telafi etmek için önemlidir. Bu, sel sonrası maddi zararı azaltabilir ve insanları finansal olarak koruyabilir.
5. Eğitim ve Farkındalık: Toplumun sel ve taşkın riskleri konusunda eğitilmesi ve bilinçlendirilmesi gereklidir. İnsanlar sel sularına karşı nasıl hareket etmeleri gerektiğini bilmelidirler.
6. İklim Değişikliği ile İlgili Çalışmalar: İklim değişikliği, sel ve taşkın riskini artırabilir. Bu nedenle, iklim değişikliği ile mücadele eden ve çevresel sürdürülebilirliği teşvik eden projelere ve politikalara destek verilmelidir.
7. Yerel Yönetim Katılımı: Sel ve taşkın riskini azaltma çabalarında yerel yönetimler, yerel halkın katılımını teşvik etmelidir. Toplumun ihtiyaçlarını ve endişelerini dikkate alarak politika ve projeleri şekillendirmek önemlidir.
8. Acil Durum Hazırlıkları: Sel ve taşkın afetleri için acil durum hazırlıkları yapılmalıdır. İnsanlar nereden güvende olabileceklerini ve acil durum planlarını bilmelidirler.
9. Sel ve Taşkın Riski Yüksek Alanların Taşınması: Sel ve taşkın riski yüksek olan vadi tabanları ve vadi tabanına yakın yerleşim yerleri, kesinlikle taşınmalıdır. Bu, insanların ve mülkiyetlerin güvenliğini sağlamak için hayati bir adımdır. Riskli alanlarda yaşamak, felaketlere karşı savunmasız hale gelmeyi gerektirir. Evleri ve altyapıyı daha güvenli bölgelere taşımak, olası sel ve taşkın olaylarına karşı daha dirençli hale getirir.

10. Sel Sırasında Tıkanmaları Önlemek İçin Tersip Bentleri: Sel sırasında taşınan ağaç gövdeleri, dallar, kaya parçaları ve diğer malzemeler, özellikle köprülerin altında birikerek tıkanmalara yol açabilir. Bu nedenle sel riski yüksek vadiler boyunca tersip bentleri inşa edilmelidir (foto 39). Tersip bentleri, sel sırasında taşınan malzemelerin birikmesini engeller ve suyun düzgün bir şekilde akmasını sağlar. Bu, sel sularının kontrol altına alınmasına ve altyapının korunmasına yardımcı olur.

Foto 39. Sel ve Taşkın durumunda büyük materyallerin geçişini engelleyecek tersip modeli örneği

Kaynak: Trabzon DSİ 22.Bölge Müdürlüğü (Taşkın Müzesi)

Solaklı Havzası, doğal ve beşeri özelliklerinden kaynaklanan afetlere rağmen büyük bir turistik potansiyele sahiptir. Bu potansiyele katkı sağlamak için aşağıdaki öneriler dikkate alınmalıdır:

1. Havzanın jeomorfolojik, hidrografik ve kültürel özellikleri vurgulanarak turistik rotalar daha belirgin hale getirilmelidir.
2. Havzada konaklama imkânları son derece sınırlıdır. Son zamanlarda özellikle yayla turizminin gelişmesiyle birlikte Avrupa Birliği destekli doğaya uyumlu ahşap oteller yapılmış olsa da bunların sayılarının arttırılması gereklidir. Bu konuda önerim, Karaçam Deresi havzası ve yaylalarda bungalov tarzı otellerin yapılması yönündedir.

3. Çaykara ilçe merkezinde mevcut konaklama alanları çok yetersizdir. Ayrıca bazı mevcut otel ve pansiyonların yıkılarak yerine yenilerinin yapılması veya tadilata alınarak yenilenmesi gerekmektedir.

Turistik potansiyeli artırmak için bu önerilere odaklanarak Solaklı Havzası'nın doğal güzelliklerini ve turistik cazibesini daha iyi bir şekilde kullanabiliriz.

Doğaseverlerin ve sporcuların ihtiyacını karşılayacak kamp alanlarının oluşturulması ayrıca önemlidir.

KAYNAKÇA

Abedini, M. ve Tulabi, S. (2018). Assessing LNRF, FR, and AHP models in landslide susceptibility mapping index: a comparative study of Nojian watershed in Lorestan province, Iran. *Environmental Earth Sciences*, 77(11), 1-13. https://doi.org/10.1007/s12665-018-7524-1

Acar, Y. (1996). *Yerleşme ve Ziraat Hayatı Açısından Baltacı ve Solaklı Deresi Havzaları*. (Yayınlanmamış Yüksek Lisans Tezi) İstanbul Üniversitesi Sosyal Bilimler Enstitüsü Coğrafya Anabilim Dalı. İstanbul.

Aghlmand, M., Onur, M. İ. & Talaeı, R. (2020). Heyelan duyarlılık haritalarının üretilmesinde Analitik Hiyerarşi yönteminin ve Coğrafi Bilgi Sistemlerinin kullanımı. *European Journal of Science and Technology*, Nisan (Özel Sayı), 224-230. https://doi.org/10.31590 /ejosat.araconf28

Akdemir, O, İ. ve Akengin, H. (2013) *Coğrafya Biliminin Tanımı, İlkeleri, Konusu, Bazı Temel Kavramları Ve Öğretimi*. İçinde: Genel Fiziki Coğrafya. Pegem Akademi Yayınları.

Akgün, A. (2018). Bulanık Uyarlanabilir Rezonans Teorisi (FuzzyART) yöntemi kullanılarak heyelan duyarlılık analizi: Tonya (Trabzon) Örneği. *Güfbed/Gustıj,* 8(1), 135-146. doi: 10.17714/gumusfenbil.346532.

Akkan, E., Doğu, A, F., Çiçek, İ., Gürgen,G., Yiğişbaşoğlu, H; Somuncu, M. (1993). Uzungöl. *AÜ Türkiye Coğ. Arş. Ve Uyg. Merkezi Der.* Sayı:3, 1993, Ankara.

Alaeddinoğlu, Faruk. (2014, 23-24 Ekim). *Van Gölü Havzası'nda nüfusun ve yerleşmelerin yükselti basamaklarına göre dağılışı* TÜCAUM VIII. Coğrafya Sempoyumu Bildiriler Kitabı (263-274), Ankara.

Aliağaoğlu, A. ve Uğur, A. (2010). *Şehir Coğrafyası*. Nobel Yayın Dağıtım, Ankara.

Atasoy,An, H., Viet, T, T., Lee, G., Kim, Y., Kim, M., Noh, S. & Noh, J. (2016). Development of time-variant landslide-prediction software considering three-dimensional subsurface unsaturated flow. *Environmental Modelling and Software*, 85, 172-183. https://doi.org/ 10.1016/j.envsoft.2016.08.009

Arınç, K. (2011). *Doğal, İktisadi, Sosyal Yönleriyle Türkiye'nin Kıyı Bölgeleri*. Bam Yayınları. Erzurum.

Akkaya, A, Ş. T., Gündoğdu, K. S., & Demir, A. O. (2004). Sayısal Yükseklik Modelinden Yararlanılarak Bazı Havza Karakteristiklerinin Belirlenmesi: Bursa Karacabey İnkaya Örneği. *U.Ü. Ziraat Fakültesi Dergisi.* Bursa.

Atalay, İ. (1990). *Vejetasyon Coğrafyasının Esasları.* Dokuz Eylül Ünv. Basımevi, İzmir

Atalay, İ. (1994). *Türkiye Vejetasyon Coğrafyası.* Ege Üniversitesi Basımevi, Bornova, İzmir.

Atalay, İ. (2002). *Türkiye'nin Ekolojik Bölgeleri (Ecoregions of Turkey).* T.C. Orman Bakanlığı AGM Yay. No:163 Meta Basımevi, İzmir.

Atalay, İ. ve Mortan, K. (2011). *Türkiye Bölgesel Coğrafyası.* İnkilap Kitapevi. İstanbul

Atalay, İ. (2013). *Uygulamalı Klimatoloji.* Meta Yayınları, İzmir.

Avcı, V. (2016). Gökdere Havzası Ve Çevresinin (Bingöl Güneybatısı) Frekans Oranı Metoduna Göre Heyelan Duyarlılık Analizi. *Marmara Coğrafya Dergisi*, 34, 160-177. İstanbul

Avşin, N. ve Çakı, D.T. (2021). Çatak-Bahçesaray (Van) Karayolu Üzerindeki Çığa Duyarlı Alanların Belirlenmesi. *Jeomorfolojik Araştırmalar Dergisi.* Sayı 7. Sayfa. 30-47.

Bahadir, M. ve Özdemir, M. A. (2011). Trabzon Ve Rize'de Yağişin Mevsimsel Değişimlerinin Marginal Ve Matrix Yöntemleri İle Belirlenmesi Ve Trend Analizleri. *Uluslararası Sosyal Araştırmalar Dergisi.* 4(17), 457-473.

Başkaya, M. (2015). 1929 Of-Sürmene Felaketi ve Bölgeye Etkileri. *Karadeniz İncelemeleri Dergisi.* (18): 177–96.

Bayraktar, C. (2006). *Fırtına Deresi Havzası'nın Uygulamalı Jeomorfoloji Etüdü.* (Yayınlanmamış Yüksek Lisans Tezi). İstanbul Üniversitesi Sosyal Bilimler Enstütüsü. İstanbul.

Bayrakdar, C. ve Özdemir, H. (2010). The Effect of Aspect on Development of Glacial and Periglacial Topography at the Kaçkar Mountain. *Türk Coğrafya Dergisi.* 54: 1-13.

Beer, A. R. (1996). *Yerleşim Düzenlemesinde Çevre Planlaması.* Bilimsel ve Teknik Yayınları Çeviri Vakfı. İstanbul.

Beguería, S. (2006). Validation and evaluation of predictive models in hazard assessment and risk management. *Natural Hazards*, 37(3), 315-329.

Ödeker, B. ve Türkoğlu, N. (2020). Sabuncular Deresi Havzası'nın (Rize/Çayeli) Morfometrik Özelliklerinin Coğrafi Bilgi Sistemleri (CBS) İle Belirlenmesi. *Ankara Üniversitesi Dil ve Tarih-Coğrafya Fakültesi Dergisi* 60(1): 14.

Çalış, Ç. (2019). *Solaklı Havzası'nda Kurulmuş Nehir Tipi Hidroelektrik Santrallerin Çevresel Etkileri.* (Yayınlanmış Yüksek Lisans Tezi). Recep Tayyip Erdoğan Üniversitesi Fen Bilimleri Enstitüsü.

Çellek, S., Bulut, F. & Ersoy, H. (2015). AHP yöntemi'nin heyelan duyarlılık haritalarının üretilmesinde kullanımı ve uygulaması (Sinop ve Yakın Çevresi). *Jeoloji Mühendisliği Dergisi,* 39(2), 59-59. https://doi.org/ 10.24232/jeoloji-muhendisligi-dergisi.295366

Çevik, E. & Topal, T. (2003). GIS-based landslide susceptibility mapping for a problematic segment of the natural gas pipeline, Hendek (Turkey). *Environmental Geology,* 44(8), 949-962. https://doi.org/10.1007/s00254-003-0838-6

Çiner, A. (2003). Türkiye'nin Güncel Buzulları ve Geç Kuvaterner Buzul Çökelleri. *Türkiye Jeoloji Bülteni.* Cilt 46 Sayı 1. Ankara

Chen, X. & Chen, W. (2021). Catena GIS-based landslide susceptibility assessment using optimized hybrid machine learning methods. *Catena,* 196, 104833. https://doi.org/ 10.1016/j. catena.2020.104833

Çoban, A. (2015). Türkiye'nin iklimi. In H. D. İ. Akengin (Ed.), *Türkiye fiziki coğrafyası* (pp. 23-53). Ankara.

Coates, R. D. (1976). *Urban Geomorphology.* The Geologıcal Society Of America.

Dağ, S. ve Bulut, F. (2012). Coğrafi Bilgi Sistemleri Tabanlı Heyelan Duyarlılık Haritalarının Hazırlanmasına Bir Örnek: Çayeli (Rize, KD Türkiye). *Jeoloji Muhendisligi Dergisi,* 36(1), 35-62.

Dağdelenler, G. (2020). Comparison of the landslide susceptibility maps using two different sampling techniques with the frequency ratio (Fr) method. *Jeoloji Muhendisligi Dergisi,* 44(1), 19-38. https://doi.org/10.24232/ jmd.740509

Douglas, L. (2010). Urban Geomorphology. İçinde *The Routledge Handbook Of Urban Ecology.* Doi: 10.4324/9780203839263.

Das, G. ve Lepcha, K. (2019). Application of logistic regression (LR) and frequency ratio (FR) models for landslide susceptibility mapping in Relli Khola river basin of Darjeeling Himalaya, India. *SN Applied Sciences,* 1(11), 1-22. https://doi.org/10.1007/s42452-019-1499-8

Davis, P.H. (1971). Distribution Patterns in Anatolia with Particular Reference to Endemism. *Published the Botanical Society of Edinburgh,* p.p. 15-28, Edinburgh.

Dirican, A. (1991). *ROC eğrisi çözümlenmesi ile tanı testlerinin değerlendirilmesi ve bilgisayar uygulaması.* (Yayınlanmamış Doktora Tezi) İstanbul Üniversitesi Sağlık Bilimleri Enstitüsü. İstanbul.

Dölek, İ. (2008). *Bolaman Çayı Havzasının (Ordu) Uygulamalı Jeomorfoloji Etüdü.*(Yayınlanmamış Doktora Tezi). İstanbul Üniversitesi Sosyal Bilimler Enstitüsü Coğrafya Anabilim Dalı. İstanbul.

Dönmez, R. (2013). *Trabzon İli Uzungöl Doğa Parkı'ndan Rekreasyonel Ve Turizm Amaçlı Yararlanmanın Ekonomik Değerinin Belirlenmesi: Seyahat Maliyeti Yöntemi Uygulaması.* (Basılmamış Yüksek Lisans Tezi). Atatürk Üniversitesi Fen Bilimleri Enstitüsü. Erzurum.

Duran, Celalettin. (2013). Türkiye 'nin Bitki Çeşitliliğinde Dağlık Alanların Rolü. *Biyoloji Bilimleri Araştırma Dergisi.* 6 (1): 72-77, 2013 Issn: 1308-3961, E-Issn: 1308-0261.

Dury G.H. (1964).Principles of Underfit Streams. Washington: Geological Survey Professional Paper 452-A, U.S. Government Printing Office

Eker, R. ve Aydın, A. (2014). Ormanların heyelan oluşumu üzerindeki etkileri. *Turkish Journal of Forestry | Türkiye Ormancılık Dergisi,* 15(1), 84. https://doi.org/10.18182/tjf.31067

Elbaşı, E. ve Özdemir, H. (2018). Marmara Denizi Akarsu Havzalarının Morfometrik Analizi. *Coğrafya Dergisi.* 36, 63-84. İstanbul.

El Jazouli, A., Barakat, A. & Khellouk, R. (2019). GIS-multicriteria evaluation using AHP for landslide susceptibility mapping in Oum Er Rbia high basin(Morocco).*GeoenvironmentalDisasters*,6(1).https://doi.org/10.1186/s40677-019-0119-7

Elmastaş N. ve Özcanlı M. (2011). *Bitlis İlinde Çığ Afet Alanlarının Tespiti Ve Çığ Risk Analizi.* VI. Ulusal Coğrafya Sempozyumu, Ankara, ss.303-314

Erener, A. ve Lacasse, S. (2007). *Heyelan Duyarlılık Haritalamasında CBS Kullanımı.* TMMO Harita ve Kadastro Mühendisleri Odası, Ulusal Coğrafi Bigi Sistemleri Kongresi, Trabzon

Erinç, S. (1996). *Jeomorfoloji 1.* Der Yayınları. İstanbul.

Faraggi, D. ve Reiser, B. (2002). Estimation of the area under the ROC curve. *Stat Med,* 21, 3093-3106.

Fawcett, T. (2006). An introduction to ROC analysis. *Pattern Recognition Letters,* 27, 861-874.

Fidan, S. ve Görüm, T. (2020). Türkiye'de ölümcül heyelanların dağılım karakteristikleri ve ulusal ölçekte öncelikli alanların belirlenmesi. *Türk Coğrafya Dergisi*, 74, 123-134. https://doi.org/10.17211/tcd.731596

Fidan, S. (2019). *Türkiye'deki Ölüme Sebep Olan Heyelanların Coğrafi Bilgi Sistemleri (CBS) ile Değerlendirilmesi.* (Yüksek Lisans Tezi). İstanbul Üniversitesi Sosyal Bilimler Enstütüsü Coğrafya Anabilim Dalı. İstanbul

Geçen, R., Toprak, V. ve Tonbul, S. (2018). *Doğu Karadeniz Dağlarında Buzul Gölleri, Dağılışı ve Morfometrik Özellikleri.* TÜCAUM 30.Yıl Uluslararası Coğrafya Sempozyumu. Ankara

Geçen, R., Toprak, V. ve Tonbul, S. (2018). The Effect of Aspect On Glaciation: A case Study of Eastern Black Sea Mountains (Turkey). *Ege Coğrafya Dergisi*. Sayı 1. Cilt 27 s.35-54 İzmir.

Goetz, J. N., Brenning, A., Petschko, H. & Leopold, P. (2015). Evaluating machine learning and statistical prediction techniques for landslide susceptibility modeling.ComputersandGeosciences,81,1https://doi.org/10.1016/j.cageo. 2015.04.007

Gökçeoğlu, C. ve Ercanoğlu, M. (2001). Heyelan duyarlılık haritalarının hazırlanmasında kullanılan parametrelere ilişkin belirsizlikler. *Hacettepe Üniversitesi Yerbilimileri Uygulama ve Araştırma Merkezi Bülteni*, 22(23), 189-206

Göl, C. (2005).Çığ Olgusu ve Ormancılık. *Süleyman Demirel Üniversitesi Orman Fakültesi Dergisi.* Sayı 1. Sayfa. 49-63

Güney, Y. (2018). Frekans Oranı yönteminin erozyon duyarlılık analizinde kullanımı : Selendi Çayı havzası (Manisa) örneği. *Toprak Bilimi ve Bitki Beslenme Dergisi*, 6(2), 73-85.

Gürgen, G.(2006).Üç Doruk-Dilek Dağları Güneyinin Glasyal Morfolojisi. Coğrafi Bilimler Dergisi. 4 (2) s.67-82. Ankara

Güven, İ.H. (1993). *Doğu Pontitlerin jeolojisi ve 1/250. 000 ölçekli kompilasyonu.*

Hepdeniz, K. ve Soyaslan, İ. İ. (2018). CBS ve Frekans Oranı yöntemi kullanılarak Isparta-Burdur dağ yolu heyelan duyarlılığının değerlendirilmesi. *Mehmet Akif Ersoy Üniversitesi Fen Bilimleri Enstitüsü Dergisi*, 9(2), 179-186. https://doi.org/10.29048/makufebed.414392

Horton, R.E. (1945). Erosional Development of Streams and Their Drainage Basins Hydrophysical Aproach to Quantitative Morphology. *GSA Bulletin.* 56.3 (1945): 275-370."

Hoşgören, Y.(1994). Türkiyenin Gölleri. *Türk Coğrafya Dergisi*, Sayı: 29 s. 19-51. İstanbul

Hoşgören, Y. (2015. a). *Hidrografya'nın Ana Çizgileri I.* Çantay Kitapevi İstanbul.

Hoşgören, Y. (2015. b). *Hidrografya'nın Ana Çizgileri II.* Çantay Kitapevi. İstanbul.

Huang, Y. ve Zhao, L. (2018). Review on landslide susceptibility mapping using support vector machines. *Catena*, 165, 520-529. https://doi.org/10.1016/j.catena.2018.03.003

İnkaya, S (2019). *Uzungöl (Trabzon) Çevresinin Bitki Örtüsü ve Yakın Yıllarda Geçirdiği Değişimler.* (Yayınlanmamış Yüksek Lisans Tezi). İstanbul Üniversitesi Sosyal Bilimler Enstitüsü Coğrafya Anabilim Dalı.

Jadda, M., Shafri, H. Z. M., Mansor, S. B., Sharifikia, M. & Pirasteh, S. (2009). Landslide susceptibility evaluation and factor effect analysis using Probabilistic-Frequency Ratio model. *European Journal of Scientific Research*, 33(4), 654-668.

Jenness, J. (2006). Topographic Position Index (tpi_jen.avx) extension for ArcView 3.x, v. 1.2. Jenness Enterprises.

Işık, F. (2017). *Karaçam Deresi Havzası ' nın (Trabzon) Uygulamalı Jeomorfolojisi.* Yayınlanmamış Yüksek Lisans Tezi).Ondokuz Mayıs Üniversitesi Sosyal Bilimler Enstitüsü Coğrafya Anabilim Dalı. Samsun.

İncili, Ö, F. ve Akdemir, İ.O. (2020). *Türkiye'de Ulaşım Ağları (Doğal Ortam Etkileşiminin Coğrafi Analizi.* Kriter Yayınevi. İstanbul.

İnan, H. (2019).*Uzungöl Çevre Durum Analizi.*(Yayınlanmamış Yüksek Lisans Tezi). Karadeniz Teknik Üniversitesi. Fen Bilimleri Enstitüsü. İnşaat Mühendisliği Anabilim Dalı.

Jakob, M. (2000). The impacts of logging on landslide activity at Clayoquot Sound, British Columbia. *Catena*, 38(4), 279-300. https://doi.org/10.1016/S0341-8162(99)00078-8

Karadaş, S. ve İmamoğlu, A. (2019, 23-25 Ekim). *Süvari Çayı Havzası'nın Uzaktan Algılama Teknikleriyle (NDVI) Normalize Fark Bitki İndeks Analizi.* TMMOB 6. Coğrafi Bilgi Sistemleri Kongresi, Ankara

Karakoyun, Y.(2014). *Hidroelektrik Santrallerde Çevresel Akış Miktarının Belirlenmesi Ve Çambaşı Hes Örneği.* (Yayınlanmamış Yüksek Lisans Tezi). Yıldız Teknik Üniversitesi Fen Bilimleri Enstitüsü. İstanbul.

Kronberg. P. (1970). Photogeologische Daten Zur Tektonik Im Ostpontischen Gebirge (Ne-Türkei). M.T.A. Bull., no. 74, 24-33, (Foreign Edition), Ankara.

Kızıloğlu, M., Okuroğlu, M., ve Örüng, İ. (2006). Kırsal Yerleşimler ve Doğal Afetler. *GOÜ. Ziraat Fakültesi Dergisi*. Sayı 23 (2). Sayfa. 53-58

Khan, H., Shafique, M., Khan, M. A., Bacha, M. A., Shah, S. U. & Calligaris, C. (2019). Landslide susceptibility assessment using Frequency Ratio, a case study of northern Pakistan. *Egyptian Journal of Remote Sensing and Space Science*, 22(1), 11-24. https://doi.org/10.1016 /j.ejrs.2018.03.004

Koçman, A. (1993). *Türkiye İklimi.* İzmir: Ege Üniversitesi Edebiyat Fakültesi Yayınları No: 72.

Lee S., Choi J. & Min K. (2004). Landslide hazard mapping using gıs and remote sensing data at Boun, Korea. *Int J Remote Sensing*, 25, 2037-2052.

Liu, H., Li, X., Meng, T. & Liu, Y. (2020). Susceptibility mapping of damming landslide based on slope unit using Frequency Ratio model. *Arabian Journal of Geosciences*, 13(16). https://doi.org/10.1007/s12517-020-05689-w

McClung, D. Schaerer, P. (1993). *The Avalanche Handbook*. The Mountaineers, 271, Seattle, WA.

Medina, V., Hürlimann, M., Guo, Z., Lloret, A. & Vaunat, J. (2021). Catena Fast physically-based model for rainfall-induced landslide susceptibility assessment at regional scale. *Catena*, 201, 105213. https://doi.org/10.1016/j.catena.2021.105213

Mohammady, M., Pourghasemi, H. R. & Pradhan, B. (2012). Landslide susceptibility mapping at Golestan Province, Iran: a comparison between frequency ratio, Dempster-Shafer, and weights-of-evidence models. *Journal of Asian Earth Sciences*, 61, 221-236. https://doi.org/ 10.1016/j.jseaes.2012.10.005

Ocak, A. (2017). *Demirkapı Dağı'nda (Trabzon) Buzul Jeomorfolojisi Araştırmaları.* (Basılmamış Yüksek Lisans Tezi). Bilecik Şeyh Edebali Üniversitesi Sosyal Bilimler Enstitüsü. Bilecik

Ocak, F. ve Bahadır, M. (2020).Örnek Taşkın Risk Modeli Oluşturulması ve Ünye Şehrindeki Derelere Ait Taşkın Risk Analizleri. *The Journal of Acade*

Odabaşı, E., Erkan, M. A. ve Oğuz, K. (2019). Trabzon İli Araklı İlçesinde Meydana Gelen Sel Afetinin Analizi: 18 Haziran 2019. Erişim adresi:

http://uzalmet.mgm.gov.tr/tammetin/2019/64.pdf, 12. 12. 2mic *Social Science Studies*. Sayı: 80 , s. 499-524

Özcan, O; Şeker, D; ve Musaoğlu, N. (2009,11-15 Mayıs). *Taşkın Alanlarının CBS ve Uzaktan Algılama Yardımıyla Belirlenmesi ve Risk Yönetimi: Sakarya Havzası Örneği.* TMMOB Harita ve Kadastro Mühendisleri Odası 12. Türkiye Harita Bilimsel ve Teknik Kurultayı. Ankara

Özdemir, H. (2012). *Jeomorfometrik Analizler Ders Notu.* İstanbul Üniversitesi. İstanbul.

Özdemir, H. (2011). Havza morfometrisi ve taşkınlar. Fiziki Coğrafya Araştırmaları; Sistematik ve Bölgesel. *Türk Coğrafya Kurumu Yayınları.* İstanbul.

Özdemir, H. (2016). *Hidrografya.* Coğrafya Lisans Programı Ders Kitabı. İstanbul Üniversitesi Açık ve Uzaktan Eğitim Programı.

Öcal, K; Gökalp, S; Karaca, H. (2019). *Çığ Kaynaklı Afet Duyarlılık Haritalarının Üretilmesi ve Önlemlerin Belirlenmesi; Niğde Demirkazık Dağları Örneği.* İnternational Science and Engineering Applications Symposium on Hazards.

Özşahin, E. (2013). *İstanbul İlinin Anadolu Yakasının Jeomorfolojik Özellikleri.* (Yayınlanmamış Doktora Tezi). İstanbul Üniversitesi Sosyal Bilimler Enstitüsü Coğrafya Anabilim Dalı, İstanbul.

Özşahin, E. ve Eroğlu, İ. (2018). Trakya Yarımadası'nın Jeomorfometrik Özellikleri. *Jeomorfolojik Araştırmalar Dergisi.* 2018 (1): 87-98. Tekirdağ.

Öztürk, K. (2002). Heyelanlar ve Türkiye'ye etkileri. *G.Ü. Gazi Eğitim Fakültesi, Dergisi,* 2, 35-50.

Özyazıcı, M A. (2013). Doğu Karadeniz Bölgesi Kırmızı-Sarı Podzolik Toprakların Temel Karakteristik Özellikleri Ve Verimlilik Durumu. *Anadolu Journal of Agricultural Sciences* 28(1): 24–32.

Polat, S ve Güney, Y. (2013). Bağbaşı Köyü'nde (Uşak) Kaya Düşmesi. *Uşak Üniversitesi Sosyal Bilimler Dergisi.* 6/1. Uşak.

Pourghasemi, R.H. & Rahmati, O. (2018). Prediction of the landslide susceptibility: which algorithm, which precision? *Catena,* 162, 177-192. https://doi.org/10.1016/j.catena.2017.11.022

Rahmati, O., Zeinivand, H. ve Besharat, B., (20169. Flood hazard zoning in Yasooj region, Iran, using GIS and multi-criteria decision analysis. Geomat. Nat. Haz. Risk, 7(3), 1000–1017.

Reichenbach, P., Rossi, M., Malamud, B. D., Mihir, M. & Guzzetti, F. (2018). Earth-science reviews a review of statistically-based landslide susceptibility models. *Earth-Science Reviews*, 180, 60-91. https://doi.org/10.1016/j.earscirev.2018.03.001

Sarı,H., Ustaoğlu, M.RÇ., İlhan, A., Özbek,M. (2015). Kaçkar ve Soğanlı Dağlarının Morfometrik Özellikleri (Türkiye). *Su ürünleri Dergisi*. Ege J Fish Aqua Sci 32(1): 31-36. doi: 10.12714/egejfas.2015.32.1.05. İzmir

Sarıkaya, M,A. (2012).Kuvaterner Buzullaşmaları; Yayılımı ve Zamanlaması.

Yalçınlar, İ. (1967).Türkiye'deki bazı şehirlerin kuruluş ve gelişmelerinde jeomorfolojik temeller. *İstanbul Üniversitesi Coğrafya Enstitüsü Dergisi*. 16, 53-66

Yilmaz, I. (2009). Landslide susceptibility mapping using Frequency Ratio, logistic regression, artificial neural networks and their comparison: a case study from Kat landslides (Tokat-Turkey). *Computers and Geosciences*, 35(6), 1125-1138. https://doi.org/10.101 6/j.cageo.2008.08.007

Yoon, K. & Hwang, C. (1995). *Multiple Attribute Decision Making: An Introduction,* Sage Publications, Thousand Oaks, CA.

Diğer Kaynaklar

https://www.gastearsivi.com/gazete/milliyet/1929-07-15/1 son erişim tarihi 28.09.2021

https://www.gastearsivi.com/gazete/milliyet/1929-07-16/1 son erişim tarihi 28.09.2021

https://www.gastearsivi.com/gazete/aksam/1929-07-16/1 son erişim tarihi 28.09.2021

http://dernekpazari.com.tr/seller-senesinin-canli-sahidi-anlatiyor/ Son erişim tarihi 29.09.2021

http://www.yukarikoy.com/haberdetay.asp?ID=295 son Erişim tarihi 29.09.2021

http://caykaragundem.com/haber/1929-yili-sel-felaketi-ve-caykara--4205.html Son Erişim Tarihi 29.09.2021

https://sozluk.gov.tr/ Türk Dil Kurumu Sözlükleri. Son Erişim Tarihi 01.10.2021

https://mgm.gov.tr/arastirma/dogal-afetler. Son Erişim Tarihi. 25.02.2022

https://www.enerjisauretim.com.tr/enerji-uretimi/hidroelektrik-santrallerimiz /cambasi-hes

https://www.facebook.com/Of.surmene.arakli/videos/trazon-of-yemi%C5%9Falan-k%C3%B6y% C3%BC-istavri-/513787420013329/

https://www.cumhuriyet.com.tr/haber/of-caykara-yolu-heyelan-nedeniyle-kapandi-477800 son erişim 09.04.2022

https://www.facebook.com/Of.surmene.arakli/videos/trazon-of-yemi%C5%9Falan-k%C3%B6y%C3%BC-istavri-/513787420013329/